生物学理科基础人才培养基地教材

动物学实验

(修订版)

姜乃澄　卢建平　编著

·杭州·

图书在版编目（CIP）数据

动物学实验／姜乃澄，卢建平编著．—杭州：浙江大学出版社，2010.6（2025.6 重印）
ISBN 978-7-308-07254-0

Ⅰ．动… Ⅱ．①姜… ②卢… Ⅲ．动物学—实验—高等学校—教材 Ⅳ．Q95-33

中国国家版本馆 CIP 数据核字（2009）第 234420 号

动物学实验（修订版）

姜乃澄 卢建平 **编著**

责任编辑 沈国明
封面设计 刘依群
出版发行 浙江大学出版社
（杭州市天目山路 148 号 邮政编码 310007）
（网址：http://www.zjupress.com）
排　　版 杭州青翊图文设计有限公司
印　　刷 杭州钱江彩色印务有限公司
开　　本 787mm×1092mm 1/16
印　　张 15
字　　数 356 千
版 印 次 2010 年 6 月第 1 版 2025 年 6 月第 6 次印刷
书　　号 ISBN 978-7-308-07254-0
定　　价 48.00 元

序

2001 年出版的《动物学实验指导》至今已印刷 8 次，其间我校动物学理论教材——《动物学》也已由浙江大学出版社在 2009 年再版。为了更好地配合新的理论教材，在 2001 年版《动物学实验指导》的基础上重新编写了新的实验教材——《动物学实验》。

根据我校教学实际和多年的教学经验，本实验教材在原来基础上，本次修订新增了 2 种常见无脊椎动物的解剖实验作为附录内容，分别是"蟑螂的解剖"和"大腹园蛛的解剖"，以增加高校动物学实验材料的选择度，也供有兴趣的学生进一步学习和提高动物学实验技能之用。

为了能使学生在实验过程中最大限度地方便使用，并在实验中做到独立观察和操作，作者重新自绘、改绘及收录了实验用图 408 幅，同时增加了复习思考和必要的作业题，以巩固每一个动物实验的步骤、方法、技能，并通过实验作业来加深对理论知识的理解和掌握。

培养学生独立工作能力和严谨的科学态度是动物学实验的基本任务之一，而现今实验时数又少，因此希望同学们在进入实验室之前，认真做好相关实验的预习，以便在实验时都能较快地进入状态，按要求顺利地完成每一个实验。

本书在编写过程中得到浙江大学生命科学学院生物科学系领导和动物学课程组各位同仁的支持，在此深表谢意。

由于作者学识水平有限，不足和错误之处在所难免，谨祈指正。

作　者

2025 年 5 月于杭州

动物学实验须知

动物学实验是检验和证实动物学理论知识的必要途径，同时又是培养学生严肃认真、实事求是的科学态度和努力提高动手能力、独立分析与解决问题能力的重要手段。总之，动物学实验是对大学生进行全面素质培养的重要环节之一。为了较好地完成每一个实验，请严格执行以下规则：

1. 每次实验前，必须事先预习好该次实验，明确实验目的、内容、方法和要求，特别要对预习过程中的疑难和不明之处作出标记，以便在实验中有目的地加以重点关注。

2. 在实验前 5～10mim，穿好工作服，携带实验教材、工具或材料，准时进入实验室指定的位置，须随时保持室内的安静和整洁，并注意演示板上有否当天实验的提示，不做与本次实验无关的事。

3. 实验开始前应认真听取教师讲授，实验中应严格依据实验的要求进行操作和观察，并做好必要的记录。

4. 整个实验过程尽量不依赖别人，只有确实经过自己的一番努力，仍未能明白和解决时，才能请教师提供指导和帮助，不轻易把本次实验中遇到的、未解决的问题带出实验室。应在规定的时间内完成实验，每次实验报告应在教师指定的时间内上交。

5. 学生个人实验结束后，应对实验材料、用具及实验污物加以清理，保持实验台面的整洁。特别注意把显微镜、体视显微镜(解剖镜)擦拭干净，在填好使用记录后，将其放回原处。征得教师同意后，才能结束实验并离开。

6. 爱护实验室的设备和器具，如有损坏应主动向教师报告，按规定处理。注意实验安全和节约用水、用电。

7. 所有学生实验结束时，当班值日学生须打扫实验室，关好实验室门、窗，检查水电，征得教师同意后，值日学生方能集体离开实验室。

目　录

实验 1　显微镜的使用和动物的基本组织

一、目的与要求

1. 在中学已使用过光学显微镜的基础上，进一步了解光学显微镜的基本构造，较好地掌握显微镜的使用方法。

2. 观察和认识动物四种基本组织的形态结构特点，了解组织的形态结构与功能相统一的关系。

二、材料与用具

显微镜、体视显微镜、载玻片、盖玻片、镊子、牙签、吸水纸、擦镜纸、0.9%生理盐水、0.1%亚甲基蓝、学生本人口腔上皮细胞、青蛙皮肤切片、疏松结缔组织玻片、透明软骨组织切片、硬骨磨片、小白鼠（或蚱蜢）横纹肌切片、平滑肌玻片、兔脊髓横切片。

三、显微镜（图 1）的使用方法

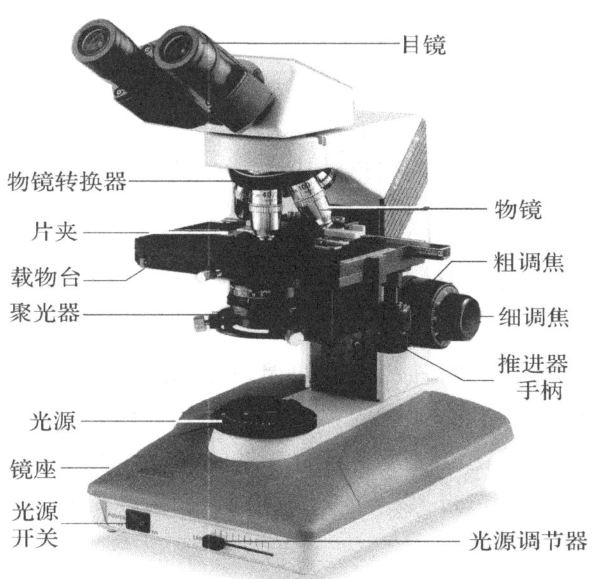

图 1　显微镜的结构

1. 低倍镜(4×、10×)的使用方法

(1)右手握镜臂,左手托镜座,从显微镜柜(箱)中取出显微镜,置于本人实验桌座位偏左一侧,距桌边约5cm处,须镜台面对自己胸前,插上显微镜电源插座。

(2)旋转物镜转换器,使低倍物镜对准镜台孔。

(3)将玻片标本放在载物台上(注意有盖玻片的一面向上)。用片夹固定玻片,使玻片标本中的观察目标对准镜台孔。

(4)打开光源,将光照强度调至适度。适宜的光强度可通过光源调节器、镜台下聚光器的升降及其光阑大小来调节,以控制进入物镜的光强度。

(5)旋转粗调焦手轮,使玻片标本调至离物镜约5mm左右,用双眼由目镜向下观察,同时进一步用左手旋转粗调焦手轮,使镜台降低,直到视野中能看清标本的物像为止,再调节细调焦手轮以达到最好效果。

2. 高倍镜(40×)的使用方法

(1)把在低倍镜中找到的物像欲放大部分通过推进器手柄移到视野中央。

(2)转动物镜转换器,使40×物镜对准镜台孔(转动时从侧面注视物镜,以防镜头紧压玻片,如果显微镜低倍、高倍镜与本显微镜为出厂时原装,可忽略此步)。

(3)调节细调焦手轮,使物像更清晰。

注意:在实验过程中,如需较长时间不用显微镜观察时,应暂时关闭显微镜电源开关,以保护显微镜灯泡的使用寿命。

3. 油镜(100×)的使用方法

(1)按以上方法在高倍镜中找到观察目标后,把目标移至视野正中。

(2)稍下降镜台,在玻片上滴上一滴香柏油后,换油镜,必须从侧面注视油镜,慢慢上升镜台,使油镜浸在香柏油滴中。

(3)转动细调焦手轮,使物像清晰。

(4)观察完毕,用擦镜纸擦去油镜和玻片上的香柏油,再另换一小块擦镜纸蘸少许二甲苯把镜头擦干净。

注意:油镜必须用二甲苯擦净才能收藏。

4. 显微镜使用结束后需做好的工作

实验完毕,结束观察后,务必用显微镜物镜转换器,把物镜旋成八字形悬于镜台上,并关闭光源,拔下电源插座,将显微镜放回显微镜柜(箱)。

四、体视显微镜的结构和使用

体视显微镜(图2)又称实体显微镜或解剖镜,它采用双通道光路,双目镜筒中的左右两光束具有一定的夹角——体视角(通常为12~15°),因而能形成三维空间的立体图象。因为体视镜在目镜下装有1组棱镜,其成像为正立三维的空间影像,并具有立体感强、成像清晰宽阔、长工作距离(一般为110mm)以及连续放大观看等特点。体视显微镜在动物学上常用于小动物解剖过程中的实时观察。

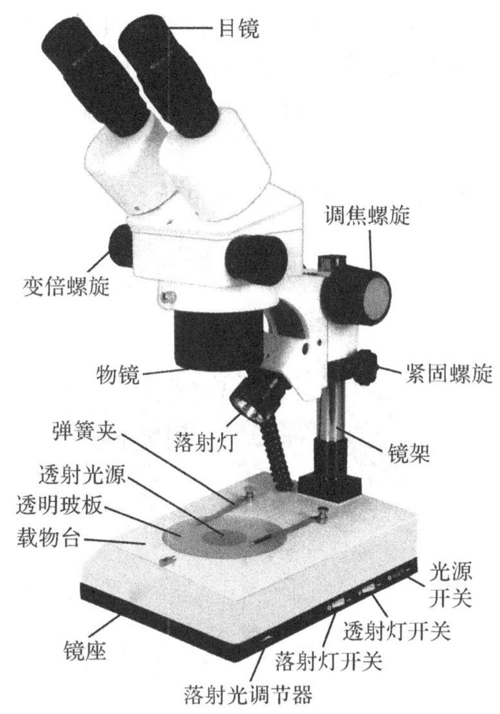

图2　体视显微镜结构

体视显微镜与普通光学显微镜的使用方法相近，但更为便捷。两者的主要区别在于：体视显微镜的镜检对象可不必制作成装片；体视显微镜载物台直接固定在镜座上，并配有黑白双面板或玻璃板，操作者可根据镜检的对象和要求加以选择；体视显微镜的成像是正立的，便于解剖操作时辨别方位；体视显微镜的物镜仅1个，其放大倍数可通过旋转调节螺旋连续调节。

通常可用透射光线进行观察，载物台可装透明玻璃；若用落射光线进行观察时，根据被检物的颜色，可选用黑色或乳白色玻璃板。使用时要选择适当的观察倍率，只要转动变倍螺旋就可调节。倍率固定后可用调焦螺旋调节焦距，使至最清晰为止。使用结束后关闭光源，拔下电源插座，擦干载物台上可能遗留的水渍和脏物，然后将体视显微镜放回体视显微镜柜(箱)即可。

五、操作与观察

(一)上皮组织

上皮组织覆盖在动物体表和体内各种器官、管道、囊腔的内表面及其内脏器官的表面。其特点是由密集的细胞和少量的细胞间质所组成。

1.制作人口腔上皮临时封片，观察其特征

用消毒牙签较粗的一端，放在自己的口腔里，轻轻在口腔颊内刮几下，把刮下的白色黏性物质薄而均匀地涂在载玻片上，加1滴0.9%的生理盐水，然后加盖玻片，先在低倍镜下观察，找到口腔上皮后，将其放入视野中心，再转至高倍镜下仔细观察，由于口腔上皮细胞薄而透明，因此观察时光线应适当调暗些。若观察不清楚时，可在盖玻片一侧边缘加 1 滴 0.1% 的亚甲基蓝，另一侧放入 1 小片吸水纸。当染液流入盖片以后，可将细胞染成浅蓝色，而核染色最深。临时制片中，口腔上皮细胞常数个连在一起，呈扁平多边形，细胞核为扁圆形，多位于细胞中央。

注意：人口腔上皮属于复层扁平上皮，但实验中刮下的只是最表面的一层。

2. 复层上皮和腺上皮

取青蛙皮肤制片观察，观察复层上皮和腺上皮(图 3)。

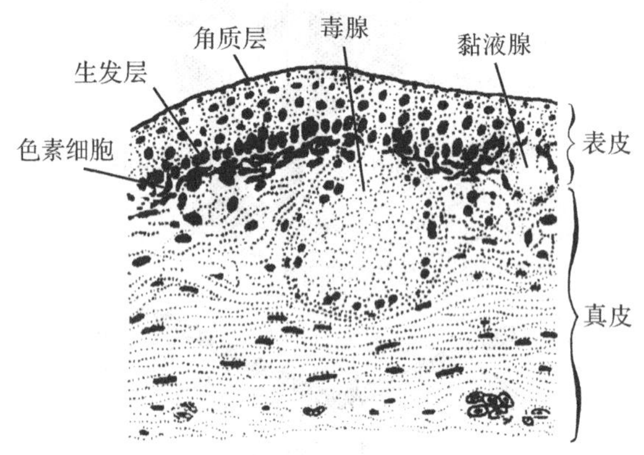

图 3 蛙皮肤切面示意图(仿 Boolootian)

青蛙表皮由多层扁平细胞组成，最外层细胞有不同程度的轻微角质化，称为角质层。表皮细胞为扁平多边形，核呈扁圆形，位于细胞中央，细胞排列紧密，细胞之间仅有少量的细胞间质，但在普通光学显微镜下是见不到的。

青蛙的皮肤腺(黏液腺)由具有分泌功能的腺细胞所组成，为单层立方上皮，皮肤腺呈囊泡状，有口开于表皮层，腺体分泌部下沉于真皮层。黏液腺可借真皮层内的肌纤维收缩，从皮肤的腺孔中流出其分泌物。皮肤中的毒腺，一般认为由黏液腺转变而来。

蛙的真皮较厚，位于表皮下方，可分为 2 层，其中外层由疏松结缔组织构成，紧贴表皮层，其间分布着大量的黏液腺。疏松结缔组织下方为致密结缔组织。

在表皮和真皮中还有成层分布的各种色素细胞。不同色素细胞的互相配置是构成各种两栖动物体色和色纹的基础。

(二)结缔组织

结缔组织由分散的细胞和大量的细胞间质组成，其中细胞间质有液体、胶状体、固体基质和纤维等，形成多样化的组织。结缔组织常位于组织与组织、组织与器官之间，可分为疏松结缔组织、致密结缔组织、软骨、骨以及血液等。本次实验观察疏松结缔组织、软骨和骨组织。

1. 疏松结缔组织

取疏松结缔组织染色玻片标本，用显微镜观察。

疏松结缔组织(图 4)中有大量的纤维，其间分散着各种细胞，在纤维和细胞之间充满着基质，该组织中有下列各成分，试加以区分。

成纤维细胞：数量最多，细胞扁平多突起，有一个大的椭圆形细胞核，染色质稀疏，染色

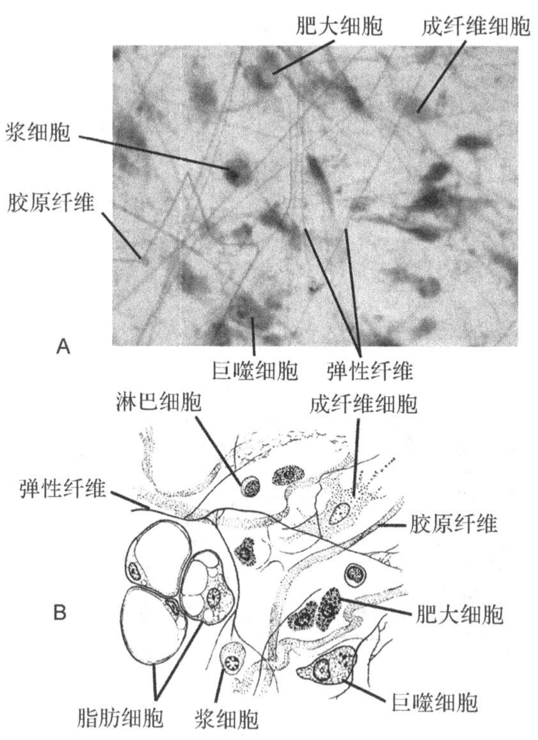

图 4　疏松结缔组织

A. 显微照片(作者)；B. 模式图

浅，核仁明显，细胞质较多，这种细胞能产生纤维和基质。

脂肪细胞：脂肪细胞常单个或成群沿小血管分布。细胞较大，呈圆形或卵圆形，胞质内含有大的脂肪滴。制片过程中由于脂滴被溶解，故细胞呈空泡状。脂肪细胞有合成和贮存脂肪、参与脂质代谢的功能。

巨噬细胞：通常呈圆形、卵圆形或带有短突起的不规则形。细胞核较小，圆形或椭圆形，染色质致密。巨噬细胞具有吞噬机体内异物和细菌的能力。

肥大细胞：为圆形或卵圆形，核内充满异染性颗粒，但在制片过程中易被溶解，故核区较透明。

浆细胞：呈圆形或椭圆形，核圆形常偏于细胞一端，核仁位于中央，染色质聚集成块，靠近核膜作辐射状分布。

淋巴细胞：圆形或椭圆形，比前述几种细胞均小，细胞核圆形。

胶原纤维：一般成束，在疏松结缔组织中数量最多。每一胶原纤维由许多胶原纤维经黏合质相互黏合而成(新鲜时呈白色)。

弹性纤维：也称弹力纤维，该纤维较细，单条分布，直行或分支交织(新鲜时呈黄色)。

2. 软骨

取透明软骨(图 5)在显微镜下观察。

透明软骨是软骨的一种，分布最广，如关节软骨、肋软骨、气管软骨。软骨组织由软骨细胞、基质和纤维组成。

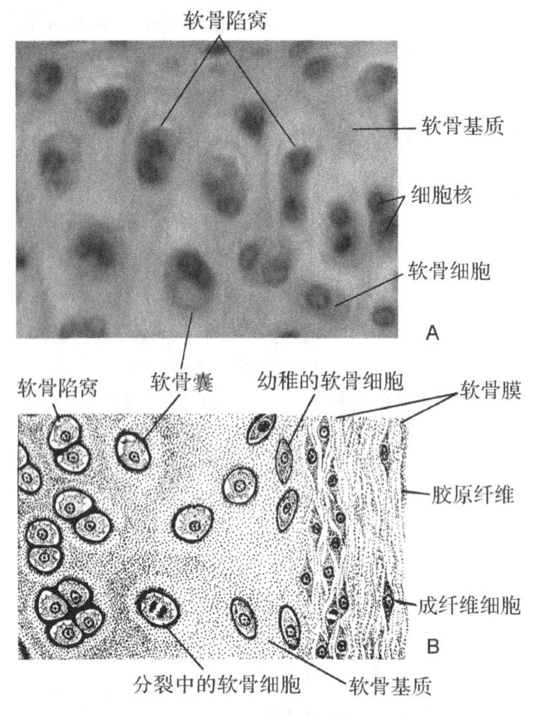

图 5 透明软骨

A. 显微照片(作者); B. 模式图

软骨细胞:散在分布于软骨基质的小窝中,此小窝称为**软骨陷窝**,亦称**胞窝**,陷窝周围的基质较深,称为**软骨囊**。软骨细胞核圆形或椭圆形,染色较深,细胞质染色很浅,细胞膜界线分明。每个陷窝内有 2~8 个软骨细胞,这些细胞均由 1 个幼稚的软骨细胞分裂而来,故称为同源细胞群。生活时软骨细胞充满于陷窝内,在切片标本中因胞质收缩,故在细胞与软骨囊之间会出现空隙。

基质和纤维:基质呈透明凝胶状,基质中有纤维,但由于纤维很细,并且与无定形基质有相同的折光率,故在普通切片标本中不能见到。

3. 硬骨

取硬骨(密质骨)(图 6)磨片在显微镜下观察。

硬骨也由骨细胞、纤维和基质所组成,是最坚硬的结缔组织。

骨细胞:骨细胞为扁平、多突起的细胞,核圆形或椭圆形,骨细胞的细胞体包埋在坚硬的基质(骨质)的腔隙(骨陷窝),骨陷窝向四周发出许多细而分支的小管(骨小管),骨细胞的突起伸入小管中,一个骨陷窝的骨小管和另一个骨陷窝的骨小管相通,骨细胞的突起通过骨小管与邻近骨细胞的突起互相接触。

细胞间质:包括基质和纤维。

基质中充满固体无机盐,主要由骨盐,以及钙、磷酸根和羟基结合而成;纤维为一类有机物质,需特殊染色才能见到。

密质骨内骨板的排列十分规律,按骨板的排列方式可分为外环骨板、骨单位和内环骨板等。**骨单位**,又称**哈(佛)氏系统**,它是密质骨的主要结构单位,位于内、外骨板之间,数量多,呈筒状,中间是**哈氏管**(中央管),外围有**哈氏骨板**,此结构为多层同心圆排列的骨板。

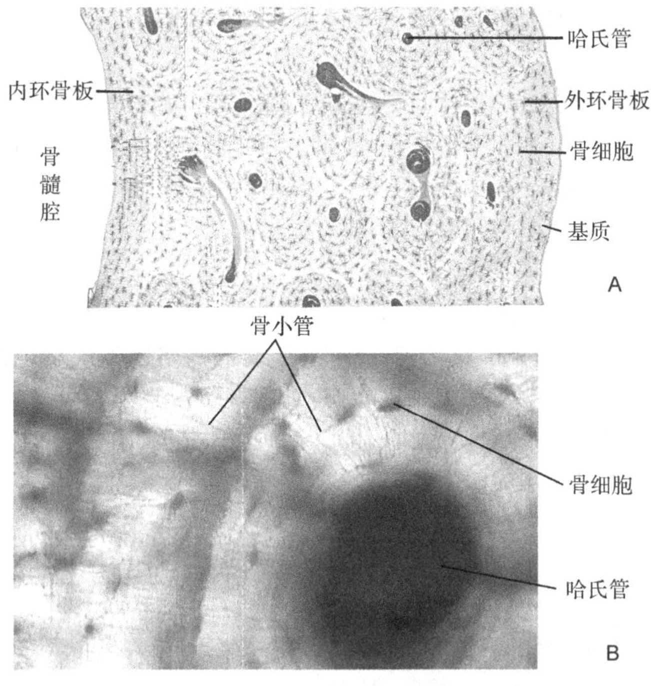

图 6　密质骨结构

A. 模式图；B. 显微照片(作者)

(三)肌肉组织

肌肉组织(图 7)可分为三类,即骨骼肌、心肌和平滑肌。

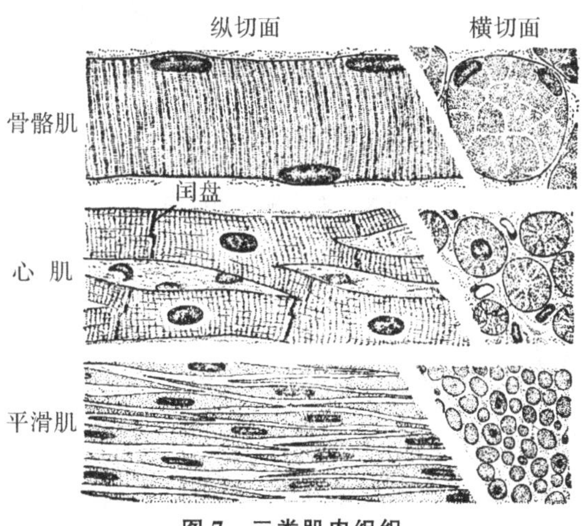

图 7　三类肌肉组织

1. 骨骼肌

用显微镜观察骨骼肌的切片。骨骼肌细胞细而长,呈纤维状,故称肌纤维。在长形的肌纤维中含有许多扁椭圆形的细胞核,为多核共质体(合胞体),核靠近肌膜。在纵切面中,可见肌纤维内肌原纤维有明暗相间的部分,称为明带和暗带。

2. 平滑肌

用显微镜观察平滑肌制片。平滑肌细胞呈长梭形。细胞核一般位于细胞的最宽部,椭圆形，细胞质中有许多纵列的肌原纤维，排列无规律，故没有横纹。

3. 心肌

用显微镜观察心肌切片。心肌细胞又称心肌纤维，心肌纤维具有分支，各纤维以分支相连成网。细胞核椭圆形，位于纤维中央，通常1个，有时可见双核。心肌也有横纹，但不如骨骼肌明显和规则。在心肌纤维中，可见染色较深而宽的线条，即为**闰盘**。这种结构是由两个心肌细胞伸出的短突，互相凹凸相嵌而成。

(四) 神经组织

神经组织(图8)由神经细胞和神经胶质细胞组成。本实验观察神经细胞(神经元)。

取兔脊髓横切片在低倍镜下找到神经细胞后，转到高倍镜下观察。在脊髓的切面中可见许多分散的神经元，其细胞体呈不规则状态，细胞核位于胞体中央，空泡状，核仁、核膜明显。胞体中有蓝色较粗大颗粒(即为尼氏体)。此种颗粒在轴丘处不存在，据此可判断树突和轴突。思考：电镜下尼氏体为何物？

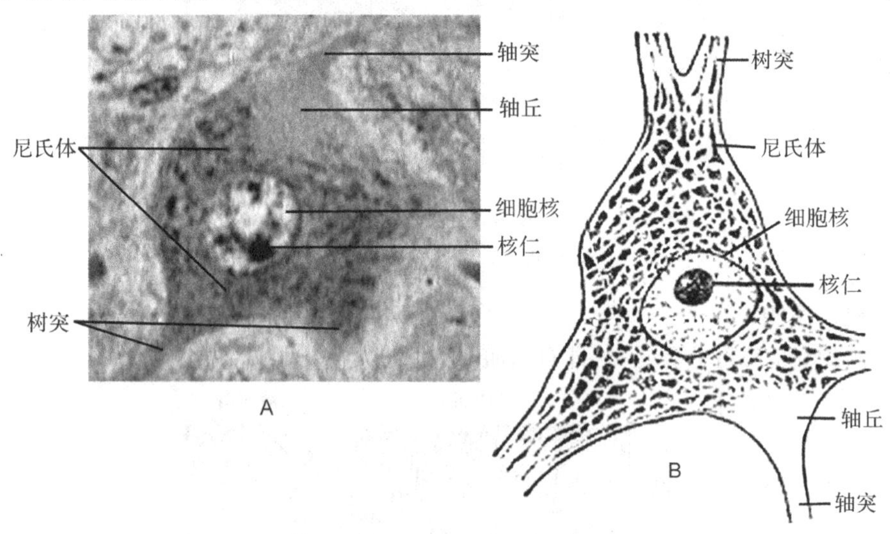

图8 兔脊髓神经细胞

A. 显微照片(作者)；B. 模式图

六、作业和思考题

1. 总结显微镜和体视显微镜的使用方法。

2. 骨骼肌纵切面上看不到整个细胞的全貌，绘图时怎样做到骨骼肌细胞各部结构的比例适当？

3. 把“哈氏管、骨细胞、骨小管、密质骨基质”填入下图中。

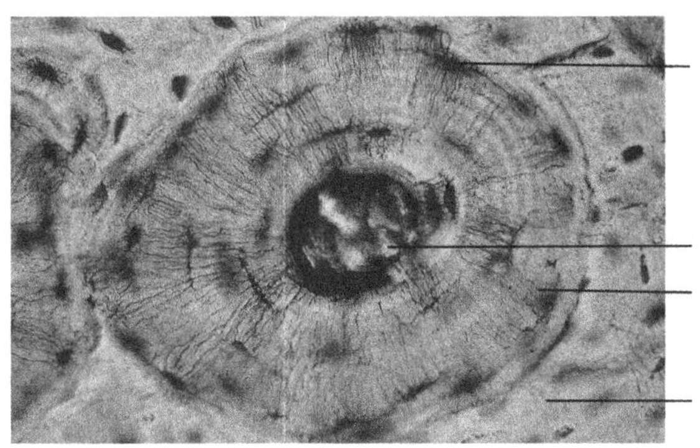

密质骨横切面

4. 在疏松结缔组织的封片中几种细胞的形态特征是如何区别的？

5. 下图是兔脊髓神经组织的切面的局部照片，根据已有的知识判断轴突和树突。

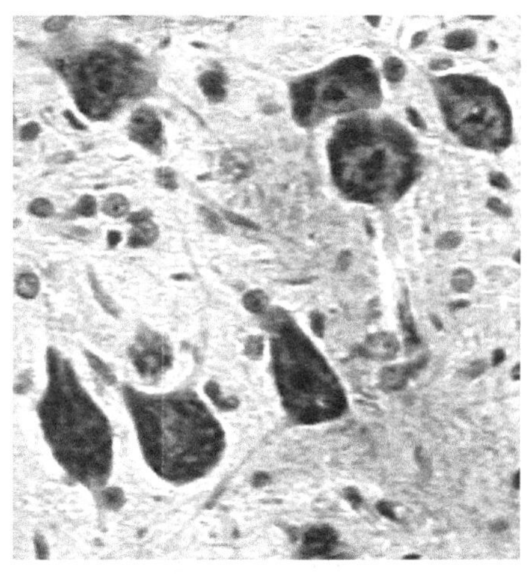

兔脊髓横切面(作者)

6. 比较动物四大组织的特点。

实验 2 原生动物

一、目的与要求

通过对草履虫形态结构的重点观察，了解原生动物的一般特征，同时初步掌握重要代表种类的特点。

二、材料与用具

草履虫培养液、草履虫无性生殖、接合生殖装片、变形虫、有孔虫、超鞭毛虫、披发虫、夜光虫、杜氏利什曼原虫、锥虫、疟原虫、碘泡虫装片、显微镜、载玻片、盖玻片、吸管、棉花、吸水纸、0.5%醋酸洋红溶液、洋红粉末。

三、操作与观察

(一)草履虫(*Parameciun* sp.)观察

草履虫(图 9)是原生动物亚界纤毛虫门的常见种类，生活在有机质丰富的淡水池塘、小河沟以及下水道等处。

实验时吸取草履虫培养液一滴于载玻片上，为限制草履虫快速游动，可在载玻片上先放少许棉花纤维。为了观察虫体内形成食物泡的过程，在加盖盖玻片前，用解剖针挑少许洋红粉末于滴液中，然后再盖上盖玻片(注意避免玻片中产生气泡)，做好草履虫活体临时装片后，移至低倍镜下观察，如果发现草履虫在玻片中运动仍然太快，则可取吸水纸一片，放在盖玻片一侧，将水吸去一些(注意不要吸干)，然后再行观察。

在低倍镜下，虫体外形似一只倒置的鞋底，前端较圆，后端较尖，注意观察虫体在水中的运动途径，其路径是否常为螺旋形，虫体也相应地旋转？当其遇到棉花纤维时有何反应？选择一个运动比较缓慢的虫体，换至高倍镜下继续观察。

表膜：为虫体最外一层具有弹性的薄膜，故穿过棉花纤维时体形可以改变，表膜内有一圈无颗粒的区域，称**外质**。外质里面是含颗粒的**内质**。

纤毛：将光线调暗一些，可看到虫体满覆细而短的纤毛，不断地闪动，纤毛是草履虫运动的胞器，注意观察纤毛闪动时，虫体周围是否有水流流动？草履虫通常是从虫体的哪一端向前移动？

口沟：从虫体前端起有一稍斜向后直达虫体中部凹陷的沟，即为**口沟**。在虫体转动时此

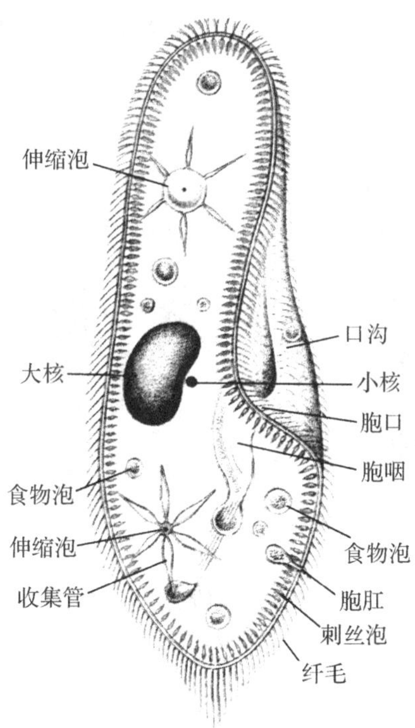

图 9　草履虫模式图(仿堵南山)

沟很容易观察到。有口沟的一侧即为草履虫的**口面**或称**腹面**,另一侧就是**反口面**或称**背面**。口沟的长度超过虫体长度的一半,口沟中的纤毛长而强。

胞口:口沟的底部所形成的 1 个椭圆形的小孔。

胞咽:自胞口向虫体内的 1 条从外质伸入内质的略成弯曲的管状或漏斗状的通道,即为**胞咽**。胞咽中具有**波动膜**(由纤毛相互粘连形成)。口沟中纤毛和波动膜的颤动,使水中的食物颗粒输入虫体内。

伸缩泡:随着草履虫内质的流动,在虫体前、后两端各有一大而圆的亮泡,即为**伸缩泡**。当伸缩泡缩小时,还可见到其周围有 6～7 个放射状排列的细长小管,即为**收集管**。**注意:前、后两伸缩泡及收集管在收缩时有何规律**?

食物泡:为内质中大小不一的圆形泡状物。在显微镜下观察时,可见洋红粉末在滴液中翻滚,细小粉末经口沟、胞口进入虫体并形成红色食物泡。为什么用洋红粉末来观察食物泡形成过程?

细胞核:草履虫有大小两种核,大核呈肾形,位于虫体中部;小核呈球形,位于大核中部凹陷处附近,活体草履虫难以看清。在观察完食物泡以后,可在盖玻片一侧加 1 滴醋酸洋红,另一侧用吸水纸吸水 2～3min,在低倍镜下观察时,可见虫体中央有一被染成深红色的大核。因为染色固定时大核的位置不同,大核有时呈椭圆形,有时呈肾形,如果是后者,则在大核凹陷处还可见一小的球状结构,即小核。

刺丝泡:用上述醋酸洋红处理后,可见到虫体周围有许多较纤毛细长的细丝,这就是由刺丝泡受刺激后所放出的长刺丝。**注意:刺丝与纤毛有何区别**?

草履虫横二分裂和接合生殖玻片标本观察:横二分裂(图 10A)是草履虫的无性生殖,注意观察细胞核的分裂情况。接合生殖(图 10B)是草履虫的有性生殖。**注意:两个虫体是在何部位接合**?

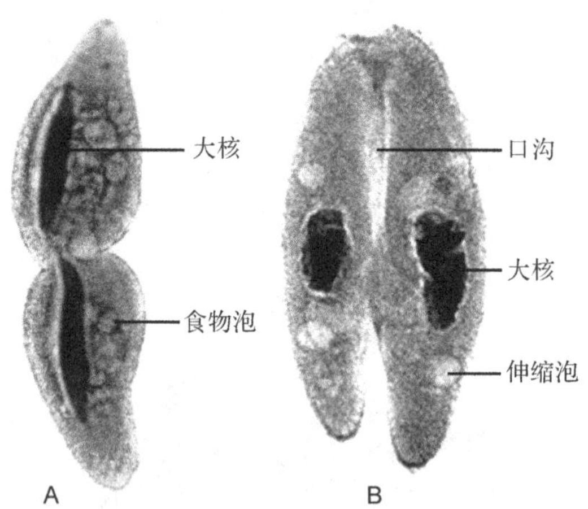

图 10 草履虫的生殖(仿各家)

A. 横二分裂; B. 接合生殖

(二)其他原生动物类群

1. 肉鞭虫门(Sarcoomastigophora)

(1) 鞭毛虫亚门(Mastigophora)植鞭毛虫纲(Phytomastigophorea)

夜光虫(*Noctiluca* sp.)(图 11):虫体较大,肉眼即能看到,体呈圆形,有一根由鞭毛变化而来、呈细鞭状的所谓触手及一根短的鞭毛,细胞质中有多数空泡,是形成海洋“赤潮”的鞭毛虫之一。

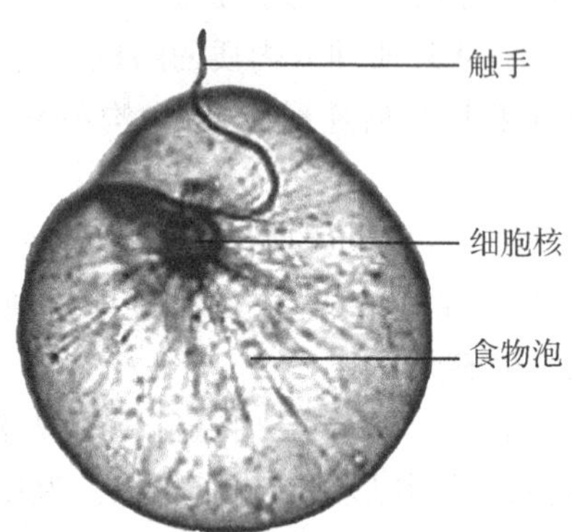

图 11 夜光虫显微照片(作者)

(2)鞭毛虫亚门动鞭毛虫纲(Zoomastigophorea)

锥虫(*Trypanosoma* sp.)(图 12、13):锥虫呈纺锤形,鞭毛由体后端发出,沿体一侧形成波动膜,而后自体前端伸出,鞭毛基部可见一深红色的颗粒,为基粒,细胞核在虫体中央。锥虫寄生于脊椎动物血液中。

杜氏利什曼原虫(*Leishmania donorani*)(图 14):该虫寄生于人体巨噬细胞时,鞭毛不伸出体外,只有鞭毛根,虫体很小,呈卵圆形,这时也称**利杜体**。

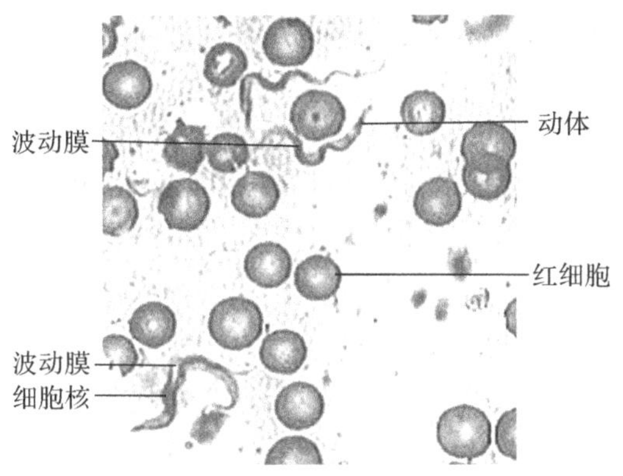

图 12　锥虫血液涂片(作者)

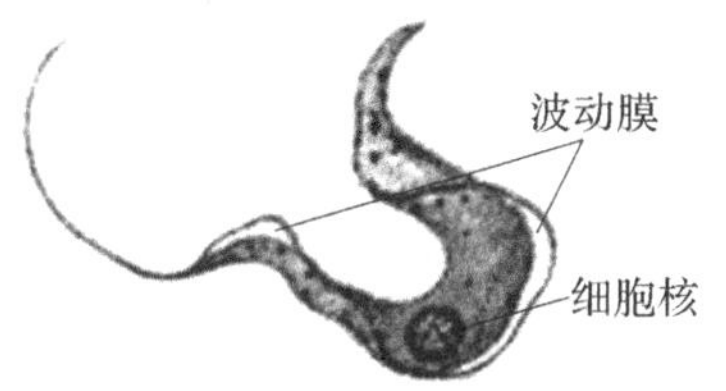

图 13　锥虫示意图(作者)

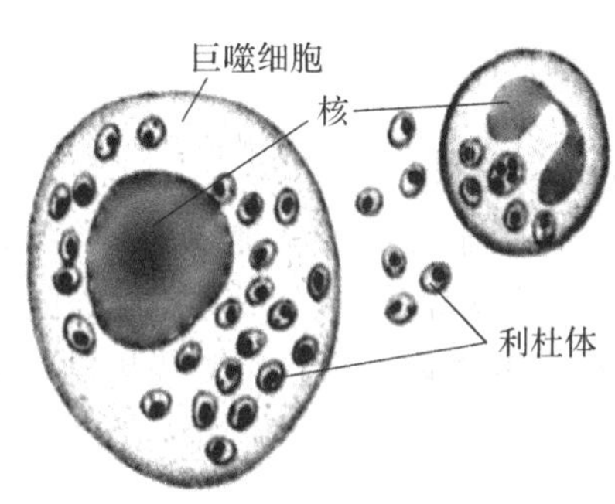

图14　杜氏利什曼原虫的利杜体

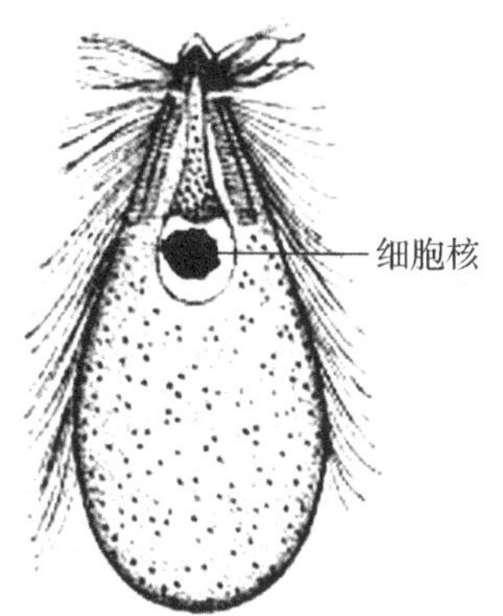

图15　披发虫

披发虫(*Trichonympha* sp.)(图 15):虫体多呈梨形或梭形,鞭毛很多,常下垂,极似披发,故名。核位于体前部中央。此虫生活于白蚁消化道中。

(3) 肉足虫亚门(Sarcodina)

变形虫(*Amoeba* sp.)(图 16):虫体无定型,最外层为质膜,极薄,具叶状伪足,细胞质可分为外质和内质,外质透明,内质多颗粒,有食物泡、伸缩泡,细胞核各 1 个,圆形。

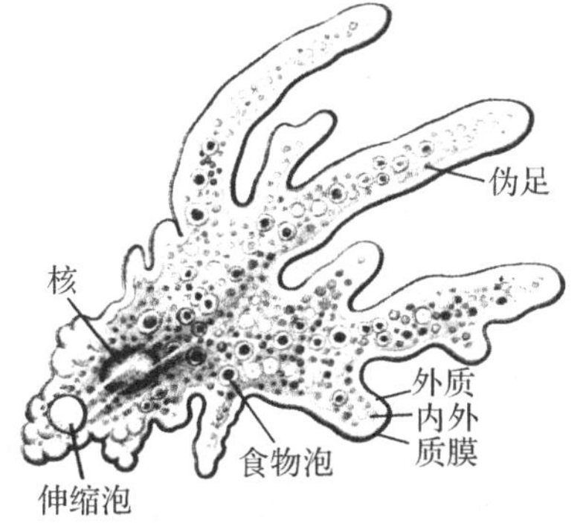

图16　变形虫(仿堵南山)

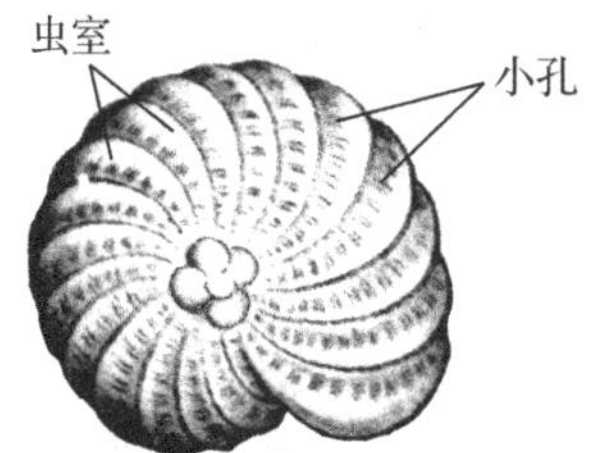

图17　有孔虫外壳

有孔虫(*Foraminifera* sp.)(图 17):虫体外有石灰质或硅质的外壳,且一般具多室(有的种类单室),各室间有孔,以原生质相连,壳上具许多小孔,生活时伪足即由小孔中伸出。多生活于海洋底部。

2. 黏体虫门(Myxozoa)

碘泡虫(*Myxobolus* sp.)(图 18):鱼类寄生虫。碘泡虫孢子一般椭圆形,可见极囊以及极丝,最大特征是孢子胚质中具有嗜碘泡。

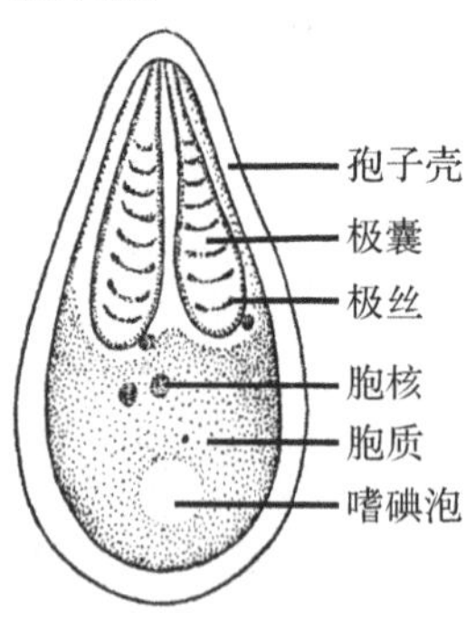

图 18 碘泡虫(仿陈启鎏)

3. 顶复虫门(Apicomplexa)孢子虫纲(Sporozoasida)

间日疟原虫(*Plasmodium vivax*)(图 19):寄生于人体红血细胞内,可引起疟疾。其形态在生活史的不同时期是不同的,重点观察:**环状滋养体**,其大小相当于红血细胞直径的 1/4～1/3,整个虫体形如戒指。**大滋养体(变形虫滋养体)**,虫体呈不规则的变形虫状,此时被寄生的红血细胞胀大一些,至**裂殖体**时虫体已分裂,形成 12～24 个红色卵圆形小个体,称**裂殖子**。

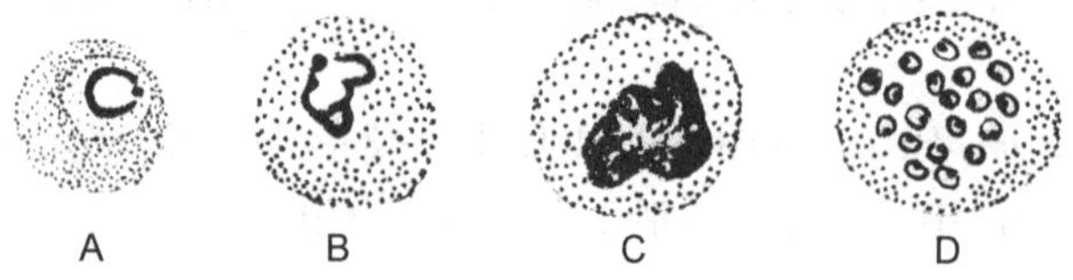

图 19 间日疟原虫(作者)

A. 环状滋养体;B. 大滋养体;C. 早期裂殖体;D. 成熟裂殖体

4. 纤毛虫门(Ciliophora)

纤毛虫门除草履虫外常见的还有喇叭虫、钟虫、棘尾虫等。

喇叭虫(*Stenter* sp.)(图 20):为大型纤毛虫,肉眼可见。虫体伸展后形似喇叭,可收缩,体表具成行的纤毛,口围(喇叭口)生有一圈口缘小膜带,顺时针旋至口旁。多数种类大核呈念珠状,小核多个,特别小。伸缩泡 1 个,位于前部一侧。一般生活在富含有机质的水域中。

钟虫(*Vorticella* sp.)(图 21):虫体似倒置的钟,钟口即是口缘,口缘具三层,纤毛膜平行贴近,共同绕口一周,然后旋入胞咽,其他体部无纤毛。反口面具柄,内有肌丝,能收缩。以柄固着在外物上,大核马蹄形,小核 1 个,生活于有机污染较重的水域中。

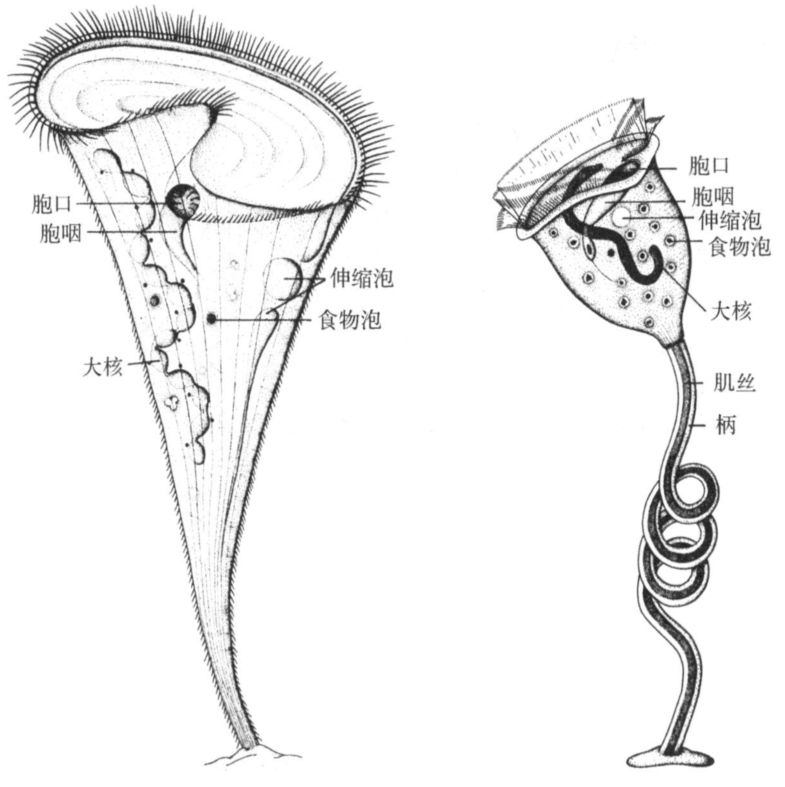

图20　喇叭虫(仿Boolootian等)　　**图21　钟虫(仿Boolootian等)**

棘尾虫(*Stylonychia* sp.)(图 22):虫体长圆形,腹面平,背面隆起。腹面生有棘毛,体后端有 3 根较大的棘毛是本属纤毛虫的鉴别特征。具 2 个大核,2 或多个小核,伸缩泡 1 个,在身体左侧中部。

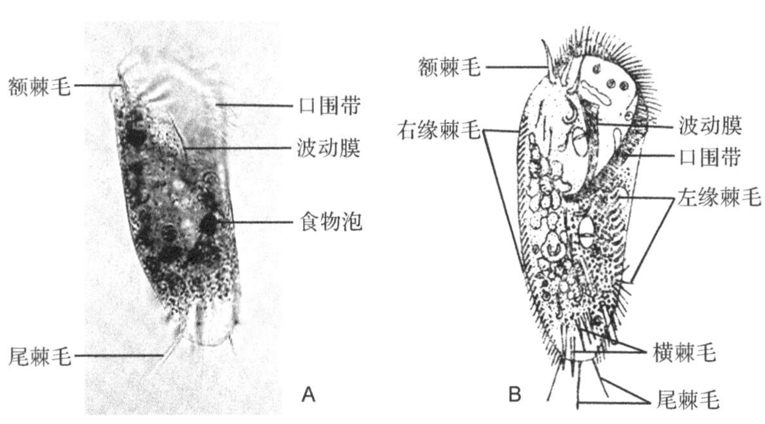

图 22　棘尾虫腹面观

A. 显微照片(作者);B. 结构模式图

四、作业和思考题

1. 如何证明纤毛虫体表具有表膜系统？染色标本中草履虫的小核是否一定能观察到，为什么？

2. 刺丝泡的刺丝释放后与纤毛有什么区别？刺丝对草履虫有何作用？

3. 如何区别草履虫的前后端？各有什么特征？

4. 怎样做才能使草履虫水封片效果最佳，你有什么体会？

5. 通过实验，总结比较原生动物常见鞭毛虫亚门、肉足虫亚门、黏体虫门、顶复虫门和纤毛虫门的形态结构特点。

6. 五界系统中原生动物亚界与传统原生动物的分类有何区别？

实验 3　多细胞动物的早期胚胎发育

一、目的与要求

通过对蛙或文昌鱼早期胚胎发育各期的观察，了解多细胞动物早期胚胎发育的一般过程，从而加深对多细胞动物起源的认识。

二、材料与用具

蛙或文昌鱼早期胚胎发育各期（受精卵、卵裂期、囊胚期、原肠胚期、神经胚期）的封片和切片标本；显微镜、解剖镜等。

三、操作与观察

（一）蛙卵的观察

蛙卵为端黄卵，卵黄集中在一端，分布不均匀。生活时颜色较深的部分为动物极，颜色较浅的为植物极，细胞质的外部往往有大量的色素颗粒。卵的外面具保护性的胶膜。受精后，卵外面的胶膜因吸水而膨大。

（二）早期胚胎发育的观察

1. 卵裂期（图 23）

分别取 2～16 细胞期的蛙卵分裂球装片，置于低倍镜下观察。第 1 次卵裂为经裂，卵裂沟始现于动物极，继而向植物极延伸，把受精卵分为相同的两个半球，此即为 2 细胞期。第 2 次卵裂仍为经裂，但分裂面与第 1 次分裂面垂直，形成大小相同的 4 个分裂球，此时称为 4 细胞期。第 3 次卵裂是纬裂，分裂面位于赤道上方，分裂后形成 8 个分裂球，其中上层 4 个细胞较小，下层 4 个较大，此时即为 8 细胞期。第 4 次分裂又是经裂，由 2 个经裂面同时将 8 个分裂球分为 16 个分裂球，此时称为 16 细胞期。第 5 次分裂为纬裂，由 2 个分裂面同时把上下 2 层分裂球分成 4 层，每层都是 8 个分裂球，共 32 个分裂球。此后的卵裂就不规则，同时分裂速度也不一致，因此蛙类的卵裂为不等全裂。

2. 囊胚期（图 23-F，图 24-A）

蛙卵从第 6 次卵裂后即进入**囊胚期**，此时分裂球形如篮球状，胚内出现较大的腔，此腔即为**囊胚腔**（图 24-A）。由于动物极和植物极细胞的不等速分裂，动物极细胞较小，而植物极细胞较大。至囊胚晚期，其细胞数量相应增多而分裂球则变得更小。

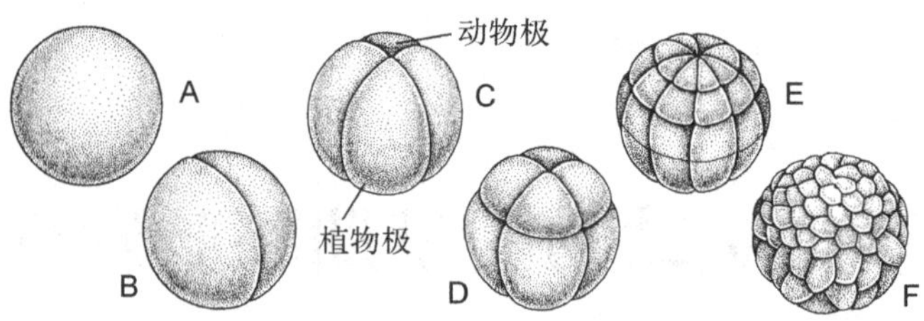

图 23　卵裂期(仿 Charles 稍改)

A. 受精卵；B. 2 细胞期；C. 4 细胞期；

D. 8 细胞期；E. 32 细胞期；F. 囊胚早期外观

取囊胚晚期纵切面标本在低倍镜下观察，可见到囊胚内部偏向动物极的一侧有一囊胚腔。还可发现动物极细胞分界明显，而植物极细胞外形模糊。

3. 原肠胚期(图 24B～D)

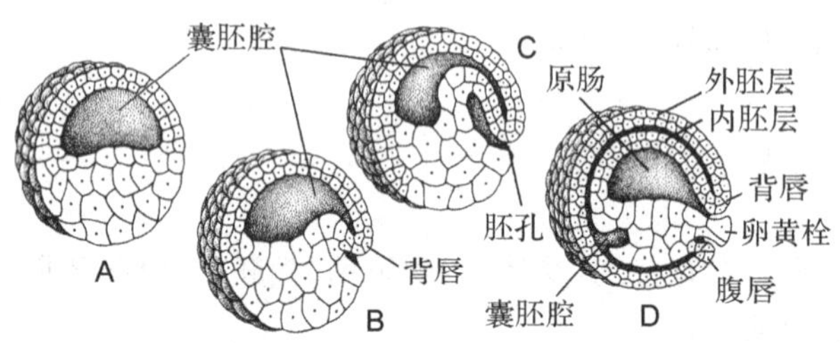

图 24　原肠胚形成过程(仿 Charles)

A. 囊胚；C. 原肠早期；B. 原肠中期；D. 原肠晚期

分别取蛙原肠胚早期切片在显微镜下观察。胚胎发育到囊胚之后，接着就形成原肠(原始的消化道)，而进入原肠胚期。原肠早期标志性特征是：在囊胚的赤道下方出现一个浅的横沟。沟上方为胚孔的背唇。背唇的出现表示胚胎出现了背、腹面。背唇下面的浅沟在此后的发育中逐渐加深，将会产生 1 个弧形小腔，并渐渐发展成为原肠腔。中期的特征是：背唇出现后，许多细胞向此会合、集中而卷入，于是背唇从新月形不断向两侧扩展(形成侧唇)、弯曲，并逐渐成为马蹄形。原肠晚期的特征是侧唇向腹面继续延伸，相遇后形成腹唇，最后成为一个环形的胚孔。胚孔充满乳白色的卵黄细胞，称为卵黄栓，此层细胞随着发育能逐渐向后退缩。

蛙胚在原肠形成过程中，细胞经过一系列的移动和重新排列，就形成了外胚层、内胚层和中胚层。

4. 神经胚期(图 25)

原肠胚发育到最后，胚孔缩小。在胚胎的背面开始出现 2 条互相平行的隆起，此隆起以后将会逐渐联合形成神经管。胚胎发育的这一时期即为神经胚期(图 25)。此期除形成神经管外，还形成脊索和体腔。以下重点观察：

(1) 脊索的形成

经胚孔内卷进去的动物半球细胞将来形成脊索和中胚层。前者位于原肠背壁，后者位于原肠的侧壁。脊索中胚层的背中线部分较厚，称为脊索板。脊索板以后完全脱离原肠形成预定脊索，此后进一步发育形成脊索。

（2）中胚层的发生

在脊索中胚层形成脊索的同时，位于原肠两侧的中胚层首先与脊索中胚层分离。以后随着胚胎的继续发育，临近原肠腔的中胚层组成侧中胚层。侧中胚层分裂为两层，其中靠近外胚层的是体壁中胚层，位于内胚层外面的是肠壁中胚层。侧中胚层沿胚体两侧在外胚层与内胚层（未分化的卵黄细胞）之间向下伸展，最后左右中胚层于胚中线处相会合并打通，形成一个连续的腔，即（真）体腔。

（3）神经管的发生

神经管的形成过程经历神经板、神经褶和神经管三个阶段。神经板较厚而平坦，发出于胚胎背中部的外胚层。发育过程中神经板边缘两侧细胞向背方隆起，形成神经褶。两侧神经褶逐渐靠拢并最后在背方合并，即形成神经管。神经褶形成以后，蛙的胚胎继续发育，当胚胎长到 6mm 左右时，胚胎脱离胶膜变成自由生活的蝌蚪。幼体发育经过变态，其外形和躯体内部结构发生一系列的变化，幼蛙开始上陆生活。

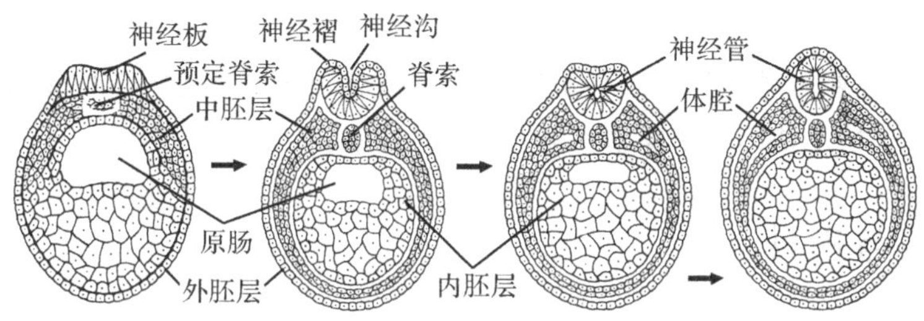

图 25　神经胚的发育（据 Charles 稍改）

四、作业和思考题

1. 绘蛙原肠胚晚期矢状切面图。

2. 结合实验总结蛙胚胎发育过程中脊索、神经管和中胚层的形成过程。

3. 在蛙类的繁殖季节采集蛙的受精卵，并饲养于实验室的培养箱中观察胚胎的发育过程。

实验4 刺胞动物、扁形动物的基本特征和代表种类

一、目的与要求

通过对水螅等刺胞动物和涡虫等扁形动物的观察，了解二胚层、三胚层（无体腔）动物的结构特征，同时了解上述门类主要代表动物的形态特点。

二、材料与用具

活体水螅，水螅横切和纵切制片，薮枝螅及水母型封片，海月水母碟状幼体，海葵过口道横切制片，桃花水母，僧帽水母，海蜇，石芝和菊珊瑚石灰质骨骼，涡虫横切片，涡虫活体，指环虫，日本真双身虫，华枝睾，日本血吸虫，姜片虫，肺吸虫，猪绦虫的头节、成熟节片，平角涡虫，土蛊等。显微镜，放大镜，镊子，吸管等。

三、操作与观察

（一）水螅（*Hydra* sp.）纵切与横切面观察

1. **纵切面**：在低倍镜下观察，要求分出内、外胚层和中胶层。体壁中央的空腔即为消化循环腔。如果触手也被纵切，还可见消化循环腔与触手腔相通。

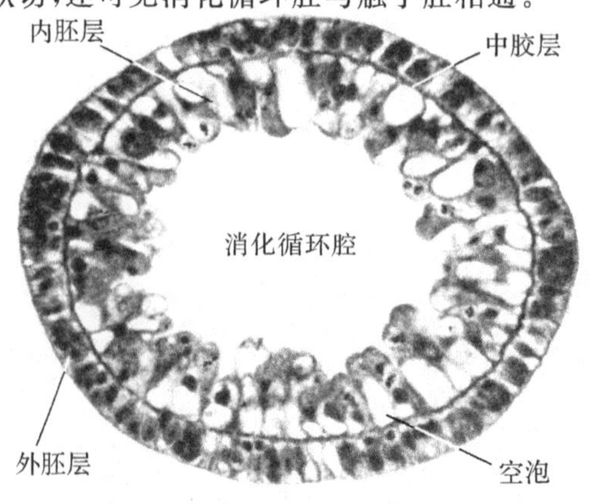

图26 水螅横切面（仿 Boolootian 等）

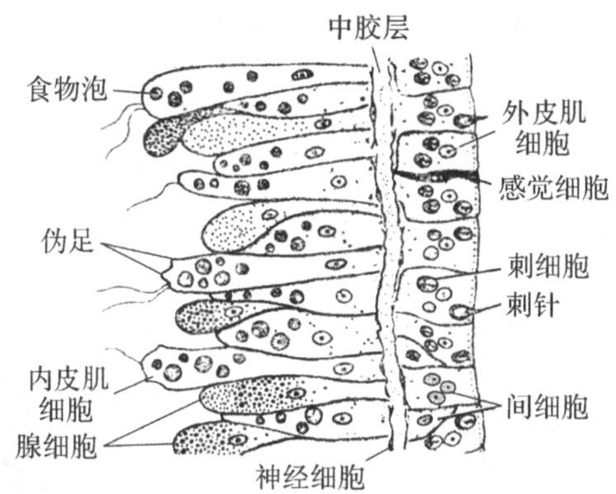

图 27　水螅横切模式图(仿江静波)

2. **横切面**(图 26、27):在低倍镜下辨认出体壁的两层细胞,然后换至高倍镜下进一步观察水螅体壁细胞。水螅的体壁也就是消化循环腔的壁,由内外两个胚层和中间的非细胞结构组成的中胶层构成。

(1) **外胚层**:为体壁外侧的一层细胞,较薄,由多种细胞组成。观察时先仔细辨认出细胞核,再在核周围辨认细胞的界限。外胚层主要由以下几种细胞组成。

外皮肌细胞:一种短柱状细胞,数量最多,核较大,细胞排列紧密。

间细胞:位于外皮肌细胞之间,是一些小圆形的未曾分化的细胞,常数个成堆在一起,细胞大小与外皮肌细胞核差不多。

刺细胞:位于外皮肌细胞之间,细胞较大,数量较少,中央有一染色深的椭圆形的刺丝囊,凡含有刺丝囊的细胞都是刺细胞。

(2) **内胚层**:为体壁内侧的一层细胞。组成内胚层的细胞主要有以下几种。

内皮肌细胞:占内胚层细胞的大多数。细胞大,圆柱状,其基部有 1 大的细胞核,细胞内有许多大小不一的食物泡。**内皮肌细胞**的游离端有时还能见到鞭毛和伪足,但并非在任何切片中都能观察到。想一想:鞭毛和伪足有何功能?

腺细胞:细胞较小且数量较少,间杂在内皮肌细胞之间,细胞中含有许多染色很深的颗粒。腺细胞在口旁垂唇的内胚层中数量最多,其分泌物有润滑的作用,有利于摄食。

(3) **中胶层**:为一层非细胞的胶状物质层,夹在内外胚层之间,很薄。

3. 水螅精巢、卵巢横切面的观察(示范)

在成熟精巢的横切面上,由内向外雄性生殖细胞在进行不同程度的发育。精巢的最里面是精母细胞,稍外是精细胞,最外近乳头处是成熟精子。成熟的卵巢里面只有 1 个卵细胞,细胞质内多卵黄颗粒。卵细胞核和极体都较难切到,故很难观察到。

(二)薮枝螅(*Obelia* sp.)的观察

薮枝螅为海产群体水螅纲动物,常附着在海滨岩石或海藻表面。实验观察整体永久装片,并了解如下结构。

1. **营养个员**(图 28):又称营养体,水螅体,水螅型。营养个员形状同淡水水螅,具口和触手,但触手比淡水水螅多。垂唇大,顶端具口,负责捕食。

2. **生殖个员**(图 29):又称生殖体。生殖个员呈棒状,无触手,只有一中空的轴,称为子茎。其管壁的两个胚层向外突出并褶皱,形成许多扁平状的囊,即为水母芽,脱落后就可发育成水母型世代。**水螅水母**有雌雄之分，水螅水母伞边缘向内折，形成**缘膜**。伞的边缘有许多细长的触手(图 30)。

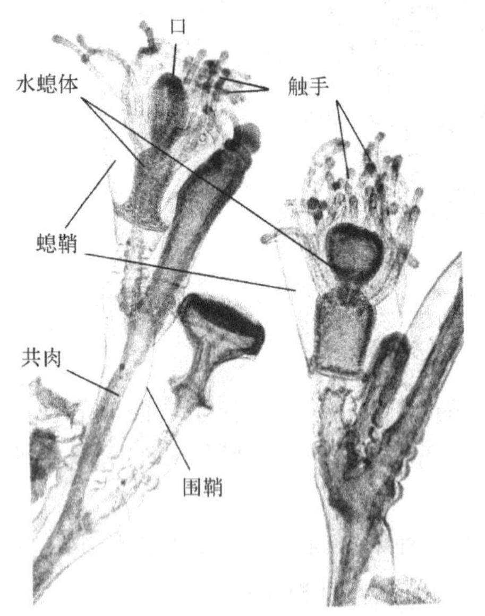

图 28 薮枝螅营养个员(仿 Boolootian 等)

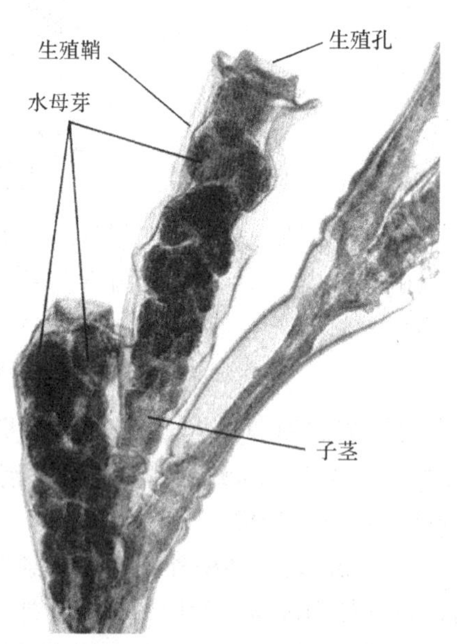

图 29 薮枝螅生殖个员(仿 Boolootian 等)

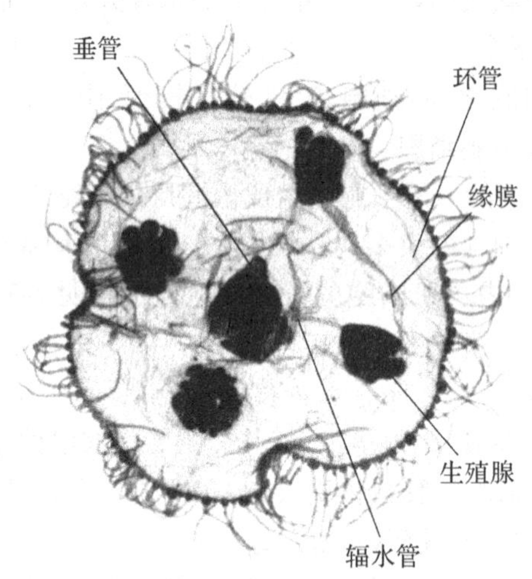

图 30 薮枝螅的水母体背面观图(仿 Boolootian 等)

营养个员和生殖个员以共肉相互连接。所谓共肉，其实就是数枝螅的茎，从结构上讲包括两个胚层及其外所包的透明的围鞘。如果是水螅体外的围鞘，称为螅鞘，生殖体外的围鞘则称为生殖鞘(图 28、29)。所有围鞘均由外胚层分泌而成。

(三)刺胞动物主要类群

1. 水螅纲(Hydrozoa)

索氏桃花水母(*Craspedacusta sowerbyi*)(图 31)

桃花水母生活于淡水。水母体呈半球型，但赤道面内凹，故又似伞形。凹面中央有垂管，垂管末端为口。垂管通入胃腔，由胃腔发出 4 条辐管，与伞边缘的环管相连。伞边缘同

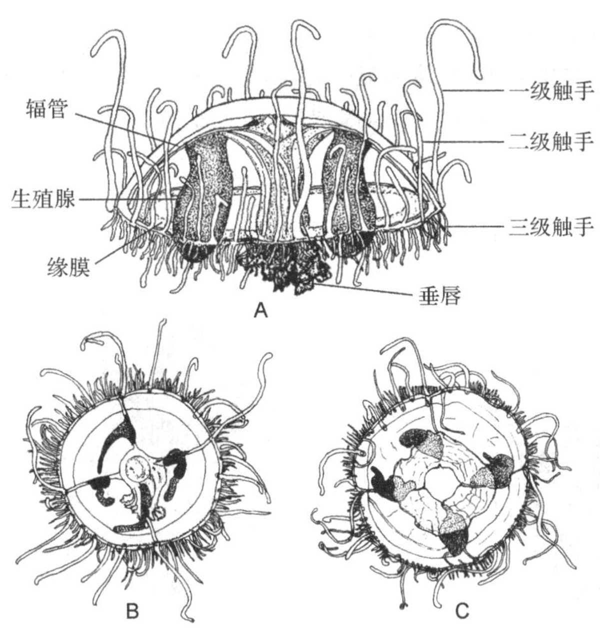

图 31　索氏桃花水母(作者)

A. 侧面观；B. 背面观；C. 腹面观

样有一圈缘膜，伞缘有许多触手，其中一级触手 4 条，正对辐管。生殖腺 4 个，在 4 条辐管的下面，由外胚层形成。

僧帽水母(*Physalia* sp.)(图 32)

为水母型群体，具多态现象。其上有呈僧帽状的浮囊，其中充满气体，在浮囊下有各种个体，最长的为其触手(即指状体)，其上长有刺细胞，短而呈棒状的是营养体。

图 32　僧帽水母(仿 Barnes)

2. 钵水母纲(Scyphozoa)

海蜇(*Rhopilema esculenta*)(图 33)

海蜇为大型海产食用钵水母,体明显分为伞部和腕部。4 个口腕纵分成 8 腕,褶皱成根状,腕内有管道,腕表面有很多吸口。伞部球形,高大于宽,伞面平滑。食用时,伞部称海蜇皮,口腕部称海蜇头。

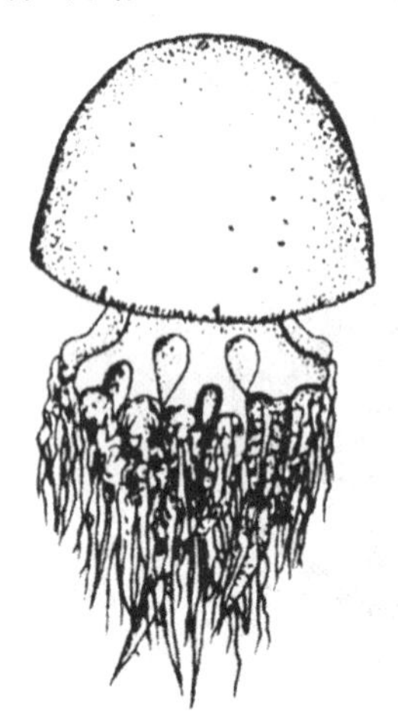

图33 海蜇

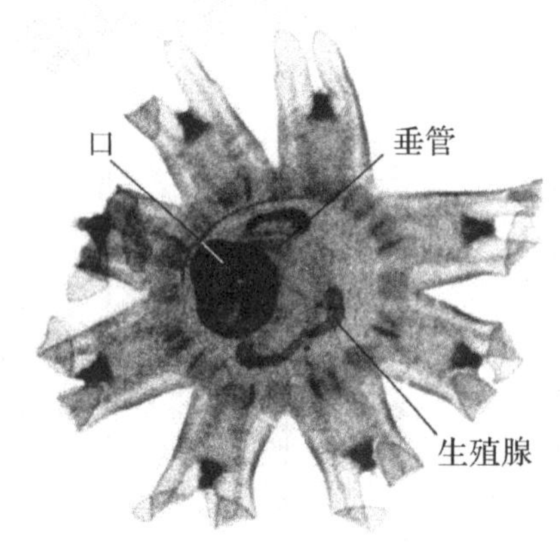

图34 海月水母的碟状幼体(仿Boolootian等)

海月水母的碟状幼体(图 34)

体呈扁盘状,直径 2～3mm,主辐及间辐具 8 个分叉的原始缘瓣。

3. 珊瑚纲(Anthozoa)

海葵(*Sagartia* sp.)(图 35)

身体呈圆柱状,上有很多触手,排列成数圈,像一朵菊花。体下端较平,用来固着在岩石上,称基盘。具触手的上端中央有一裂缝状的口,为其口盘。口的两侧各有 1 个纤毛沟。海葵是沿海潮间带的常见种类。从海葵过口道横切面制片中识别**口道**、**口道沟**、**隔膜**、**隔膜丝**和**生殖腺**等构造。

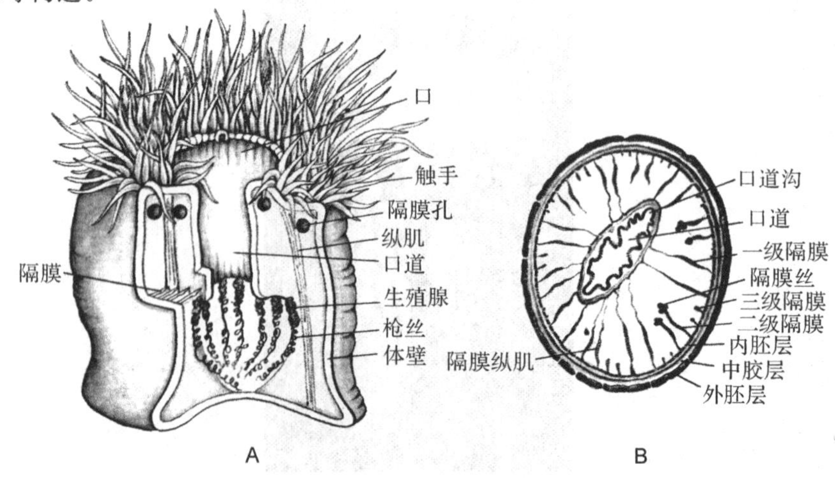

图 35 海葵结构(仿堵南山)

A. 海葵部分体壁的纵横切;B. 海葵过口道横切面

石芝(*Fungia* sp.)(图 36)

石芝为单体珊瑚,如蘑菇状。主要观察它的石灰质骨骼。

图36　石芝(仿江静波)

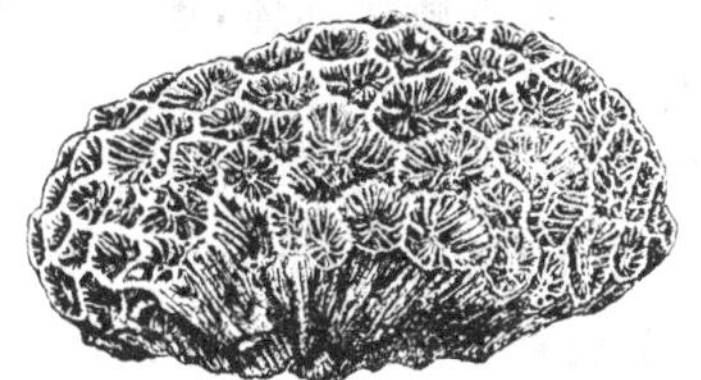

图37　菊珊瑚(仿江静波)

菊珊瑚(*Meandrina* sp.)(图 37)

菊珊瑚为群体珊瑚,外形如盘状。主要观察由许多单体组成的石灰质骨骼。

(四)涡虫的横切面

涡虫的横切面(图 38)背面隆起,腹面扁平。整个虫体由 3 个胚层组成,没有体腔。先用低倍镜分出 3 个胚层,然后换高倍镜由外向内仔细观察。

1. **外胚层**

外胚层位于虫体的最外面,由 1 层柱状细胞组成,称表皮细胞,间杂有一些染色很深的杆状体。在腹面的表皮细胞上有很多纤毛。表皮细胞通过 1 层非细胞结构的薄膜(基膜)与中胚层来源的肌肉层紧接。

2. **中胚层**

中胚层形成肌肉组织和柔软组织。**肌肉组织**在体内排列方式不同,从外至内可分为环肌、纵肌和背腹肌。其中环肌紧贴在基膜之内,肌细胞作环行排列,肌层较厚。纵肌在环肌之内,肌细胞作纵行排列,肌层较薄,横切面上只见到一个个小圆点。背腹肌细胞贯穿在背腹之间,在横切面上,常观察到肌细胞纵行于背腹间被切断的断面。**柔软组织**(实质组织)填塞在整个虫体内各器官之间,柔软组织中有时还可见到生殖腺的截面和由外胚层深入的单细胞腺及其通向体表的部分管道和染成红色的分泌物。

3. **内胚层**

内胚层形成涡虫消化道的上皮组织。切片中可见到多个大小不一的空腔,腔壁为单层柱状上皮细胞。为什么横切面上可以见到多个肠的断面?根据涡虫的横切面特点能否分出虫体的前部、中部还是后部?

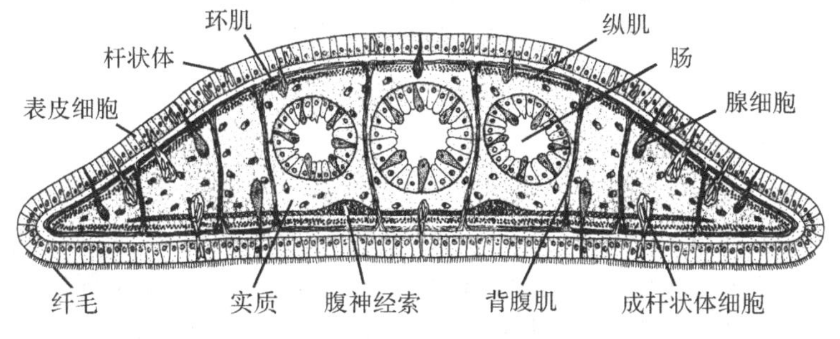

图 38　涡虫横切面(作者)

(五)华枝睾的整体封片观察

华枝睾(*Clonorchis sinensis*)(图 39)寄生于人和猫、狗等哺乳动物的肝脏、胆管中。虫体长柳叶形，前端稍窄，后端较宽，体前端腹面有**口吸盘**，距体前端约1/5处有一**腹吸盘**。口吸盘中央为**口**，口后接一短而肌肉发达的**咽**，后接一短的**食道**，食道后分成两分叉状的**肠道**，直达近体末端。华枝睾雌雄同体，雄性生殖器官在虫体后方有两个具多数分支的**精巢**，前后排列，占据虫体后1/3，每个精巢通出1条**输精小管**，两管向前在虫体中部合成一条**输精管**，并向前扩大成较粗大的**储精囊**，末端开口于腹吸盘前，即为**雄性生殖孔**。雌性生殖器官是位于精巢之前、一染色较深的分叶状的**卵巢**，卵巢之后有一大而椭圆形的**受精囊**，还有一开口于背方的短的**劳氏管**。卵巢向前通出1条盘曲的**子宫**，子宫内充满卵子，并伸达腹吸盘前端的**雌性生殖孔**，雌孔与雄孔并列。虫体两侧有很多颗粒状的**卵黄腺**，分别在中央稍后方会合成左、右侧**卵黄管**，两管再会合成**卵黄总管**，通至**输卵管**。在虫体后半部中央有一略弯曲的管，即为**排泄囊**(**膀胱**)，开口于虫体后端的**排泄孔**。在染色较好的标本中，沿排泄囊向前观察，还可见其与体侧的1对纵排泄管相连。

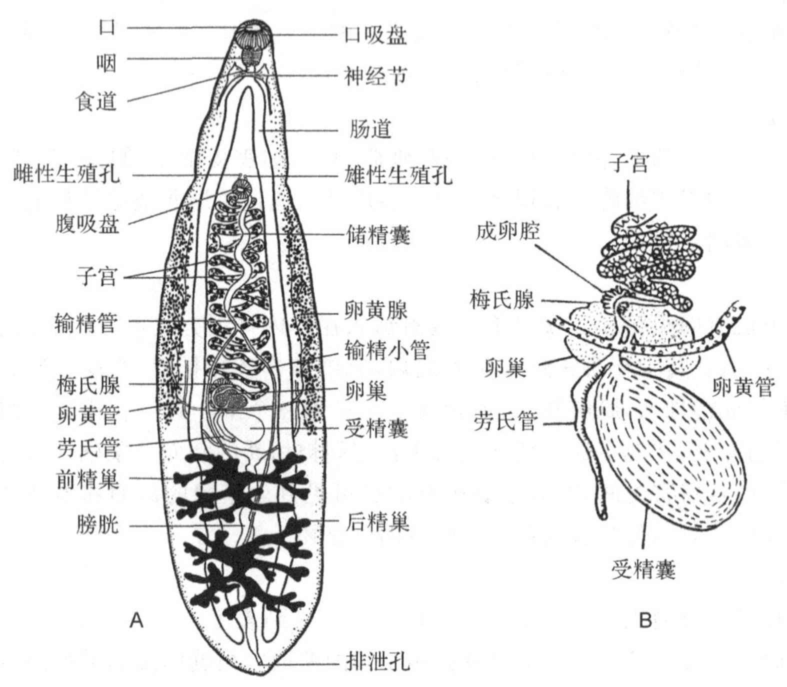

图39 华枝睾吸虫(据各家修改)

A. 整体腹面观；B. 雌性生殖系统局部

(六)扁形动物主要类群

1. 涡虫纲(Turbellaria)

涡虫(*Dugesin* sp.)

生活时，身体柔软扁平，长10～15mm，背面稍凸，呈灰褐色，但腹面色浅。体前端呈三角形，两侧各有一发达的耳突。前端背面有两个黑色眼点。腹面体中部区域的中间有一长条状的咽囊，咽可经口伸出体外。身体腹面密生纤毛。由于纤毛和肌肉的运动，涡虫能在物体上爬行。从固定染色标本中可观察到消化管三叉状，1支向前，2支向后。每一主支又分成许多分支，在消化管3分支的基部通至粗大肌肉质的咽。

平角涡虫(*Planocera* sp.)(图 40)

海产,常见于潮间带石块下,虫体宽大椭圆形,长 30～40mm。口在腹面正中,具肌肉质咽,肠分多支。体前端背面有眼 1 对。

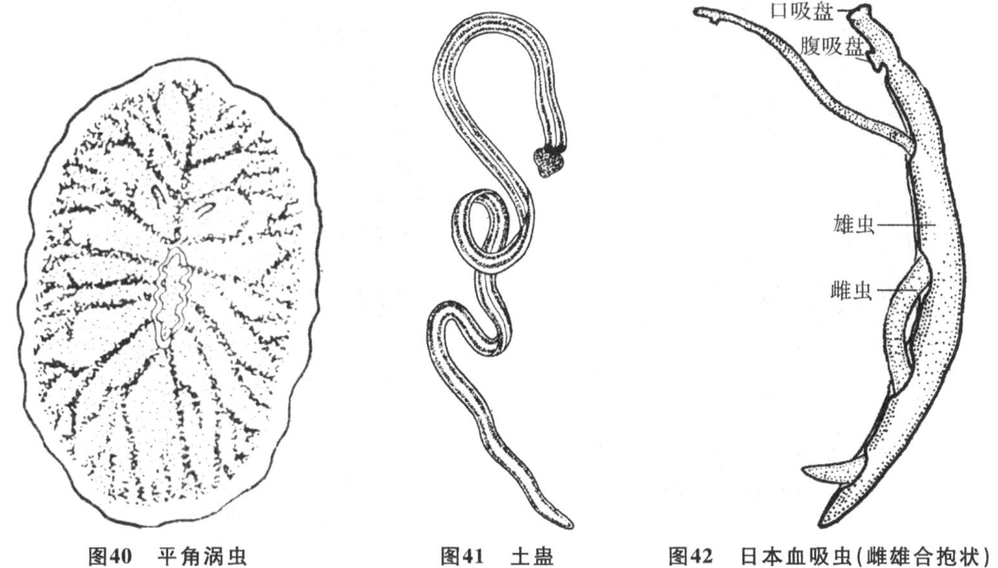

图40　平角涡虫　　图41　土蛊　　图42　日本血吸虫(雌雄合抱状)

土蛊(*Bipalium* sp.)(图 41)

又名笄蛭。陆栖,体长达 13～35cm,头部膨大如扇状,生活于潮湿地。

2. 吸虫纲(Trematoda)

日本血吸虫(*Schistosoma japinicum*)(图 42)

成虫寄生于人和哺乳动物的肝门静脉系统内,可引起血吸虫病,为我国江南最重要的寄生虫病。日本血吸虫为雌雄异体,虫体呈圆柱状,雌虫细长,雄虫短粗,两侧体壁向腹面延伸,使腹面形成一长沟,为抱雌虫之用,称为抱雌沟。

布氏姜片虫(*Fasciolopsis buski*)(图 43)

成虫寄生于人和猪的小肠内,虫体大而肥厚,是寄生于人体内最大的吸虫。腹吸盘明显大于口吸盘,呈漏斗状。雌雄同体,精巢(睾丸)1 对,前后排列,高度分支,卵巢位于精巢前,呈树枝状分支,两肠支呈波浪状弯曲。

卫氏并殖吸虫(*Paragonimus westermani*)(图 44)

成虫寄生于人及猫、狗、狼等肉食性哺乳动物肺部。虫体肥厚,椭圆形,体表密布单生棘。雌雄同体,精巢 1 对,分支状,左右并列于虫体后部。卵巢位于精巢前、腹吸盘之后,有 4～7 个指状分叶。

指环虫(*Dactylogyrus* sp.)(图 45)

寄生于鱼类鳃或皮肤,无中间宿主,生活史简单。虫体具眼点 2 对,后吸器具 1 对中央大钩,7 对边缘小钩。

日本真双身虫(*Eudiplozoon nipponicum*)(图 46)

寄生于鲤鱼、鲫鱼的鳃,两虫体永久联合,外形似 X 形。口吸盘前有一圆形腺体,精巢、卵巢各 1 个,吸铗 4 对。

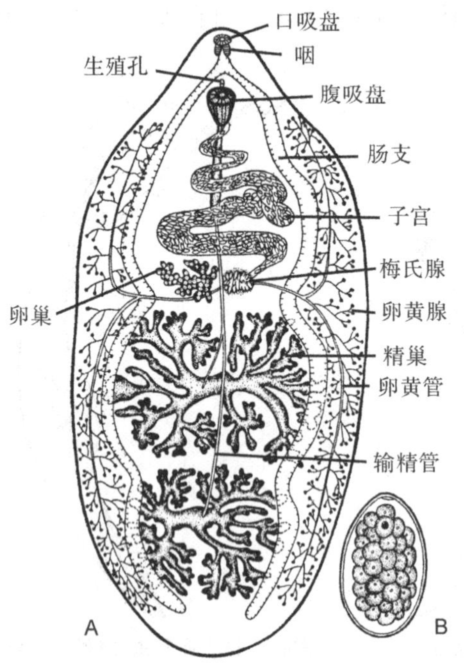

图43 布氏姜片虫(仿各家)

A. 成虫；B. 虫卵

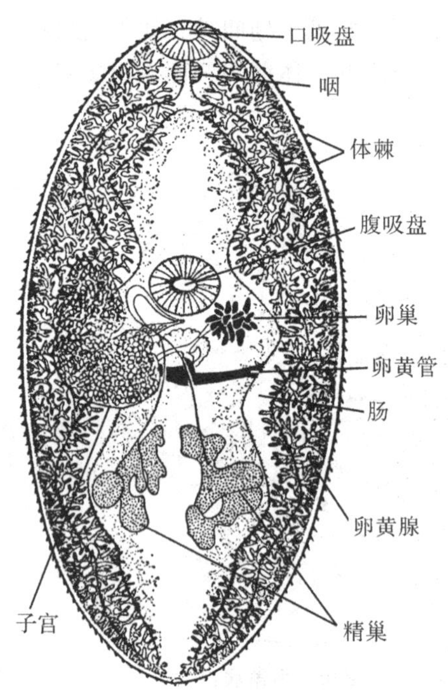

图44 卫氏并殖吸虫(仿陈心陶)

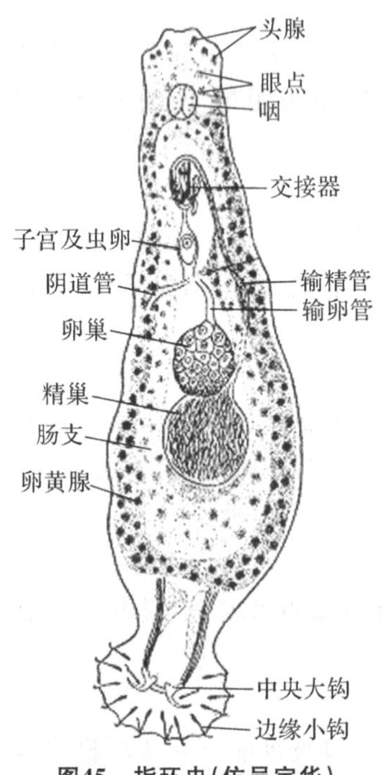

图45 指环虫(仿吴宝华)

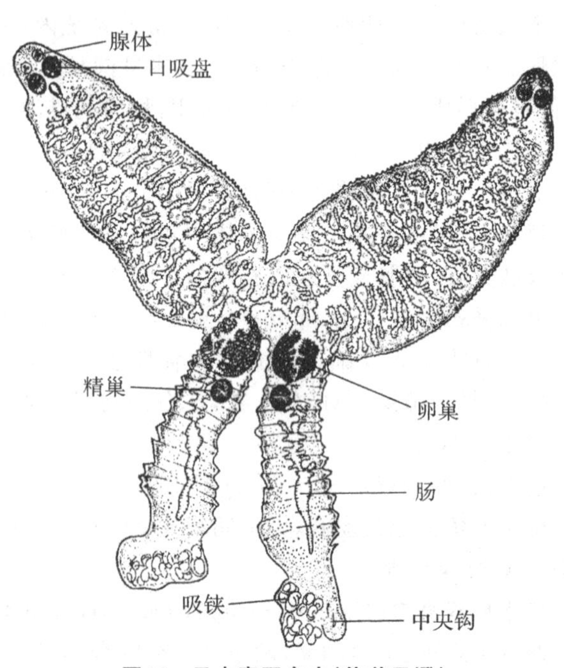

图46 日本真双身虫(仿姜乃澄)

3. 绦虫纲(Cestoida)

猪绦虫(*Taenia solium*)(图 47)

成虫寄生于人的小肠，头节上有 4 个吸盘，前端中央突出部分为顶突，顶突上有排成两圈的小钩。成熟节片长略大于宽，近于方形，节片两侧各有 1 条颜色较浅的纵排泄管，每一节片后端有 1 条横排泄管与之相通。每一节片都有一整套独立的生殖系统，雌雄同体，精巢颗粒状，卵巢分支状，卵巢之后，近节片后端有 1 团腺状构造的卵黄腺。

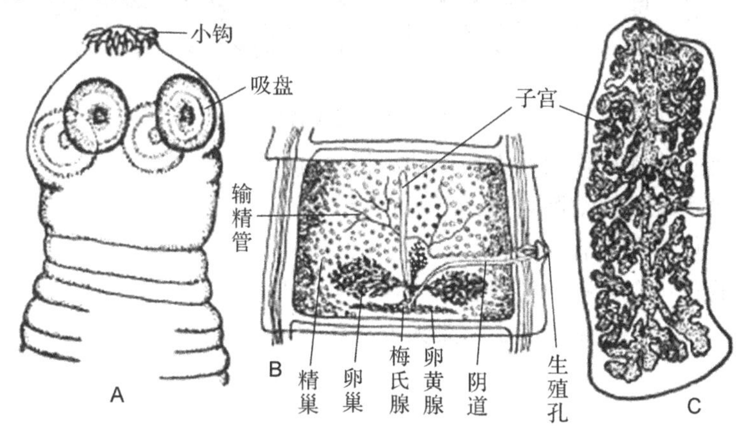

图 47　猪绦虫

A. 头节；B. 成熟节片；C. 妊娠节片

四、作业和思考题

1. 将有关名称填入下图(提示：会有“触手、口、垂唇、螅鞘、围鞘、生殖鞘、子茎、水母芽、生殖孔、营养个员(营养体)、生殖个员(生殖体)、螅茎、螅根、消化循环腔”等内容)。

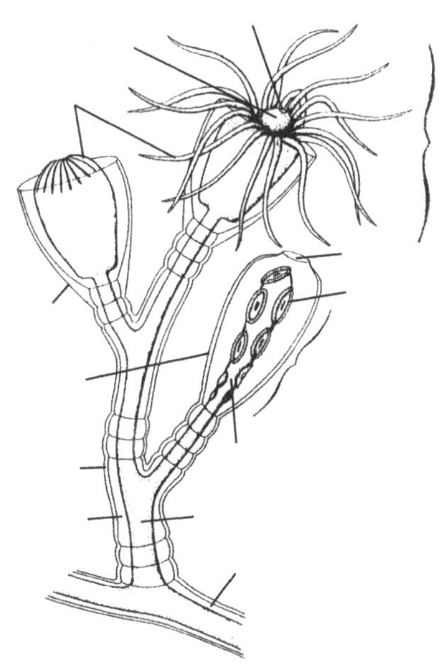

薮枝螅(仿Boolootian等)

2. 将有关名称填入下图(提示:会有“表皮层、体壁肌层、背腹肌、腹神经索、实质组织、盲肠、咽鞘、咽、咽腔、纤毛”等内容)。

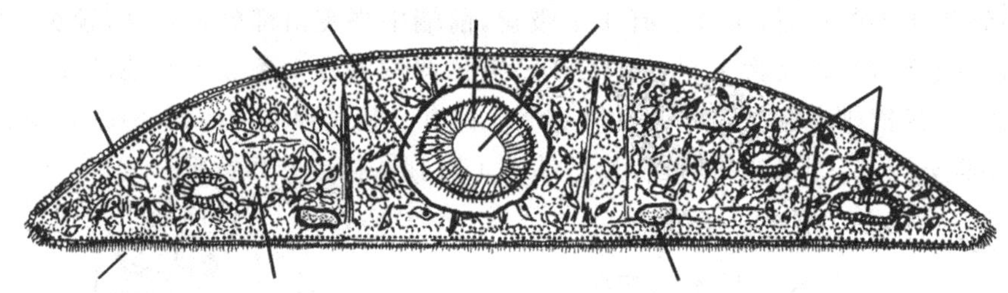

涡虫横切面(作者)

3. 比较刺胞动物和扁形动物横切面的结构特点,并绘出简图。
4. 如何识别水螅的间细胞,它具何种功能?
5. 扁形动物体壁结构有什么特征?
6. 扁形动物门中寄生种类的固着器官可分为哪几种类型?
7. 实验中示范的几种寄生吸虫感染人或动物的途径有什么区别?

实验 5　线虫动物(蛔虫)、环节动物(蚯蚓)的基本特征和代表种类

一、目的与要求

1. 通过观察蛔虫和蚯蚓的横切面,了解三胚层动物中假体腔和真体腔的结构特征和主要区别,并掌握上述动物皮肤肌肉囊的基本结构及特征。

2. 了解线虫动物门、环节动物门代表种类的形态结构和主要特征。

二、材料与用具

蛔虫、蚯蚓横切片,沙蚕疣足装片,蛔虫解剖标本,蛲虫、钩虫、丝虫整体装片,显微镜,体视显微镜,放大镜等。

三、操作与观察

(一)蛔虫的横切面

取蛔虫(*Ascaris lumbricoides*)横切面玻片标本在低倍镜下观察(图 48)。

1. 外胚层

蛔虫身体最外面是由表皮细胞所分泌的一层非细胞结构的厚膜,称为**角质层(角质膜)**,它组成了蛔虫体壁的最外层。位于角质层内侧的是单层的**表皮细胞层**,由于细胞界限消失,为合胞体构造。在背腹正中和两侧由表皮细胞向内延伸形成的加厚隆起部分别为**背线**、**腹线**及**侧线**。在背、腹线内有背、腹神经切面,在侧线内有排泄管的切面。注意观察背、腹线和侧线的粗细。

2. 中胚层

中胚层形成蛔虫的纵肌,位于表皮层之内,整个肌肉层被 4 条上述体线分隔成 4 个间隙,每个间隙内有许多肌细胞组成的较厚的肌肉层。每个纵肌细胞的基部为纵行的肌丝,染色较深,称为**肌细胞收缩部**。肌细胞向着原体腔的部分呈大的空泡状,染色较浅,称作**肌细胞原生质部**,并有突起与神经索相连,原生质部具有纵肌细胞核。

3. 内胚层

横切面中靠近背侧的扁的管子,即是内胚层来源的、由单层柱状上皮细胞组成的肠(消

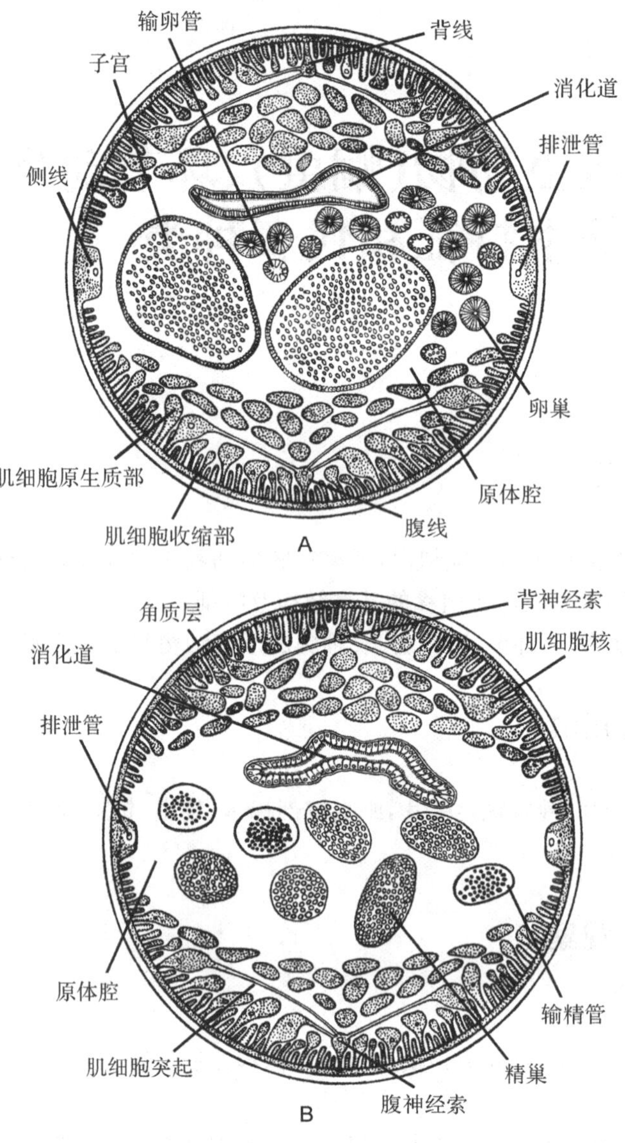

图 48　蛔虫横切面(作者)

A. 雌蛔虫；B. 雄蛔虫

化道)，细胞核靠近原体腔的一侧。肠中间的空隙即为肠腔。

4. 原体腔(假体腔)

原体腔指肠与体壁之间的空腔，即内胚层与(体壁)中胚层之间的空腔，腔内充满着生殖系统各组成部分。在生活时，腔内还充满着体腔液。

5. 生殖系统

在肠的腹侧能看到生殖系统的切面。

雌蛔虫横切面中有两个最粗的管面即是**子宫**，腔内充满许多虫卵。**卵巢**的管面，数目最多，细胞呈放射状排列，中央有轴索。中空的为**输卵管**，中央无轴索，内有不少卵细胞，但因输卵管较短，有些切片中不一定能看到。生活时蛔虫卵巢最细小，而输卵管应比前者粗，但实际观察制片时,卵巢切面反而显得较粗,这是因为固定蛔虫活体标本时,中空的输卵管更容易强烈收缩之故。

雄蛔虫横切面中能见到染色较深、数量多的细小管状的**精巢**。染色较浅、较粗一些的是**输精管**,内含处于不同发育阶段的精子。见到的最大的一个管腔即为**储精囊**。

由于卵巢、精巢都为管状结构,而且在体内多次上、下盘曲,故有时在蛔虫的横切面上还能见到卵巢或精巢的纵切、斜切面构造。观察时请多加分析。

(二)蚯蚓的横切面

取蚯蚓(*Amynthas* sp.)横切面制片在显微镜下观察。

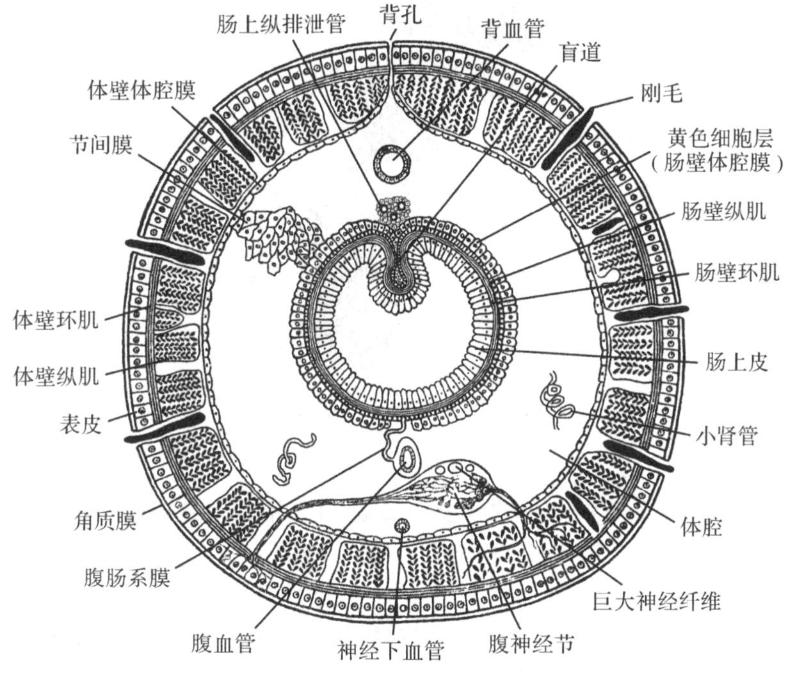

图 49 蚯蚓横切面(据各家改绘)

1. 外胚层

蚯蚓身体最外一层是薄而透明的**角质膜**,由表皮细胞所分泌,组成了蚯蚓体壁的最外层。位于角质膜之内的为柱状上皮细胞组成的**表皮层**(图 49、50)。注意辨别:它是否也属合胞体?

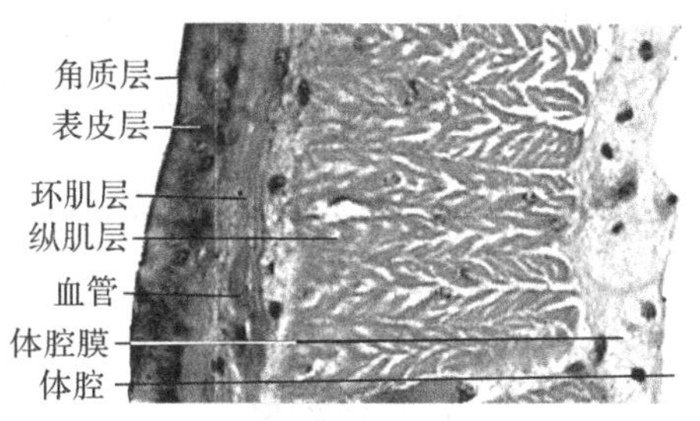

图 50 蚯蚓体壁显微结构(作者)

2. 中胚层

蚯蚓的中胚层可分为体壁中胚层和肠壁中胚层。其中体壁中胚层在表皮层之内，并与表皮层共同组成蚯蚓的体壁。**体壁中胚层**可进而分为 3 层，外为环肌层，较薄，中为纵肌层，较厚，内为由扁平细胞构成的**体壁体腔膜**，紧贴在纵肌层下面（图 49、50）。肠壁中胚层与肠道上皮共同组成肠壁。**肠壁中胚层**亦可分为 3 层，内为环肌层，很薄，紧贴肠上皮，中为纵肌层，亦很薄，外为一层排列并不整齐的细胞，称作**黄色细胞**，也就是**肠壁体腔膜**（图 49、51），具有排泄功能。

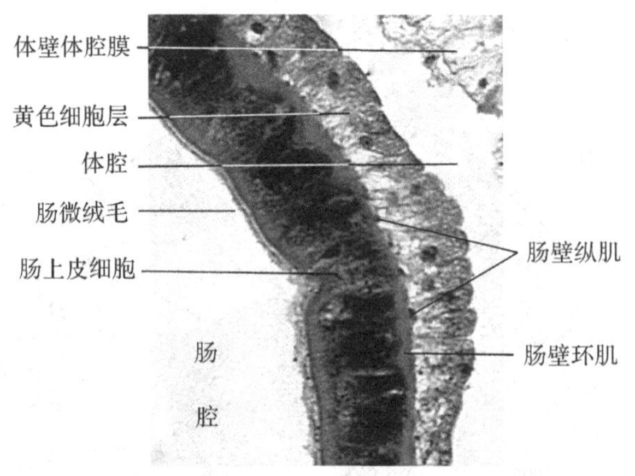

图 51　蚯蚓肠壁显微结构（作者）

3. 内胚层

内胚层指组成蚯蚓肠道的一层柱状上皮细胞，其包围的空腔即肠腔（图 49、51）。肠背部凹下的纵槽称盲道，它使肠道内表面积增大，有利于吸收。

4. 真体腔

体壁与肠壁之间的空腔即是真体腔。在真体腔内，肠道的背面有**背血管**，腹面有**腹血管**，腹血管之下有**腹神经索**，神经索之下有**神经下血管**。在有的切片上，还能观察到部分小肾管、节间膜等构造（图 49）。

（三）主要类群

1. 线虫纲（Nematota）

猪蛔虫（*Ascaris suum*）

观察猪蛔虫雌雄生殖系统解剖示范标本。雌虫有 1 对细管缠绕在原体腔内，注意管的游离端很细，是**卵巢**。逐渐变粗且呈半透明的一段为**输卵管**，然后扩大成更粗大的**子宫**。两子宫约在身体前 1/3 处会合成一短的**阴道**，开口于**雌性生殖孔**。雄虫只 1 条管子，游离端很细的是**精巢**，较粗的为**输精管**，再膨大成粗的**储精囊**，最后开口于直肠末端的泄殖腔内。

蛲虫（*Enterobius vermicularis*）（图 52）

成虫寄生于人体盲肠及其附近的大肠和小肠后部。虫体细小，雌虫长于雄虫，一般不足 10mm。虫体乳白色，体前端两侧的角皮膨大形成颈翼膜（头翼），消化管的前端有呈球形的食道球。虫卵无色透明，一侧扁平直，一侧稍凸，长为 50～60μm。

十二指肠钩虫（*Ancylostoma duodenale*）（图 53）

成虫寄生于人体小肠内。体长通常在 8～13mm 之间，虫体头部有一较深的口囊，在口

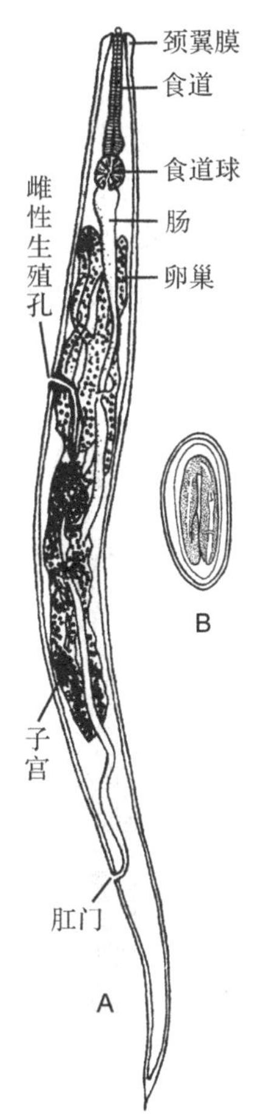

图 52　蛲虫图(仿徐芳南)

A. 雌成虫；B. 卵

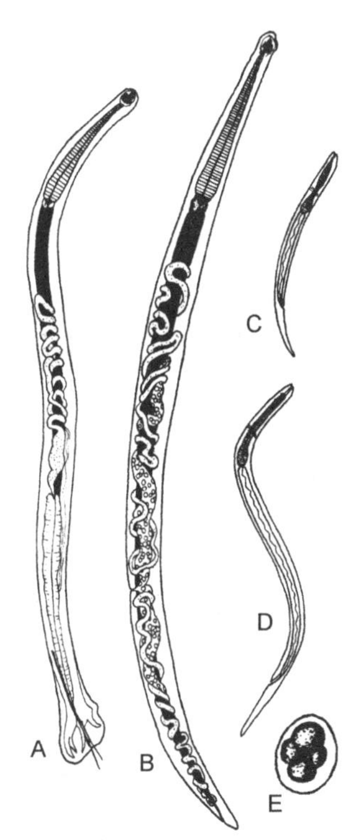

图 53　十二指肠钩虫(仿 Noble)

A. 雄虫;B 雌虫;C. 杆状蚴;D. 丝状蚴;E. 卵

囊的腹侧缘有钩齿两对。雌虫较雄虫大,尾端呈尖锥形。雄虫尾端有一盘形的交合伞。杆状蚴头端钝圆,尾端尖细,口腔细长开口,能进食。丝状蚴口腔封闭,不能进食。虫卵长为 56～76μm,两端较圆,卵壳薄,无色透明,卵内一般以含 4 个细胞为最常见。

斑氏吴策线虫(*Wuchereria bancrofti*)微丝蚴(图 54)

成虫寄生于人的淋巴系统内,幼虫寄生于血液中称为微丝蚴,夜间出现在人的外周血液中。病人血液涂片中,幼虫自然弯曲,外被鞘膜,头端钝圆,尾端尖细。

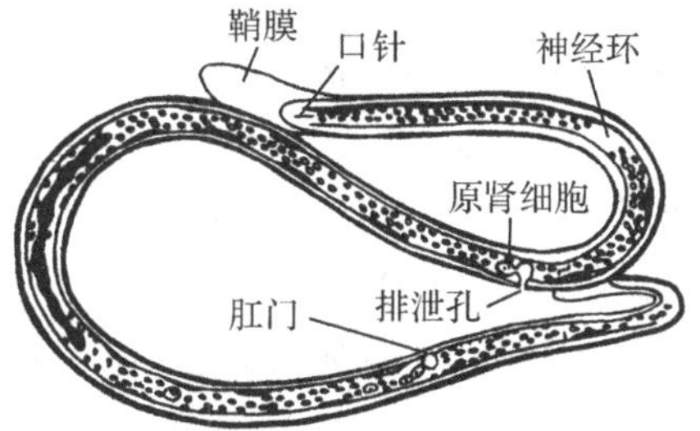

图 54　斑氏吴策线虫微丝蚴(仿 Fulleborn)

2. 多毛纲(Polychaeta)

日本沙蚕(*Nereis japonica*)(图 55)和**疣足**(图 56)

海洋底栖动物,在潮间带的泥、泥沙和沙底质中都有分布。虫体长圆筒形,背腹稍扁平,全身由许多体节组成,可分成头部和躯干部。头部显著,有眼点、触手、触条等,躯干部体节每节两侧有疣足1对,疣足分为背腹两叶,每叶各有1根粗黑的足刺和1束刚毛。疣足具呼吸和触觉的功能,是运动(行走和游泳)的器官。虫体末节无疣足,有1对长的肛须,两须之间有肛门。

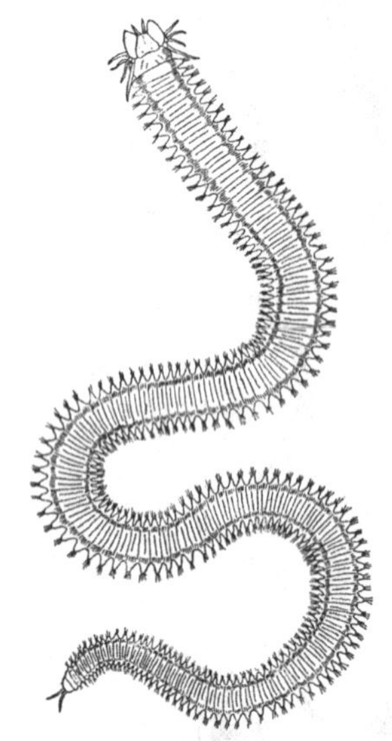

图55 日本沙蚕(仿吴宝铃)

背须
大基叶
背叶
足刺
舌状叶
腹叶
刚毛
腹须

图56 疣足结构(仿吴宝铃)

图57 毛翼虫(仿高哲生)

毛翼虫(*Chaetopterus variopedatus*)(图 57)

海产,生活于潮间带,由泥沙建成的70cm左右的U形管中。身体由不同形状的体节组成,体前部扁平,两侧有9对突起,中部具5个体节,其中最前的体节两侧有长的翼状突起,体后部约有40个体节组成,生活时受刺激能放出磷光,故又称磷沙蚕。

3. 蛭纲(Hirudinea)

日本医蛭(*Hirudo nipponica*)(图 58)

体狭长,体长一般为30～60mm,略呈圆柱状,背腹稍扁平,背部黄褐色或黄绿色,有5条黄白色纵纹,以中间1条较宽。眼点5对,排列成弧形。前后两吸盘均发达,栖息水田和小沟渠中。

天目山蛭(*Haemadipsa tianmushana*)(图 59)

体长一般为11～36mm,背部橙黄或深褐色,背中宽阔的淡黄色带状区两侧共具6条粗而直的黑色条纹,但无中央条斑,眼5对,较大。产于浙江西天目山海拔600～1000m的地区,常栖息于溪边草丛或其他阴湿的场所,等候人畜通过,迅速爬来吸血。

宽体金线蛭(*Whitmania pigra*)(图 60)

体呈纺锤形,体长一般为60～130mm,背面暗绿色,有5条纵行的黑色间杂淡黄色的斑纹,第7节背面4环,而腹面仅3环,眼5对。取食螺类。

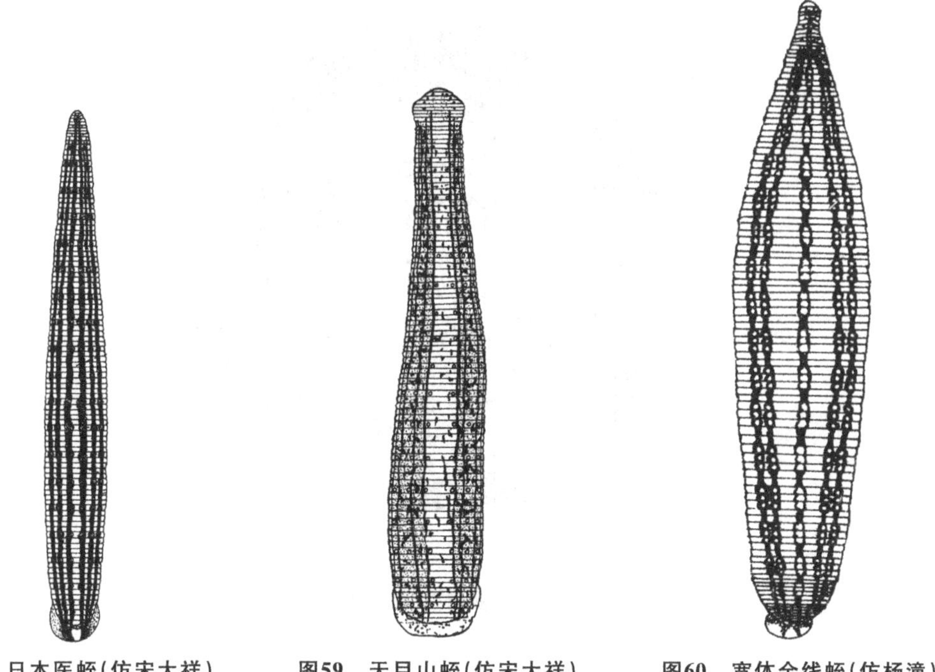

图58 日本医蛭(仿宋大祥)　　图59 天目山蛭(仿宋大祥)　　图60 宽体金线蛭(仿杨潼)

四、作业和思考题

1. 总结线虫动物和环节动物横切面的结构特点。

2. 蛔虫表皮层为合胞体构造,其细胞核一般分布于表皮的什么区域?雄性蛔虫横切面中储精囊都能观察到吗?

3. 蚯蚓横切面中体壁与肠壁之间,有时能见到大片细胞,应是什么组织器官的细胞?

4. 蚯蚓腹神经节内具巨大神经纤维,具什么生理作用?除蚯蚓有巨大神经纤维外,其他动物体内是否也有巨大神经纤维存在?

5. 蛔虫、蛲虫、十二指肠钩虫、丝虫的传播方式有何区别?

6. 将有关名称填入下图(提示:会有"背线、背神经索、腹线、侧线、排泄管、肌细胞原生质部、肌细胞突起、肌细胞核、角质层、表皮层、纵肌层、肠腔、卵巢、输卵管、子宫、虫卵、假体腔(初生体腔或原体腔);背孔、背血管、腹血管、神经下血管、腹神经节、肠壁体腔膜(黄色细胞层)、肠上皮、盲道、排泄孔、排泄管、刚毛、肠腔、真体腔、角质膜、表皮层、体壁环肌、体壁纵肌"等内容)。

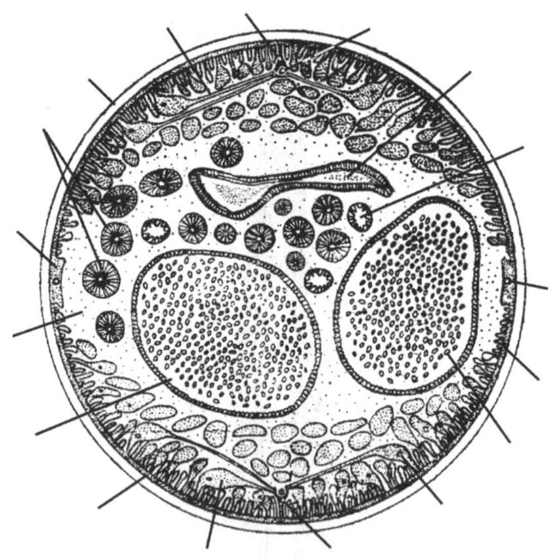

蛔虫横切面(仿各家)

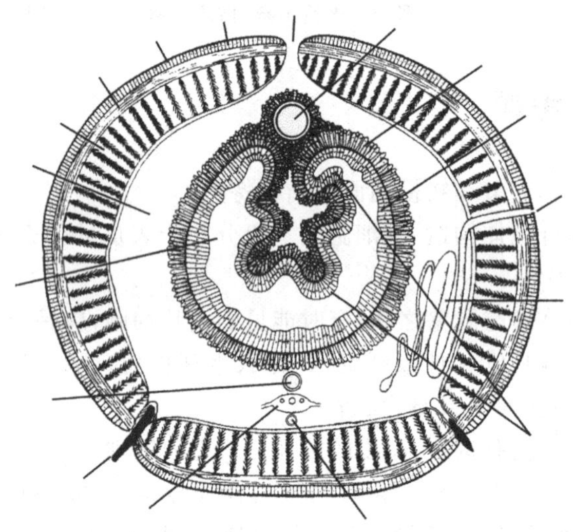

蚯蚓横切面(仿各家)

实验 6　蚯蚓的解剖

一、目的与要求

1. 通过远环蚓外形观察和内部器官解剖，进一步了解以蚯蚓为代表的三胚层、真体腔动物各器官系统的结构特征。

2. 初步掌握蚯蚓的基本解剖方法及剥离神经环、腹神经索和解剖生殖系统的技能。

二、材料与用具

远环蚓浸制标本，体视显微镜，放大镜，蜡盘，镊子，解剖剪，解剖针，橡皮头吸管，大头针等。

三、操作与观察

远环蚓（*Amynthas* sp.）属寡毛纲（Oligochaeta），正蚓目（Lumbricida），巨蚓科（Lumbricidae），生活在土壤中。

（一）外部形态观察

取一条已经清水浸泡处理，洗去固定液的蚯蚓，放在解剖盘中，用肉眼或借助于放大镜，观察其外形。要求先辨认出前后和背腹，注意其特征（图 61）。

蚯蚓全身由许多同形体节组成，背面稍隆起，体色深。腹面较平，体色相对较浅。前端有口，口背面有一很小的向前突出的**口前叶**，口存在的这一体节称**围口节**。肛门在最后一节，位于虫体的末端。试用手触摸蚯蚓体表面，有何感觉？观察刚毛是怎样排列的？自前端向后数至第 13 节，从第 14 节开始可见一变粗而色异的构造，即为**生殖带（环带）**，它由 3 个体节（14～16）组成。在环带第 1 节腹面中央有一**雌性生殖孔**，有时因蚯蚓固定时体壁收缩强力，此孔呈闭合状，故较难寻找。在第 18 节腹面两侧有一对明显的乳头状突起，称**生殖乳突**，**雄性生殖孔**即开口于此。在蚯蚓腹面的前部，在 6～7、7～8、8～9 节之间节间沟两侧或 7～8、8～9 节之间节间沟两侧，分别有 3 对或 2 对**受精囊孔**，用体视显微镜或放大镜观察蚯蚓背中线，从 11～12 节开始，直至末端，各节间都有一个小的**背孔**，此孔与真体腔相通，由于背孔比雌性生殖孔更细小，需细心寻找。

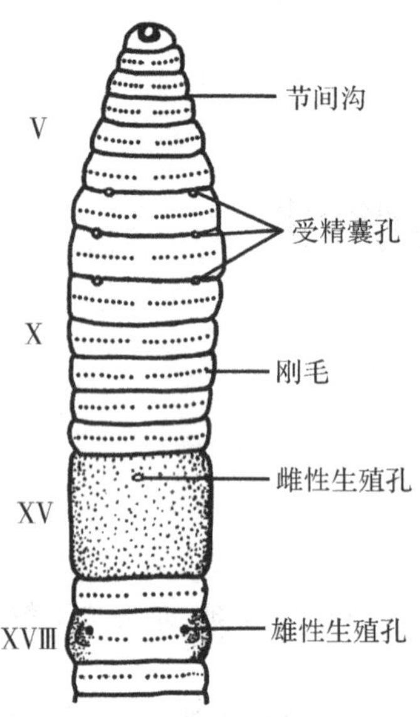

图 61 远环蚓前端腹面观(作者)

(二)解剖方法和内部器官的观察

1.解剖方法

解剖时可用左手拿住蚯蚓,拇指和无名指夹住蚯蚓前 1/3 体壁处(或约第 35 体节处),中指与食指夹住稍前处,背部向上,拉直蚯蚓,以右手持解剖剪,在后二指夹持的部位,沿背中线剪开,注意剪刀尖要挑起,以免将消化管剪破。从蚯蚓前 1/3 体壁处的体节开始,向前剪开体壁,至前 3～4 节时尤须注意,不要剪断脑神经节,这样一直剪至最前端。因蚯蚓属同律分节,后 2/3 体壁以后结构相似,故不必再向后剪开体壁。用镊子夹起体壁时即可见蚯蚓的真体腔,因有节间膜存在,故先用解剖针划开(或用解剖剪剪断)肠管与体壁之间的隔膜联系,再把一侧的体壁展开钉在蜡盘上,钉体壁时可按若干体节钉 1 大头针,注意每针须向外倾约 45°,以便不影响观察。在环带起始处钉 1 垂直大头针,以便于寻找处于第 13 体节体腔中的卵巢和输卵管喇叭口。标本完全固定好之后,可拿到自来水龙头下用细水流冲洗干净,再接少量清水淹浸标本,随后再按器官系统依次解剖和观察。

2.内部解剖

(1)生殖系统

蚯蚓为雌雄同体(图 62)。雄性生殖器官由精巢、输精管、精巢囊、储精囊、前列腺等组成。

精巢囊:位于第 10 和 11 节后方腹面(背侧因被储精囊遮盖故而见不到),共两对,观察时需用小镊子将 10～11,11～12 节的节间膜轻轻拉起,在近腹中线处可见到呈圆球状的**精巢囊**。每一精巢囊内壁上有一小白点状物即为**精巢**,囊内后方皱褶状的结构即**精漏斗**,由此向后通出**输精管**。

储精囊:位于第 11 和 12 节内,共两对,囊状,较大而明显,分背、腹两叶,其中背叶位于肠道背面,腹叶位于肠道腹面。每一储精囊腹叶与其前面的精巢囊相通。

输精管:由每一精巢囊中的精漏斗发出,共两对,细线状,每侧的前、后输精管会合成 1 条,再向后通至第 18 体节处,与前列腺会合后,经雄性生殖孔通出。

前列腺:位于第 17～20 体节的消化道两侧,为 1 对大而分叶状的腺体,整体外观为肾形。

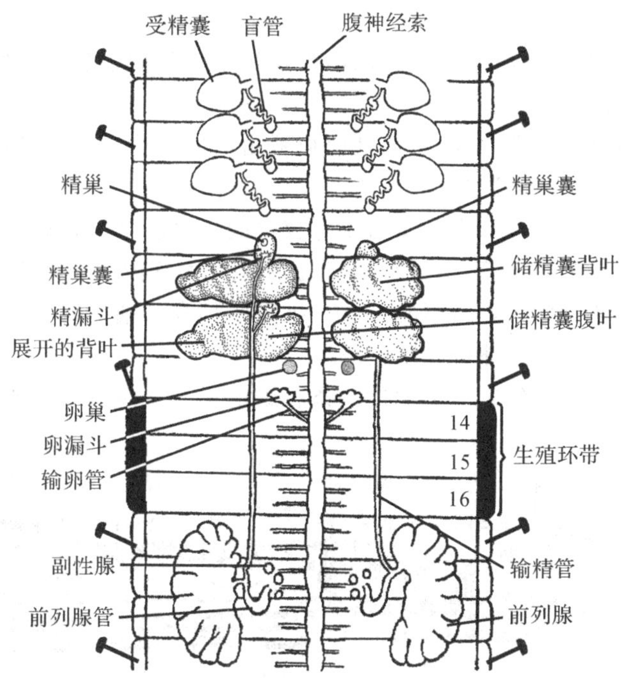

图 62　远环蚓生殖系统(作者)

(图中左侧两个储精囊背叶已向外侧掰开)

雌性生殖器官由卵巢、输卵管、受精囊等组成。

卵巢:位于第 13 节前节间膜后侧,1 对,观察时须用镊子拉起第 12～13 节的节间膜,在腹中线腹神经索附近寻找。外形为小颗粒组成的扁圆形腺体,微白或灰白色。

输卵管:位于卵巢后方,开口于第 13～14 节节间膜之前,1 对,开口处呈漏斗状(故亦称卵漏斗),两输卵管在第 14 节的腹神经索之下的体壁中会合,由雌性生殖孔开口于体外。

受精囊:3 对,位于第 7、8、9 节的腹壁两侧;有的为 2 对,位于 7、8 节或 8、9 节。每一受精囊由**梨状囊**和**盲管**构成,开口于**受精囊孔**。在受精囊与体壁相连处附近还有**副性腺**。

(2)消化系统(图 63)

消化管是从前至后一条直的管道,纵贯了每节的隔膜。由于中胚层参与消化道的组成,故消化道结构有了进一步的分化,由下列几部分组成。

口腔:位于第 1～3 节,前为口,后为咽。

咽:位于第 4～5 节,外观如梨形,肌肉质,生活时伸缩力强,有助于吸吮食物。

食道:位于第 6～8 节,管短细。

嗉囊:位于第 9 节前部,不甚明显,壁薄。

砂囊:位于第 9、10 节,外观球状,肌肉极发达,有磨碎食物的功能。

胃:狭长,位于第 11～14 节,背面被储精囊背叶包围并遮盖,除去储精囊后可看得更清楚。

肠:自第 15 节起,直通至后端的肛门,肠壁薄。

盲肠:一般从第 26 节的肠管两侧向旁伸出 1 对盲肠,锥状。

(3)循环系统(图 63)

蚯蚓为闭管式循环，因血液中有血红素，故经福尔马林固定后在血管内呈黑紫色，实验中主要观察以下几部分。

背血管：位于消化管的背中线上(生活时血液由后向前流，收集心脏后各体节体壁和肠壁来的血液，送至体前部和心脏)。

心脏：位于第 7、9、12、13 节内。实为 4 对较粗的、管壁富含肌肉的、能作节奏跳动的环血管，它们联系背血管和腹血管(生活时，经心脏能把背血管内的大部分血液送入腹血管)。

腹血管：位于消化管腹面，腹神经索之上，纵贯蚯蚓身体前后(这是一条输出性的血管，通过每节的分支，把血液输给体壁和肠壁)。

神经下血管：位于腹神经索的下面的一条较细的血管。观察时小心地用小镊子将腹神经索挑起，即能观察到。

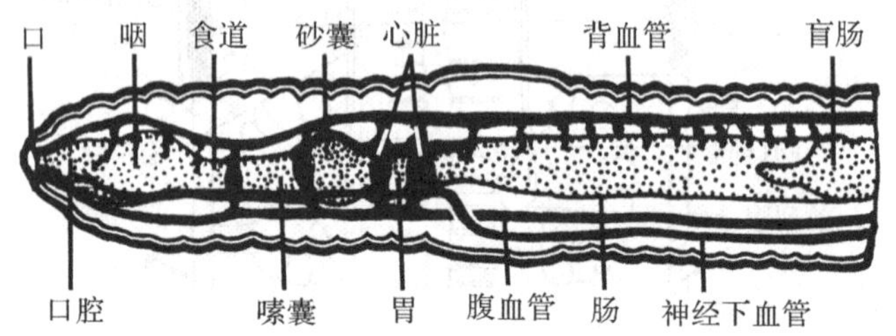

图 63 远环蚓消化、循环系统侧面观(作者)

(4)神经系统(图 64)

用小镊子和解剖针小心剥离咽背部(大约第 4 体节处)的肌肉，此时在咽的前端背部可露出白色的横置的神经节，称**咽上神经节**(**即脑**)，在脑的两侧各有一条神经围绕咽下行，称**围咽神经环**，在咽腹侧形成**咽下神经节**。观察时，先用解剖针小心地剥离脑和咽的粘连，再用小剪刀将脑前部的咽剪断，然后从围咽神经环后抽出咽，小心勿将神经环拉断。拉出咽后，即可见到咽腹有一条白色的**腹神经索**，神经索在每一个体节内都有一个膨大的**腹神经节**，由它们发出神经分支到体壁和内脏器官。

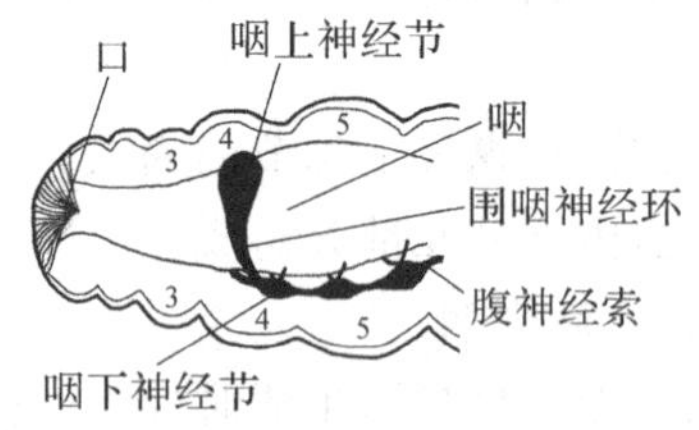

图 64 远环蚓头端神经系统侧面观(作者)

(5)排泄系统

蚯蚓的排泄器官为**小肾管**，可分为 3 类，即**体壁小肾管**，**隔膜小肾管**和**咽头小肾管**。观察时用镊子在蚯蚓体壁上取绒毛状物，置于载玻片上，加 1 滴水，盖上盖玻片，在显微镜下观察。可见一个个迂回弯曲的小管，即为体壁小肾管。按上述方式，取第 15 体节以后的隔膜上的小肾管，还可看到漏斗状的**肾口**，此口开口于体腔，为**后肾管**之一种。

四、作业和思考题

1. 小心剥出一条完整的有围咽神经环和腹神经索组成的蚯蚓神经系统，由教师当场检查并打分。

2. 通过蚯蚓神经环的剥离，总结自己实验成功或失败的经验与体会。

3. 根据蚯蚓生殖系统的特点，说明蚯蚓繁殖的特征。

4. 远环蚓体壁上刚毛的着生方式属于哪一种，此外蚯蚓的刚毛着生方式还有哪一种形式?

5. 实验后进一步去图书馆借阅《中国土壤动物检索图鉴》(尹文英等著，科学出版社，1998年第1版)，进一步了解国内蚯蚓分类的概况和查证远环蚓(*Amynthas*)的分布状况。

实验 7 河蚌的解剖和常见软体动物 I

一、目的与要求

1. 通过对河蚌的解剖掌握瓣鳃纲软体动物的解剖方法和主要形态结构特征。

2. 通过对瓣鳃纲、多板纲、掘足纲一些种类的观察，掌握上述各纲的主要特征和常见种类的识别特征。

二、材料与用具

河蚌、三角帆蚌、牡蛎、缢蛏、毛蚶、泥蚶、扇贝、贻贝、石鳖、河蚌的钩介幼虫、解剖器、放大镜、蜡盘等。

三、操作与观察

(一)河蚌外形观察(图 65)

河蚌(*Anodonta* sp.)是常见的淡水种类，两壳等大，近椭圆形，钝圆的一端是前端，后端稍尖削，两壳铰合的一面为背面，分离的一面为腹面。贝壳背方略隆起的部分称**壳顶**，壳顶偏于前方。贝壳表面以壳顶为中心有许多与壳的腹面边缘相平行的环纹，即为**生长线**。两壳铰合处具弹性的角质关联部分，称为河蚌的**韧带**。将河蚌背侧向上，前缘向前，位于左边的壳即为左壳，另一面即为右壳。

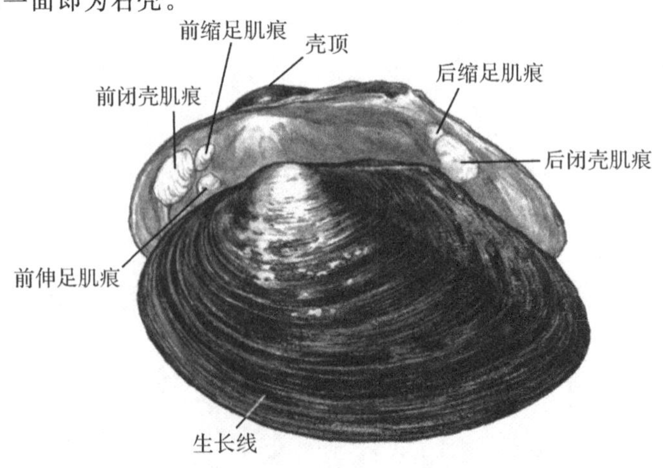

图 65 河蚌贝壳外形(仿堵南山)

（二）内部结构

手拿一河蚌，使其腹缘朝向操作者，用解剖刀柄从腹面中间合缝处平行插入，将刀柄扭转使两壳稍撬开，然后用镊子柄取代刀柄，撑住两壳，取出解剖刀柄，再用解剖刀将左侧外套膜的边缘与壳的连接处分开，再以刀锋紧贴贝壳，切断分别位于贝壳背缘前方和后方的前、后闭壳肌，这样左壳自然张开，用刀割断韧带，取下左壳，先依次观察河蚌贝壳内面的结构特点。

河蚌贝壳内面具有珍珠光泽，与贝壳外面不同，是何原因？贝壳分 3 层，实验时可取一小片破碎的壳片，用放大镜观察断面。最外面褐色的一层称**角质层**，中间最宽的一层为**棱柱层**，最内层为**珍珠层**。

在取下的左壳内面留有肌肉附着的痕迹，前端大的肌痕称**前闭壳肌痕**，其内侧上方一块小的称**前缩足肌痕**，内侧下方的称**伸足肌痕**。后端大的肌痕称**后闭壳肌痕**，其内侧上方一块小的称为**后缩足肌痕**，注意后端无伸足肌。在左壳腹缘附近有 1 条与壳缘几乎平行的线痕，称为**外套肌痕**，这是外套膜边缘肌肉部分附着于贝壳上留下的痕迹，称为**外套线**。生活时由于外套膜边缘与贝壳紧密地附着，可防止外物进入贝壳与外套膜之间。

去壳后的河蚌身体左、右两侧有半透明的**外套膜**包裹，左、右外套膜所包围的腔，即是**外套腔**。河蚌的内脏团和鳃就在外套腔中。外套膜在身体的后缘有很多的褶皱，左右合抱成两个管状构造，腹侧的为**入水管**，背侧的为**出水管**。拉起左侧外套膜，可见体前部有一肌肉质的斧状足，足是河蚌的运动器官，生活时可伸出壳外，用以挖掘泥沙。实验时用解剖针刺激蚌足，会引起足的收缩。在完成上述观察后，再解剖河蚌的内部器官(图 66)。

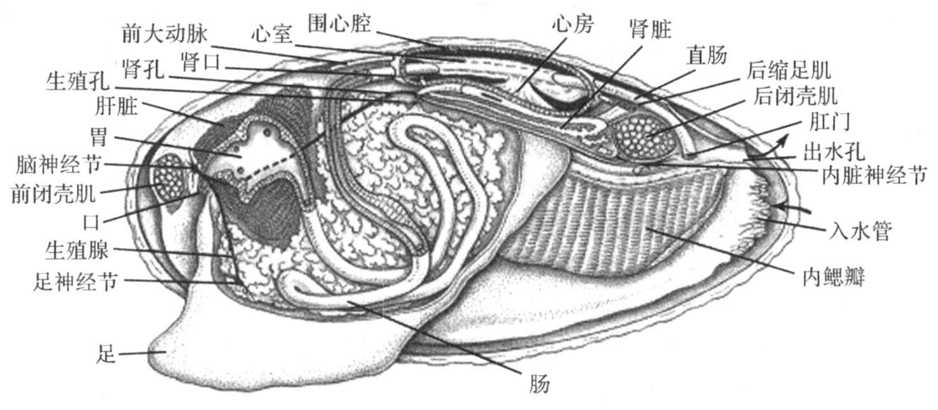

图 66　河蚌内部解剖(据堵南山改绘)

1. 呼吸系统

河蚌的呼吸器官为鳃，位于足后缘的两侧，各有两瓣鳃。外侧的称**外鳃瓣**，内侧的称为**内鳃瓣**。每一鳃瓣又进而可分为**外鳃小瓣**和**内鳃小瓣**。实验时用镊子挑开鳃背方的薄膜，即可见到位于内、外鳃小瓣之间的**鳃上腔**。内、外鳃小瓣之间有许多瓣间联系，将内、外鳃腔隔成许多**鳃水管**，它一直通到鳃上腔。鳃小瓣上有许多背腹纵走的细丝，即为**鳃丝**。鳃丝与鳃丝是通过**丝间隔**联系起来的，在丝间隔上有许多小孔，即为**鳃小孔**。鳃的横切面结构见图 67。思考：环境中的水是如何流经鳃，再流到河蚌体外的？

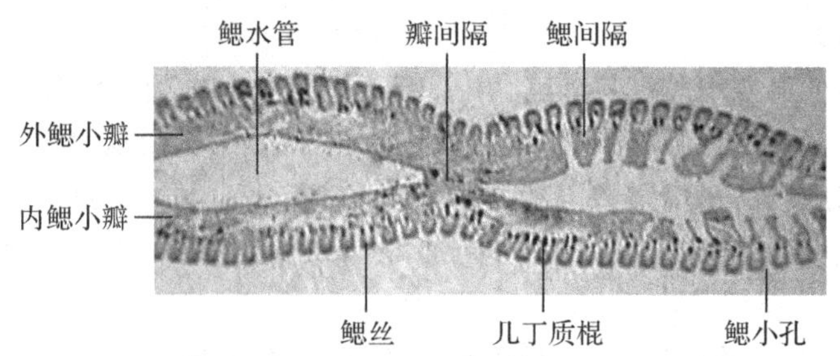

图 67 河蚌鳃的结构(作者)

解剖时,在成熟的雌蚌中,会看到**外鳃瓣**特别肥大,用解剖针挑破鳃之后有细小颗粒外溢,取一滴肥厚鳃的外溢物做一临时水封片,放在显微镜下观察,可见河蚌早期的**钩介幼虫**,该幼虫具两瓣壳,壳缘具向内弯曲的钩,两壳中间有一黏附的足丝。因为钩介幼虫在外鳃腔中发育,故外鳃腔亦称**育儿囊**。

2. 循环系统

河蚌循环系统位于身体背侧,包括心室 1 个,心房(心耳)2 个,位于围心腔内。**围心腔**在贝壳铰合部附近,有一透明的围心膜。**心室**是一长圆的富有肌肉的囊,其壁甚厚,能收缩,最大的特点是直肠穿过其中。心室下方的左右两侧各有 1 个三角形的**心房**,其壁薄,但也能收缩。打开贝壳后的河蚌,在较长的一段时间内仍能见到心室、心房有节律的收缩和舒张。从心室向前沿直肠背方前行的是河蚌的**前大动脉**,向后沿直肠腹方后行的为河蚌的**后大动脉**。

3. 消化系统

在河蚌前闭壳肌下方有两片**触唇**,呈三角形,内外排列,表面密布纤毛,依靠纤毛的摆动能将藻类等驱入口中。河蚌的消化系统包括**口**、**食道**、**胃**、**肠**、**直肠**和**肝脏**。在两侧触唇之间有一横形裂缝,即为口。口后接一短的食道。食道之后为一膨大的胃。胃后是盘曲折行的肠,用解剖刀割开内脏团肌肉即可看到。其后是直肠,穿过心室,最后以肛门开口于出水管上方。剪开胃腔之后,还可见一些透明短粉丝状物,即为**晶杆**(由胃的幽门盲囊分泌而成)。胃的四周有许多不规则的黄绿色腺体,即河蚌的**肝脏**。

4. 排泄系统

河蚌的排泄系统为 1 对**肾脏**,由肾体和膀胱所组成。用剪刀沿着鳃的背缘剪去外套膜及鳃,在鳃上腔的上面可看到一团呈褐色的海绵状的腺体,即为**肾体**,其前端有**肾口**,开口于围心腔内的前端腹面处。**膀胱**位于肾体的背方,围心腔的腹面,管壁薄,末端为**排泄孔**(**肾孔**),开口于内鳃瓣的鳃上腔。**围心腔腺**也称**凯伯尔氏器**,位于围心腔外前端两侧,分支状,略呈赤褐色,它能吸收血液中的废物并排入围心腔中,再经肾脏排至体外,故也具排泄功能。

5. 神经系统

河蚌的神经系统不发达,主要由 3 对分散的神经节所组成,**脑侧神经节** 1 对,位于前闭壳肌与伸足肌之间,将触唇去掉,然后用镊子轻轻地掀开该处的表皮及少许肌肉即可见到淡黄色的神经节。**足神经节** 1 对,埋于足的基部前 1/3 处,用解剖刀将足纵剖成对等的两半,在内脏团的边缘仔细寻找即可发现。**脏神经节** 1 对,位于后闭壳肌下方,将后闭壳肌下方的一层组织刮去,即可见蝴蝶状的浅黄色神经节。

6. 生殖系统

河蚌雌雄异体，但外形不易区别。生殖腺均位于内脏团肠的周围，其中**精巢**乳白色，**卵巢**淡黄色。雄性、雌性生殖孔位于肾孔（排泄孔）的前下方（与肾孔一样需在内鳃瓣的鳃上腔寻找）。

（三）常见软体动物Ⅰ

1. 瓣鳃纲（Lamellibranchia）

三角帆蚌（*Hyriopsis cumingii*）（图 68A）

淡水产。贝壳大型，扁平，壳厚，铰合部发达，具有拟主齿和侧齿，淡水育珠的优良种类。

褶纹冠蚌（*Cristaria plicata*）（图 68B）

淡水产。贝壳大型，坚固而膨胀，贝壳前背缘呈直角状突起，后背缘向上倾斜伸展成大型的鸡冠状，故又称鸡冠蚌。铰合部不发达，两壳均无拟主齿。也是淡水育珠的优良种类之一。

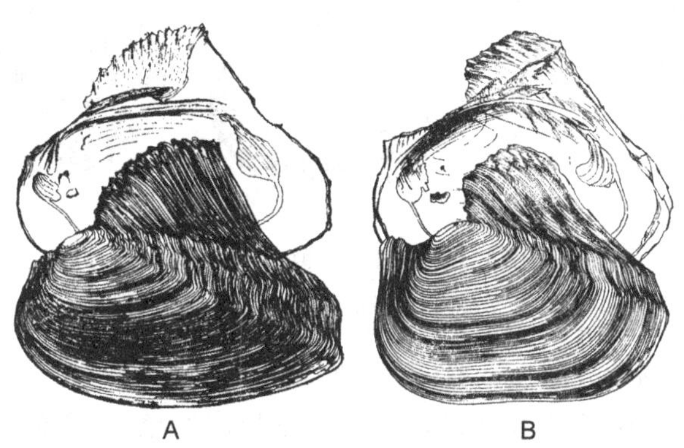

图 68 瓣鳃纲代表种类-1（仿各家）

A. 三角帆蚌；B 褶纹冠蚌

僧帽牡蛎（*Ostrea cucullata*）（图 69A）

海产。两壳不等大，铰合部无齿，以较大的左壳附着于岩石上生活，右壳盖于左壳之上，壳面上有许多层同心环状鳞片。肉供食用，是重要的养殖种类。

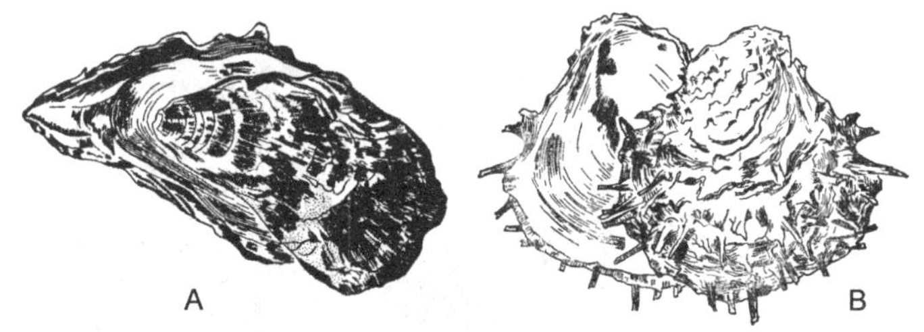

图 69 瓣鳃纲代表种类-2（仿各家）

A. 僧帽牡蛎；B. 棘刺牡蛎

棘刺牡蛎（*Ostrea echinata*）（图 69B）

海产。贝壳小型，两壳几相等，右壳稍凸，壳面鳞片卷曲成管状棘，棘长可达 10mm 以上，除壳顶外，壳面均具棘，左壳平坦，固着在岩石上。肉可食用。

河蚬(*Corbicula fluminea*)(图 70A)

淡水产。贝壳中等大小,壳厚而坚硬,两壳膨胀,外形呈正三角形,两壳各具 3 枚主齿,珍珠层淡紫色或鲜紫色,肉供食用。

文蛤(*Meretrix meretrix*)(图 70B)

海产。贝壳边缘略呈三角形,腹缘呈圆形,两壳相等,贝壳坚厚,壳长略大于壳高,壳顶突出,无放射肋。铰合部宽,两壳各具 3 枚主齿,贝壳内面白色,肉质鲜美。

青蛤(*Cyclina sinensis*)(图 70C)

海产。贝壳近圆形,壳顶突出,位于背侧中央,不具放射肋。两壳具主齿 3 枚,集中于铰合面前部。壳面淡黄色或棕红色,贝壳内面白色或肉色,边缘呈淡紫色。肉质鲜美。

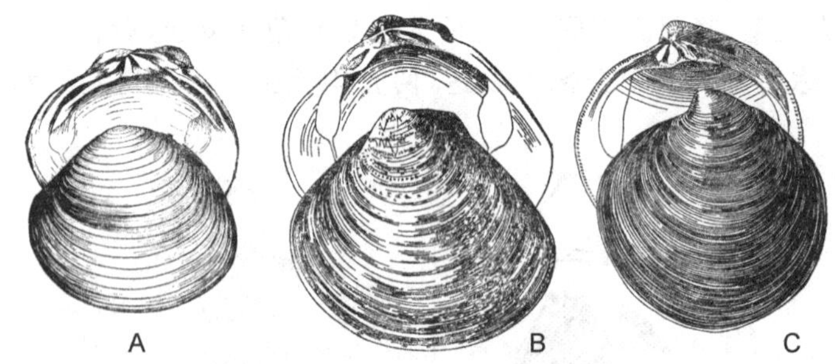

图 70 瓣鳃纲代表种类-3(仿各家)

A. 河蚬; B. 文蛤; C. 青蛤

彩虹明樱蛤(*Moerella iridescens*)(图 71A)

海产。贝壳长卵圆形,壳表面平滑,灰白色,略带肉红色,有彩虹光泽。铰合部狭,各具主齿 2 枚。肉质鲜美,广为食用,俗称海瓜子。

泥蚶(*Tegillarca granosa*)(图 71B)

海产。贝壳坚厚,表面放射肋发达,约 20 条,肋上具极显著的颗粒状结节。是重要的养殖种类。

毛蚶(*Arca subcrenata*)(图 71C)

海产。壳坚厚,壳外具明显的放射肋,33～35 条,壳表面生有密毛,故名。为养殖种类。

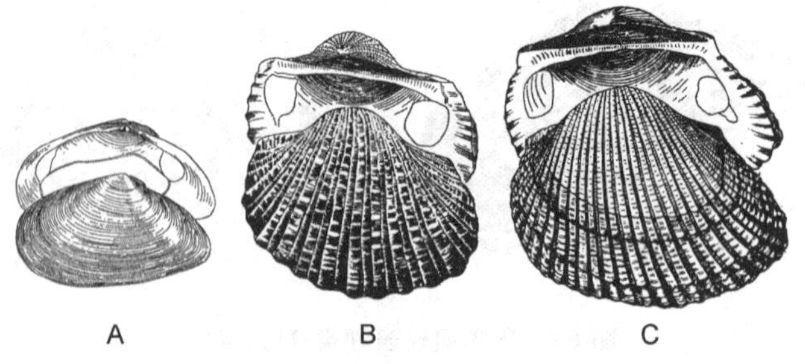

图 71 瓣鳃纲代表种类-4(仿各家)

A. 彩虹明樱蛤; B. 泥蚶; C. 毛蚶

贻贝(*Mytilus edulis*)(图 72A)

海产。体黑紫色,呈楔形,铰合齿退化,用足丝固着生活,后闭壳肌大,肉可供食用,干制品即“淡菜”。

缢蛏(*Sinonovacula constricta*)(图 72B)

海产。壳薄,背腹缘近于平行,前、后端圆,壳面有一斜横的缢纹,水管细长,两水管分离。是重要的养殖种类。

小刀蛏(*Cultellus attenuatus*)(图 72C)

海产。贝壳侧扁,后端逐渐变窄,形状如刀状,壳质脆而薄。水管短,周围触手多。肉可供食用。

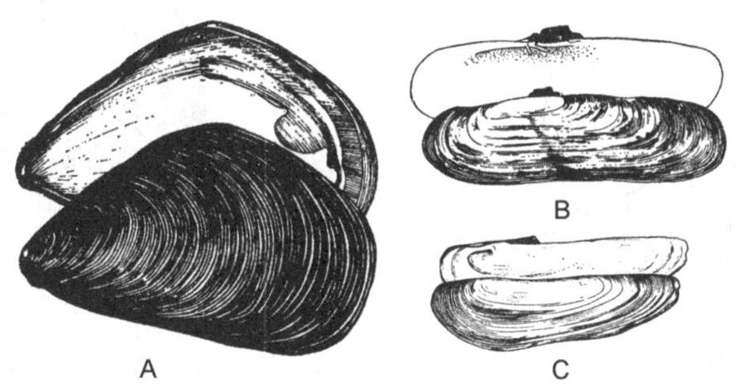

图 72 瓣鳃纲代表种类-5(仿各家)

A. 贻贝; B. 缢蛏; C. 小刀蛏

扇贝(*Chlamys* sp.)(图 73A)

海产。壳呈扇状,顶端前后有耳状突起,前耳较后耳大,表面有明显的放射肋,肋上生有棘状突起。后闭壳肌发达,加工后可制成"干贝",为海产品。

江珧(*Atrina pectinata*)(图 73B、C)

贝壳大,壳顶尖细,背缘较直。壳表约有 10 余条放射肋,贝壳内外表面颜色相同。闭壳肌发达,约占体重的 1/5,味鲜美,称为江珧柱。可人工养殖。

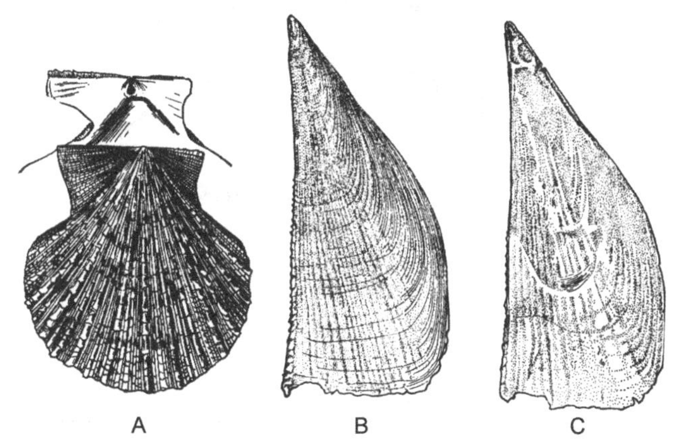

图 73 瓣鳃纲代表种类-6(仿各家)

A. 扇贝; B. 江珧贝壳外观; C. 江珧贝壳内观

2. 多板纲(Polyplacophora)

红条毛肤石鳖(*Acathochiton rubrolineatus*)(图 74)

生活在潮间带石块上。体呈扁平长圆形,两侧对称,背面覆有 8 块覆瓦状排列的贝壳,环带宽,具 18 丛针状棘。贝壳周围为外套膜,腹面扁平。前端头部中央有口,无眼和触角。

朝鲜鳞带石鳖(*Lepidozoma coreanica*)(图 75)

生活于岩相潮间带。体呈椭圆形,壳片高,龙骨发达,全体灰黑色,头板具 16 条由粒状突起联成的放射肋,中间板和尾板均有放射肋,环带窄,被有鳞片。

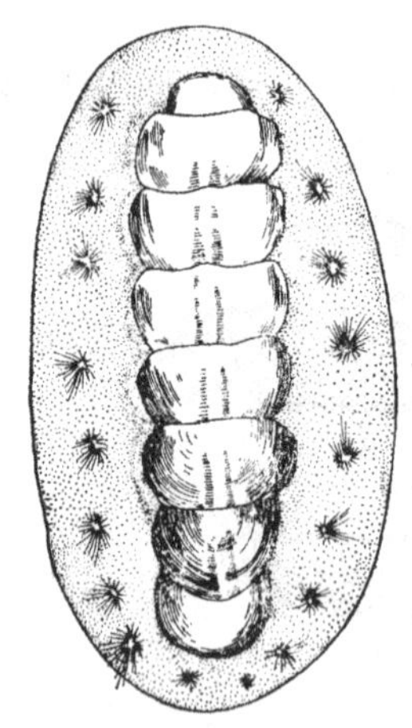

图74 红条毛肤石鳖(仿齐钟彦)

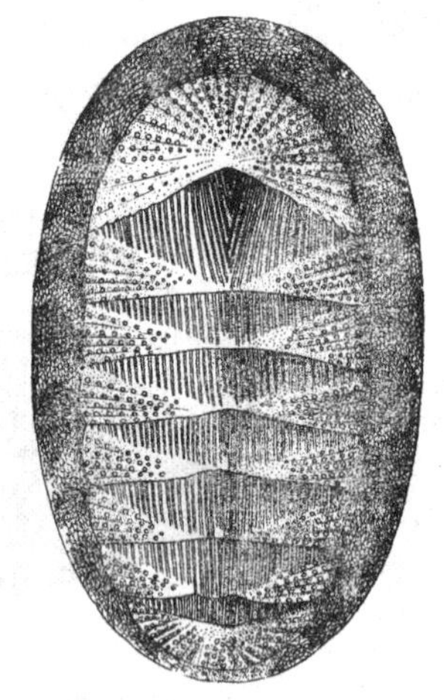

图75 朝鲜鳞带石鳖(仿齐钟彦)

3. 掘足纲(Scaphopoda)

大角贝(*Fissidentalium vernedei*)(图 76A)

贝壳粗大,略有弯曲,壳长可达 10cm 以上。壳表具细密的纵肋。壳表面黄白色。

胶州湾角贝(*Episiphon kiaochowwanense*)(图 76B)

贝壳弯曲细小,两端开口,前端壳口直径最大,向后端逐渐缩小。壳表白色,足圆锥形,身体左右对称。

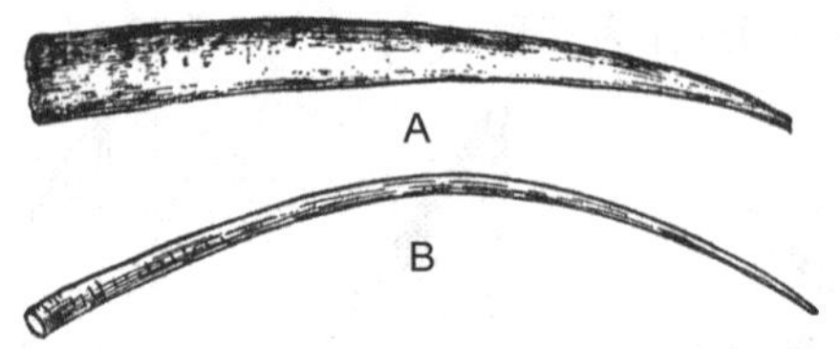

图 76 掘足纲代表(仿各家)

A. 大角贝;B. 胶州湾角贝

四、作业和思考题

1. 解剖中找到河蚌的生殖孔、肾口和肾孔(排泄孔)后,由实验教师当场检查并打分。
2. 根据解剖进一步理解河蚌鳃的结构特征。
3. 贝壳由外套膜形成,贝壳的哪一层可以随着河蚌的生长不断加厚?
4. 做一河蚌钩介幼虫的水封标本,观察幼虫的各部分构造,并绘图。
5. 总结一下自己在实验中找到,或未能找到肾口、肾孔(排泄孔)和生殖孔的原因。
6. 通过实验标本的观察,总结瓣鳃纲、多板纲和掘足纲的主要特征。

实验8　乌贼的解剖和常见软体动物Ⅱ

一、目的与要求

1. 通过对以金乌贼为代表的头足纲动物的解剖，了解头足纲动物适应活泼生活方式的形态结构特征，初步掌握头足纲动物的解剖方法。

2. 了解头足纲、腹足纲常见种类的识别特征和几种重要寄生吸虫的贝类中间宿主的形态特征。

二、材料与用具

解剖器、蜡盘、放大镜；金乌贼的新鲜或浸制标本，曼氏无针乌贼、耳乌贼、枪乌贼、柔鱼、长蛸、短蛸、鹦鹉螺；圆田螺、红螺及其面盘幼虫、鲍；钉螺、短沟蜷、圆扁螺、纹沼螺。

三、操作与观察

(一)乌贼的外形观察

金乌贼(*Sepia esculenta*)(图77)生活于近海，其躯干部(胴部)卵圆形，长度约为宽度的

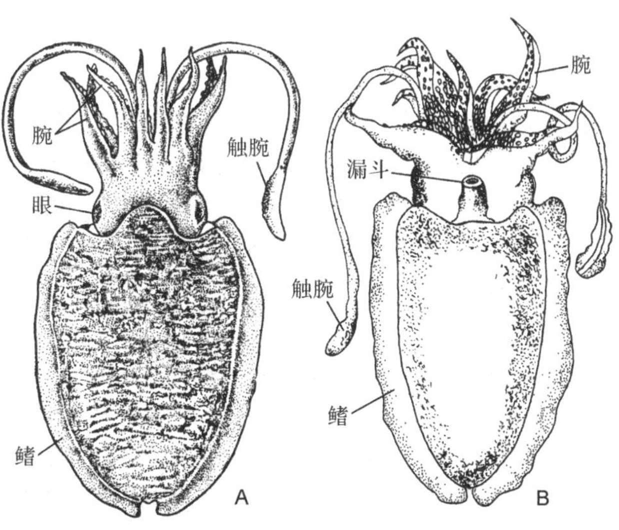

图77　金乌贼外形(仿各家稍改)

A. 背面观；B. 腹面观

1.5倍。躯干部长一般10～15cm。生活时体表黄褐色，背部棕紫色细斑和白斑相间，其中雄性背部具波状条纹。外形观察时，将标本放在蜡盘中，使背部向上，依次观察乌贼的头足部、颈部和躯干部。

1. 头足部

乌贼的头部呈扁球状，具发达的眼，着生有足，即腕，重点观察以下结构。

腕：由足特化而来，左右成对排列，围在口周围。背部正中央为第1对，向腹面依次为2～5对，其中8条基部较粗，末端尖细，内侧扁平，上面着生有吸盘；第4对腕细而长，称**触腕**，可缩入基部一凹陷的**触腕囊**内，触腕末端呈舌状，上面也有吸盘。实验时需比较触腕与其他腕上吸盘的形态和着生部位有无区别。特别注意，雄性左侧第4腕特化为**生殖腕**，也称**茎化腕**，繁殖时有输送精荚的作用。试比较茎化腕与非茎化腕的区别。

头：位于腕的后方，扁球状，两侧各有一结构复杂而发达的眼。头部前端中央有口，口周缘具口膜。

2. 颈部

头足部后方的狭小部分即为颈部。腹面中央具肌肉质、喇叭形构造，称为**漏斗**。漏斗基部扩大，两侧各有1个软骨凹陷，与腹面外套膜边缘部内侧相应部分的软骨突起相合，形成**闭锁器**。漏斗端部为游离的管，称为水管，剪开水管，可见内有1突起，即为**舌瓣**。漏斗是乌贼特殊的运动器官，请根据其结构理解它作为特殊运动器官的功能。

3. 躯干部

躯干部卵圆形，也称胴部，位于颈部之后，呈囊状，背腹略扁平。重点观察以下结构：**外套膜**，囊状，为躯干部的1层较厚的肌肉壁。**外套腔**，外套膜在腹面与内脏团分离形成的空腔。**鳍**，躯干部两侧边缘狭长的肌肉质褶。**贝壳**，埋藏于背部的外套膜内，石灰质，质地疏松，呈舟状，内壳发达，俗称"海螵蛸"，其后端的骨针粗壮。

（二）内部解剖

用剪刀将腹面的外套膜除去，露出内脏团。按照以下步骤观察各器官系统。

1. 生殖系统

乌贼为雌雄异体。

(1)雌性生殖系统(图78)

卵巢1个，位于内脏团后部中央的卵巢囊内，外观略呈心形。成熟的卵巢内可见浅黄色的球形卵粒。卵巢左侧向前通出**输卵管**，其末端为**生殖孔**，开口于直肠左侧的外套腔。**缠卵腺**1对，梨形，位于内脏团中部稍后，肠的两侧，开口于外套腔。**副缠卵腺**1对，位于缠卵腺的前方背侧。观察缠卵腺、副缠卵腺与卵巢、输卵管有没有直接的联系。**注意：观察乌贼其他系统时，应把缠卵腺和副缠卵腺用镊子细心去除。**

(2) 雄性生殖系统(图79)

精巢1个，心形，位于内脏团后部中央，乳白色。从精巢左侧通出迂回的细小管，即为**输精管**，端部膨大成瓶状的**精荚囊**，末端为**阴茎**。输精管中部膨大的部分，即为**储精囊**。小心分离并除去储精囊外围的结缔组织，可见位于储精囊前面的**摄护腺**，摄护腺与输精管相连。实验时可用镊子从精荚囊内取出若干**精荚**，在显微镜下观察其形态结构。

2. 排泄系统(图80)

观察时需用镊子轻轻除去内脏团腹面的结缔组织，并将墨囊拉向前方，这时就可见1对

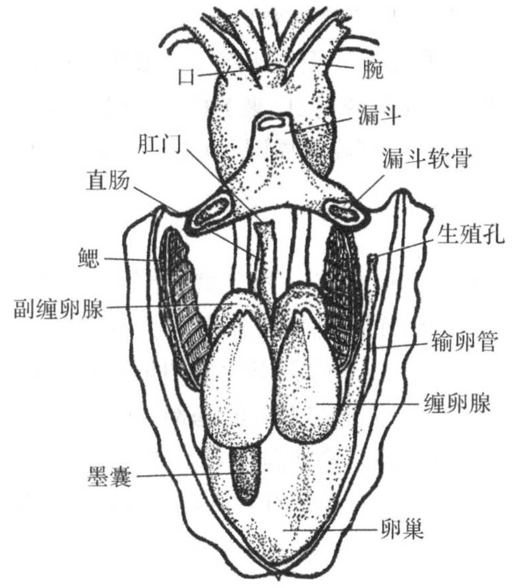

图 78　乌贼雌性生殖系统(据江静波稍改)

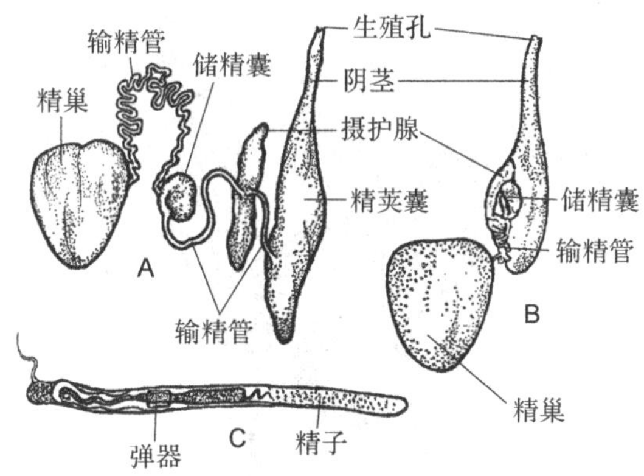

图 79　乌贼雄性生殖系统示意图(仿各家)

A. 已分解开;B. 自然状态;C. 精荚放大

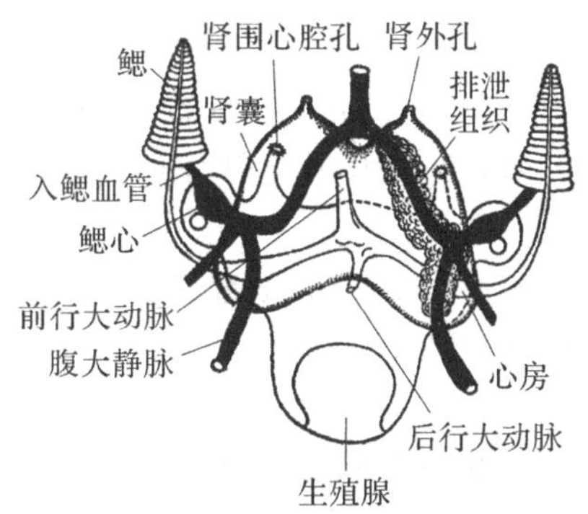

图 80　乌贼的排泄器官腹面观(仿张玺、齐钟彦)

左右对称的薄壁透明的状囊结构，即为**肾**。肾的界线不清楚，由背囊和腹囊所组成。**腹囊**位于直肠背面两侧，左右对称，各有1个小乳头状突起，即为**肾外孔**(**排泄孔**)，开口于外套腔。实验时，可用注射器自排泄孔注入稀释的红(蓝)墨水，可显现腹囊的轮廓，并可见直肠背面的**背囊**与腹囊相通。在贯穿腹囊的肾静脉周围，可见浅黄色的海绵状**排泄组织**，是肾脏的分泌部分，又称**静脉附属腺**。

3. 循环系统(图81)

乌贼的循环系统基本为闭管，但仍有一些血窦存在，实验中主要观察以下各部分：**前大静脉**，1根，位于肾孔之间，后行至肾脏的前端分为两支肾静脉，并穿过肾脏的腹囊，斜行至体侧而通入鳃心。**腹大静脉**，2根，位于内脏团后部两侧，自后向前行，并与前大静脉后端的分支(即肾静脉)会合。**鳃心**，1对，位于左右鳃的基部，浅黄色、囊状，其外侧有1入鳃血管通入鳃中，后端有1圆形的鳃心附属腺。**心脏**位于肾脏的背面，观察时摘除肾脏，撕开围心腔。心脏由2心房、1心室组成。**心房**位于鳃心的前方，长袋形，收集来自鳃的血液。心室位于两心房中央，浅黄色，壁较厚。**前行大动脉**，1根，由心室向前发出，直达头部。**后行大动脉**，1根，由心室向后发出。

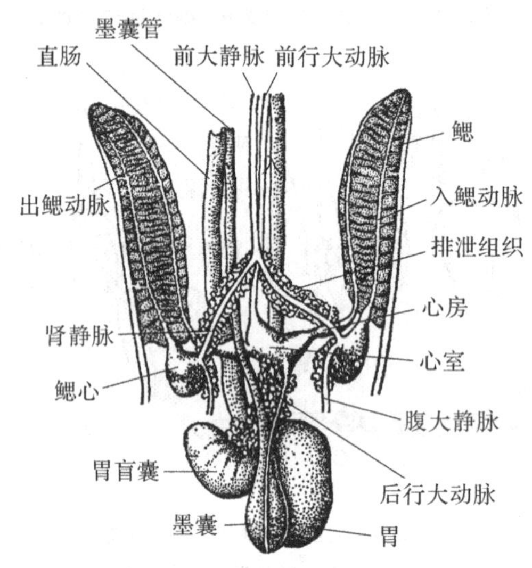

图81 乌贼的循环与呼吸系统(仿江静波)

4. 呼吸系统(图78、81)

乌贼具1对两侧对称的羽状鳃，位于外套腔底部，其前端向前游离。鳃的表面无纤毛，但外套膜的收缩能产生水流以供呼吸，鳃中有血管分布，能与周围海水进行气体交换。

5. 软骨

乌贼的软骨集中在头部中央及眼的基部。观察时用剪刀和镊子剥除头部中央和腕的表皮和肌肉，再沿肌肉附着点除去肌肉和腹面的腕，就可见到半透明的软骨在头的中央和眼的基部。

6. 神经系统(图82)

乌贼的中枢神经系统称为**脑**，由头部软骨所包围。解剖时从腹面先用剪刀剪去漏斗，再仔细剪去头部软骨的腹面部分后，就可见柔软的呈浅黄色的脑。它由脑神经节、足神经节和侧脏神经节三部分所组成。**足神经节**位于食道的腹面，发出神经至腕和漏斗，**侧脏神经节**位于食道腹面足神经节的后方，发出神经至胃和外套膜，上述两神经节中央隐约可见一横缢。

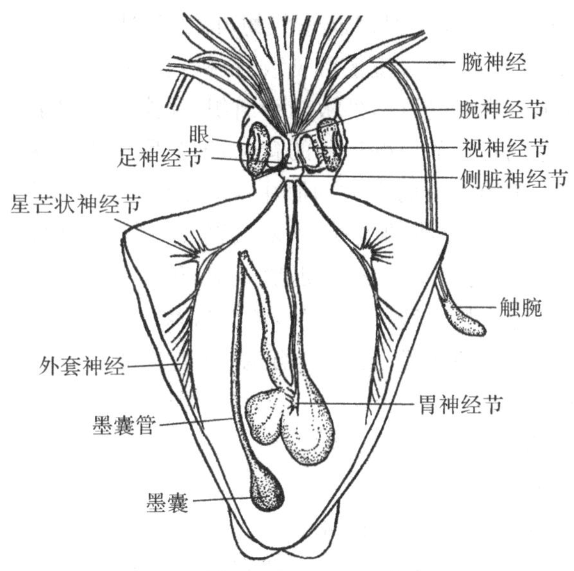

图82　乌贼的神经系统腹面观(据江静波稍改)

脑神经节位于食道的背方,发出神经至头部感觉器官。脑神经节有较短的神经与足、侧脏神经节相连。此外,**视神经节**位于两眼的内侧,1对,膨大呈肾形。**星芒状神经节**,位于外套膜两侧前壁内,1对,大而呈星芒状,各有1条较粗大的神经与脑神经节相连,并发出巨大神经纤维至外套膜,可引起快速收缩。

7. 消化系统(图83)

乌贼的消化系统除消化道、消化腺体外,还有特有的墨囊结构。在解剖神经系统时,已

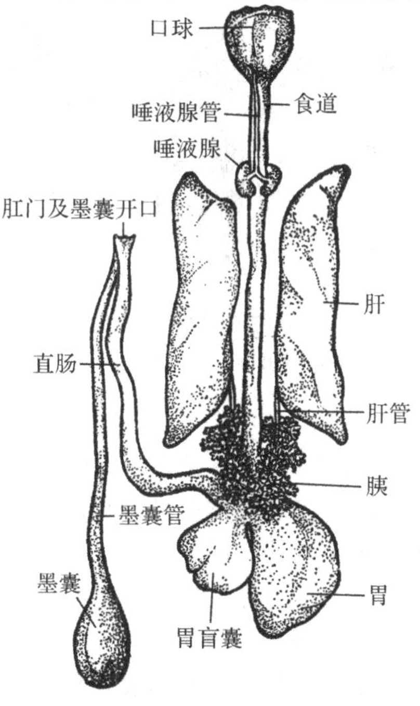

图83　乌贼的消化系统(仿江静波)

见到乌贼的食道，沿食道向前，有1肌肉质球状物，即为**口球**，剖开口球，可见其内有形似鹦鹉喙的鹦嘴颚和发达的齿舌，在放大镜下可见数行锐齿。口球连接细长的食道，下通到位于内脏团中部的**胃**，其外观呈囊状，壁厚，外被结缔组织，注意解剖时需除去覆盖其上的生殖系统，以方便观察。与胃左侧相连的一壁较薄的盲囊，即为**胃盲囊**。在胃与胃盲囊连接处向前通出**肠道**，肠道的末端为**直肠**。直肠穿过内脏中央，至腹面与墨囊相接，末端以**肛门**开口于外套腔。在肛门附近有与直肠平行的支管，其末端膨大呈囊状，此即为**墨囊**，能分泌墨汁，从肛门排出。在消化道周围还有以下消化腺：**肝脏**1对，位于食道两侧，大而显著，新鲜标本为浅黄绿色的腺体，有肝管通入胃。**唾液腺**1对，位于口球后方食道两侧、肝脏的前端背面，外形似黄豆，两唾液腺各自发出唾液管，很快会合为一，向前通入口腔内。在胃与胃盲囊的背面具葡萄状腺体，即为**胰脏**。

(二)常见软体动物Ⅱ

1. 腹足纲(Gastropoda)

圆田螺(*Cipangopaludina* sp.)(图84A)

淡水产。身体包在一螺旋形的贝壳内，壳质较薄，具6～7个螺层，均外凸，壳面光滑，无肋，壳口卵圆形，厣角质，卵胎生，肉可食用。

红螺(*Rapana bezoar*)(图84B)

海产。贝壳非常坚厚，体螺层极其膨大，内唇厚而宽，外唇内缘亦较厚，具厣，肉可食。喜食其他贝类，对贝类养殖有害。

鲍(*Haliotis* sp.)(图84C)

海产，又名鲍鱼。壳低矮，螺旋部极小，体螺层发达，其一侧具一列突起的小孔，壳口极大。肉为名贵海味，壳为中药“石决明”。

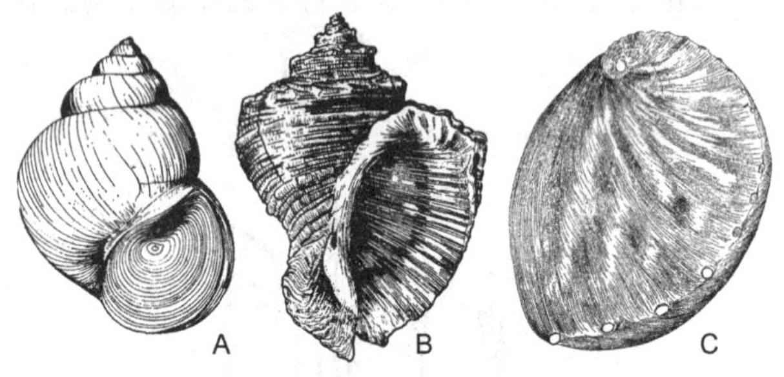

图84 几种腹足纲动物(仿各家)

A. 圆田螺；B. 红螺；C. 鲍

红螺面盘幼虫(veliger larva)(图85)

面盘幼虫背面具外套膜分泌的壳，腹面具足，口前纤毛环部分发展为缘膜，或称为面盘，故名。缘膜上的纤毛自轮盘转动，可摆动虫体前进，同时能将食物拨入口中。腹足类面盘幼虫期其内脏开始扭转，形成左右不对称的状况。

2. 头足纲

曼氏无针乌贼(*Sepiella maindroni*)(图86A)

躯干部卵圆形，长度约为宽度的2倍。体后端腹面有一个明显腺孔，常流出近红褐色带腥臭味浓汁。鳍位于体两侧边缘，左右两鳍末端分离。生活时背部灰色，有显著的白花斑，

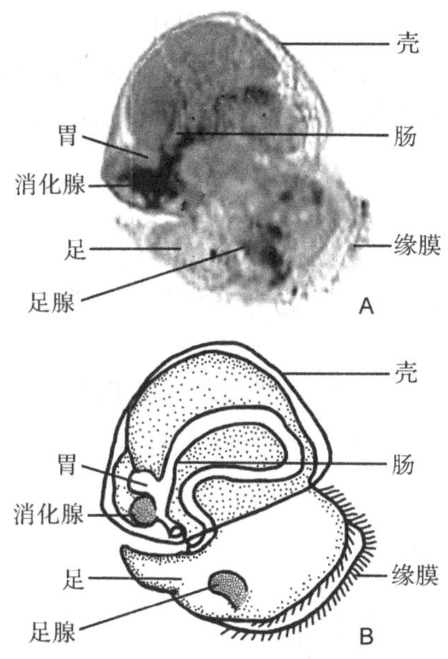

图 85 红螺面盘幼虫(作者)

A. 显微照片；B. 示意图

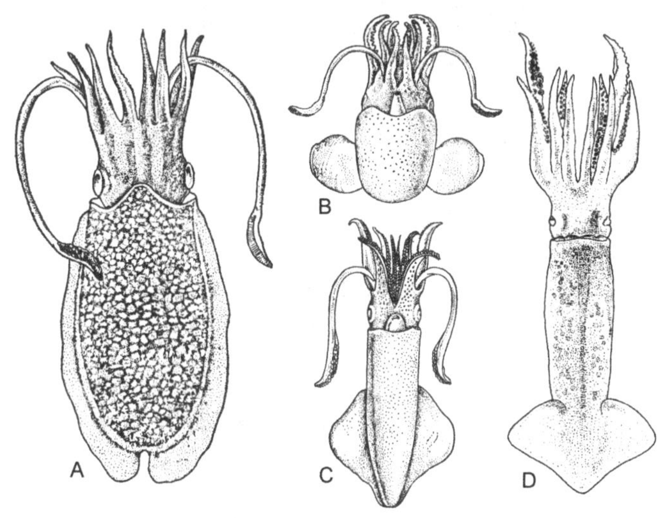

图 86 十腕目的几种代表动物(仿各家)

A. 曼氏无针乌贼；B. 双喙耳乌贼；C. 日本枪乌贼；D. 太平洋褶柔鱼

雄者斑大，雌者斑小。内壳石灰质，后端无骨针。

双喙耳乌贼(*Sepiola birostrata*)(图 86B)

躯干部圆形，鳍大，位于躯干部中后部，约为躯干长的 2/3，状如两耳。为小型底栖种类，多在海底营穴居生活，游泳能力很弱，常随潮流浮游在浅海中。

日本枪乌贼(*Loligo japonica*)(图 86C)

躯干部细长，长度约为宽度的 4 倍。鳍呈三角形，位于躯干部后面两侧。腕的长短相差不多，其顺序为 3＞4＞2＞1。

太平洋褶柔鱼(*Todarodes pacificus*)(图 86D)

躯干部长,后端尖,呈圆锥形,长约为宽的 5 倍。鳍三角形,躯干部后端。生活时体呈赭红色,背部色深,腹部色浅。躯干部中央有一条纵贯前后的披针形紫褐色纵行条纹。内壳角质,透明,淡黄褐色,条状。

长蛸(*Octopus variabilis*)(图 87A)

海产,底栖,又称章鱼。躯干部长椭圆形,表面光滑,两眼间无斑块,眼前也无金圈,无鳍,内壳退化。具 4 对长度悬殊的长腕,第 1 对腕长约是第 4 对腕长的 4 倍。

短蛸(*Octopus ochellatus*)(图 87B)

海产,底栖,是一种小型的章鱼,体背部表面具密集的粒状突起,两眼间具纺锤形或半月形斑块,眼前方具 1 对椭圆形的金圈。无鳍,内壳退化。腕短,各腕长度相近,生活时体呈褐黄色。

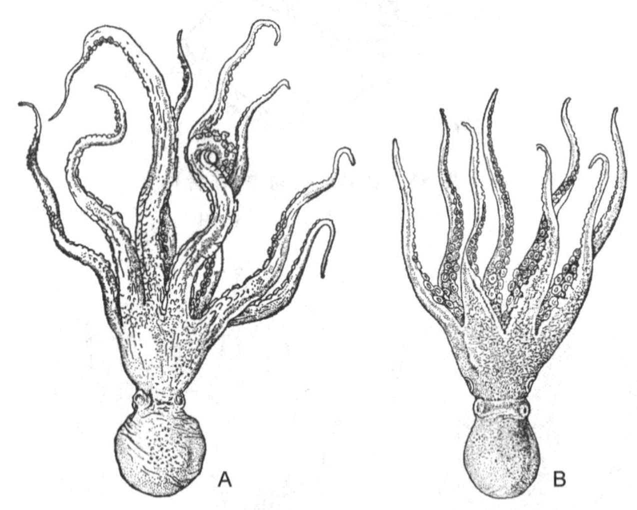

图 87 八腕目代表动物(仿各家)

A. 长蛸; B. 短蛸

鹦鹉螺(*Nautilus* sp.)(图 88)

海产。体外具一平面卷曲的贝壳。壳表面光滑,有红褐色放射状斑纹,贝壳内分成很多壳室,通过充气可主沉浮。

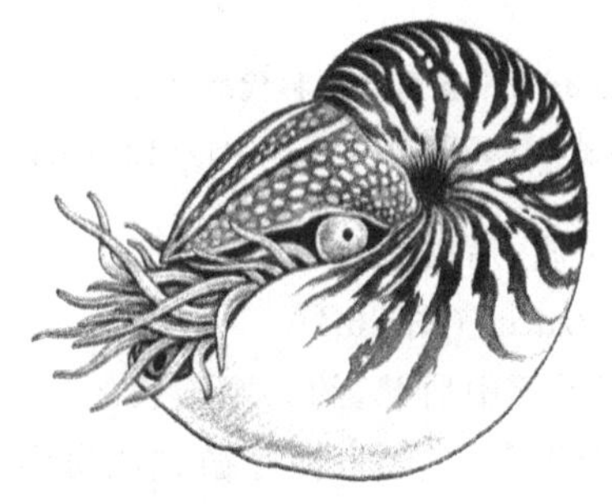

图 88 鹦鹉螺(仿堵南山)

3. 几种寄生吸虫的中间宿主

湖北钉螺指名亚种(*Oncomelania hupensis hupensis*)(图 89A)

贝壳小型,质厚,坚固,外形呈削尖圆锥形,壳面具粗壮的肋,具6～9个螺层,壳高6.7～7.2mm。该螺为日本血吸虫的中间宿主。

放逸短沟蜷(*Semisulcospira libertina*)(图 89B)

贝壳中等大小,壳质厚,坚固,外形略呈塔锥形,有6～7个螺层,壳顶常磨损,壳高16～20.5mm。该螺为卫氏并殖吸虫的第一中间宿主。

圆扁螺(*Hippeutis* sp.)(图 89C、D)

贝壳外形呈扁圆盘状,壳质薄,螺层4～5个,在同一个平面上旋转,壳内无隔板,壳高2mm。该螺为姜片虫的中间宿主。

纹沼螺(*Parafossarulus striatulus*)(图 89E)

贝壳中等大小,壳质厚而坚固,外形呈宽卵圆形,壳高通常10mm左右,具5～6个螺层。该螺为华枝睾吸虫的第一中间宿主。

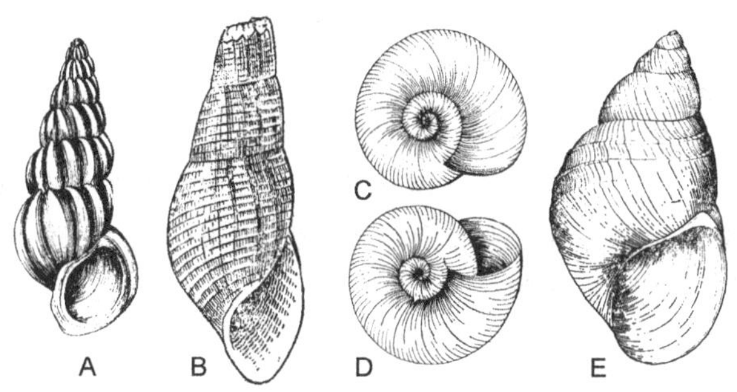

图 89　几种寄生吸虫的中间宿主(仿各家)

A. 湖北钉螺指名亚种; B. 放逸短沟蜷;C. 圆扁螺背面观;D. 圆扁螺腹面观;E. 纹沼螺

四、作业和思考题

1. 绘乌贼贝壳的背、腹面观。
2. 通过解剖,分析乌贼的漏斗和闭锁器的功能。
3. 通过实验观察比较乌贼生殖腕(茎化腕)与其他腕的区别。
4. 比较乌贼与河蚌的各器官系统的特征。
5. 通过实验标本的观察,总结腹足纲、头足纲的结构特征。

实验 9　沼虾的解剖和甲壳纲代表种类

一、目的与要求

通过对沼虾外形的观察和内部结构的解剖，掌握甲壳动物解剖的基本方法，了解甲壳纲的特征，以及认识甲壳纲常见经济种类的形态特征。

二、材料与用具

显微镜，解剖器，放大镜，培养皿等。罗氏沼虾或日本沼虾的活体或浸制标本，罗氏沼虾溞状幼虫，中华绒螯蟹溞状幼体和大眼幼体，无节幼体，丰年虫，水溞，藤壶，鼠妇，口虾蛄，中华绒螯蟹，三疣梭子蟹，溪蟹，寄居蟹。

三、操作与观察

(一)罗氏沼虾的外形和附肢

取罗氏沼虾(*Macrobrachium rosenbergii*)浸制标本，放在解剖盘中观察(图 90)。

罗氏沼虾生活时，体多呈淡蓝色，间有棕黄色斑纹，头胸部较粗大，头胸甲两侧有数条蓝红色斑纹与身体平行。雄虾的第 2 步足强大，呈蔚蓝色。

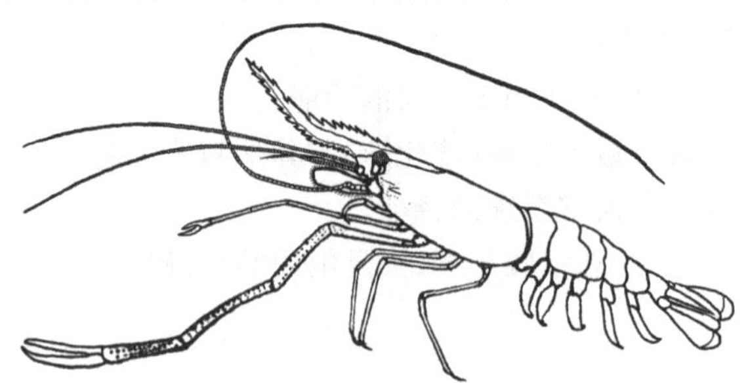

图 90　雄性罗氏沼虾外形(作者)

该虾身体分为头胸部和腹部，依次观察和解剖以下各部分。

1. 头胸部

头部 5 节和胸部 8 节愈合成头胸部，外被头胸甲，头胸甲为较坚硬的几丁质外骨骼。头胸甲前端背面中央有一长而尖的**额剑**。额剑上缘和下缘均具齿，数一下分别是多少？头部前端有**复眼** 1 对，具柄，可活动，称眼柄。头胸甲的中间有 1 条横沟，称颈沟。颈沟以后，头胸甲两侧的部分称鳃盖，鳃盖下方与体壁分离，形成 1 个腔，内有虾鳃，故称**鳃腔**。

2. 腹部

7 节(包括尾节)，体节明显可见，每一体节的外骨骼可分为背面的背板，腹面的腹板，及两侧下垂的侧板。注意观察第 2 腹节的侧板有何特征？腹部可伸直，亦可向腹面弯曲，腹部有 6 对附肢，最后一节为锥状的尾节，无附肢，腹面有一纵裂为肛门。

3. 附肢的解剖观察

沼虾的附肢除第 1 触角外皆为双肢型，即每 1 附肢可分为内肢和外肢，但有些附肢的外肢消失，这样又变成了次生性的单肢型。沼虾全部附肢共 19 对(即除尾节附肢外，其他每 1 体节有 1 对附肢)。解剖观察每 1 附肢时，用镊子由身体后部向前依次把一侧的附肢摘下。摘除时用镊子夹住附肢基部，取下并把它们按原来的顺序排列于载玻片上，检查一下数目，再用放大镜进一步观察。

(1)头胸部附肢

第 1 触角(小触角)：原肢分 3 节，第 1 节最长，其背面有一大凹陷，为容纳眼球处。原肢第 3 节末端具内外两触鞭，外鞭内侧又有一短小的附鞭(图 91)。

第 2 触角(大触角)：原肢分 2 节，外肢为长方形鳞片，内肢为触鞭(图 91)。

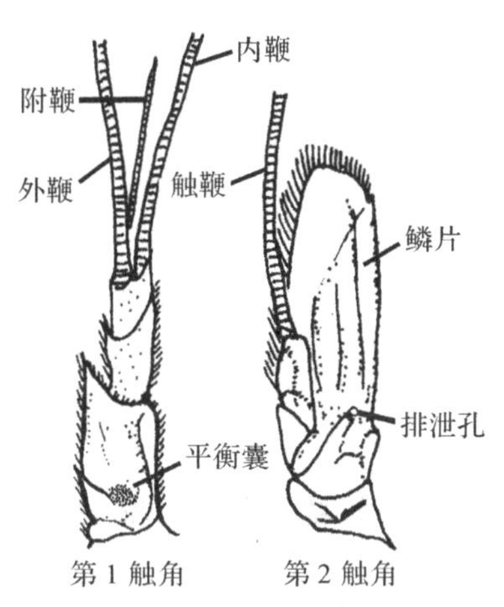

图 91　沼虾的触角(作者)

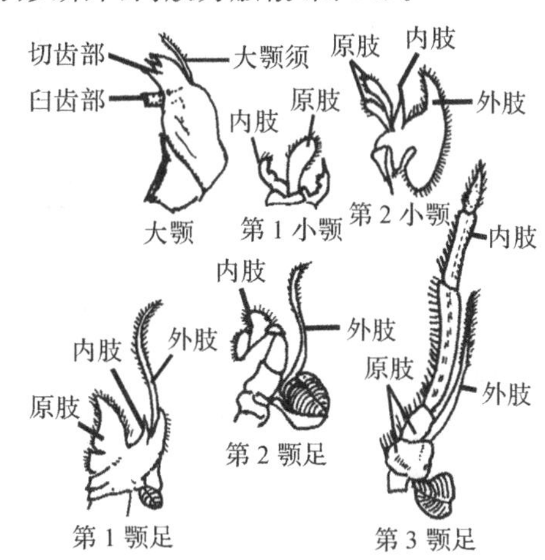

图 92　沼虾的口器(作者)

大颚：坚硬，可切碎食物。原肢形成咀嚼器，分为扁平而边缘有数小齿的切齿部和圆而接触面上有小突起的臼齿部。内肢 3 节，形成细小的触须(图 92)。

第 1 小颚：原肢 2 节，呈片状，内缘具毛或刺，内肢短小在外侧(图 92)。

第 2 小颚：原肢 2 节，亦呈片状，内肢细小而不分节，夹在原肢和外肢之间，外肢宽大呈叶片状，称颚舟叶(片)，用以激动水流以助呼吸(图 92)。

第 1 颚足：即胸部的第 1 对附肢。原肢 2 节，宽大，内肢小，不分节，外肢基部大，末端细长，有 1 个分成 2 叶的片状顶肢，即肢鳃(图 92)。

第 2 颚足：原肢 2 节，第 1 节为底节，宽而短。第 2 节为基节，与内肢的第 1 节愈合。内肢 5 节，末 2 节宽大，外肢细长，具 1 片状顶肢，其侧生的肢鳃向外突出(图 92)。

第 3 颚足：原肢 2 节，互相愈合，内肢分 3 节(第 1、2 节，4、5 节分别愈合)，外肢细长，基部具足鳃(图 92)。

步足(图 93):共 5 对,原肢 2 节,内肢发达,分为座、长、腕、掌、指 5 节。外肢消失,原肢基部均具足鳃,其中第 1、第 2 步足末端均呈螯状,但前者较小,后者则粗壮。第 3～5 步足末端均为爪状。

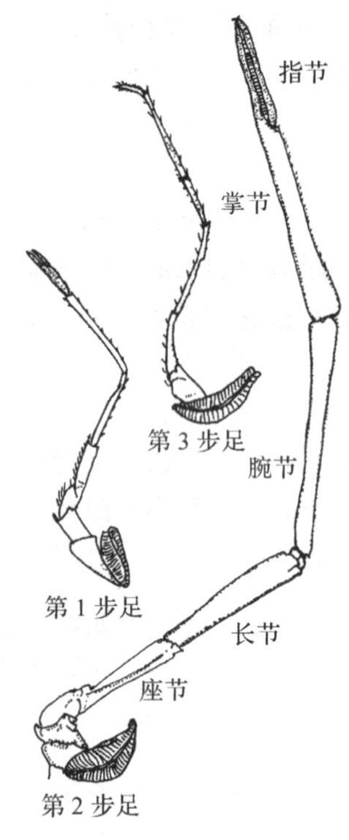

图 93　沼虾的步足(作者)

(2)腹部附肢

第 1 腹肢:原肢 2 节,较长。外肢长,内肢非常短小(图 94)。

第 2 腹肢:原肢 2 节,长。外肢略大于内肢,内肢有一短小棒状的附肢。雄性在内附肢背面还有一雄性附肢(图 94)。

第 3～5 腹肢:原肢均为 2 节。具片状的内、外肢,外肢略大于内肢,内肢均具内附肢

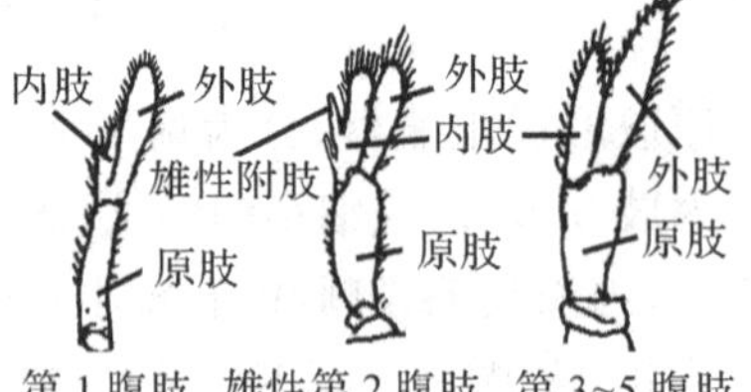

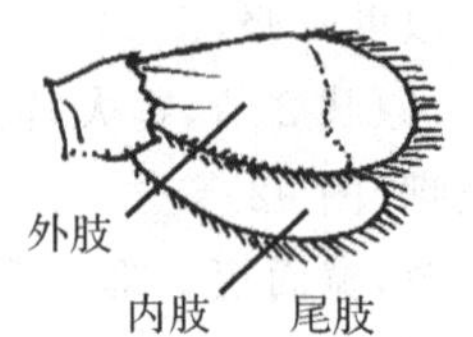

图 94　沼虾的腹部附肢(作者)

(图94)。

尾肢:为腹部第6对附肢,原肢粗,内、外肢宽大,与尾节构成尾扇(图94)。

(二)内部结构解剖

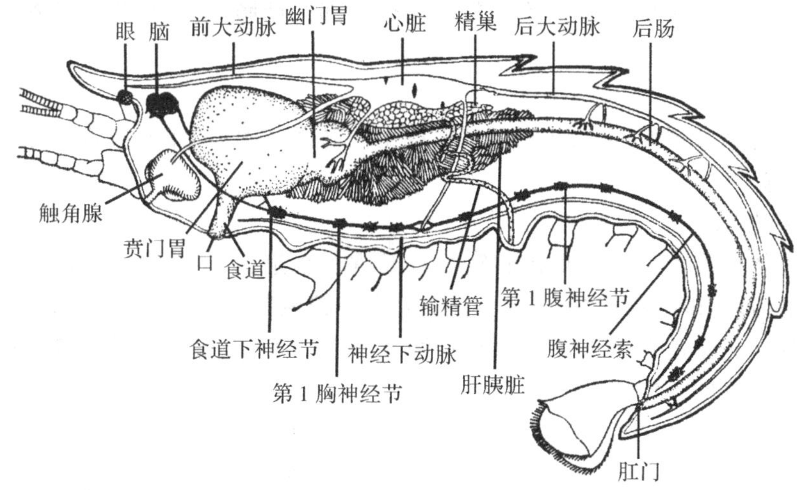

图95 沼虾内脏解剖图(仿堵南山)

1.呼吸系统

用解剖剪刀将沼虾左侧头胸甲的下半部剪去后,即露出鳃腔中的鳃,为其呼吸器官。甲壳动物的鳃,按着生的位置及来源,可分为侧鳃、足鳃、关节鳃、肢鳃4种,在不同的种类中有所变化。沼虾有**足鳃**和**肢鳃**,共9对,其中第1、2对颚足各有肢鳃1对,第2、第3颚足和5对步足均有足鳃1对(图92、93)。

2.循环系统(图95)

观察完呼吸系统后,用小剪刀沿头胸甲向前剪,并用镊子将头胸甲与下面的器官小心剥离。主要观察心脏和动脉。

心脏:位于头胸部后端背侧的**围心窦**内,为肌肉质的三角形扁囊状。心脏具**心孔**3对,其中背面1对,侧面1对,腹面1对。注意,若是新鲜标本,可在完成循环系统其他结构后,再将心脏置于有清水的培养皿中,用放大镜观察心孔。

动脉:用镊子轻轻将心脏提起,可见前方和后下方有连着的小管,即为**动脉**。由心脏向前发出较粗而短的半透明的管子,为**前大动脉**。从心脏的后下方向腹部发出1条沿肠道上方后行的管子,为**后大动脉**。无论是前大动脉还是后大动脉均有分支,动脉中的血液最后流到血窦,经鳃进行气体交换,再流入围心窦,经心孔回到心脏。

3.生殖系统(图95)

除去心脏,即可见到虾的生殖腺,沼虾为雌雄异体。

雄性:**精巢**1对,位于心脏的下方,生活时白色。每侧精巢发出1条**输精管**,从胸部侧后方下行,开口于第5步足基部内缘的**雄性生殖孔**。若是新鲜标本,可先取出一段输精管于载玻片中压碎、捣烂,然后做一水封片,放在显微镜下观察沼虾的精子。

雌性:**卵巢**1对,愈合为1个,位于心脏的下方,生活时卵巢的大小和颜色,随着发育时期不同有较大的差别,卵巢两侧的**输卵管**开口于第3步足基部内侧。

4. 消化系统(图 95)

用镊子将生殖腺除去,在其下方可见一团淡黄色的腺体即为**肝胰脏**,剪去一侧的肝脏,可观察到肝脏的前方是呈囊状的**胃**。将胃提起,可见其前方有短的**食道**。食道前接由口器包围的**口**。胃后连一短的**中肠**,其后为贯穿整个腹部的**后肠**,位于腹部的背方,**肛门**开口于尾节的腹面。

5. 排泄系统(图 95)

摘除虾的胃和肝胰脏,在第 2 触角基部可见一椭圆形腺体,即**触角腺**,生活时稍呈淡绿色,故又称**绿腺**。

6. 神经系统(图 95)

用镊子将体内器官和肌肉束全部除去,注意保留食道。可见在身体的腹面正中线处有一白色索状物,即为虾的**腹神经索(链)**,其上有多个**神经节**(12 对)。继续向前小心地剥离,在食道的腹侧可见**食道下神经节**、**围食道神经环**和食道背面的**食道上神经节(脑)**。

(三)甲壳动物的几种幼体

无节幼体(图 96):也称六肢幼体,不分节,有三对简单的附肢,体前正中处有一单眼。

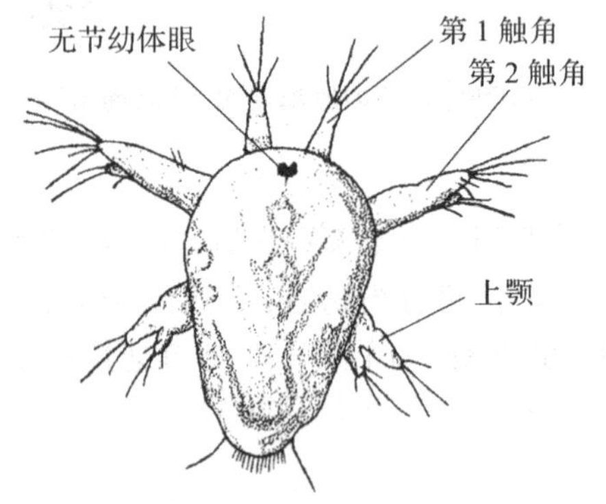

图 96 无节幼体(仿 Barnes)

溞状幼体(罗氏沼虾)(图 97):能分辨出头胸部和腹部,头部具复眼,腹部分节。

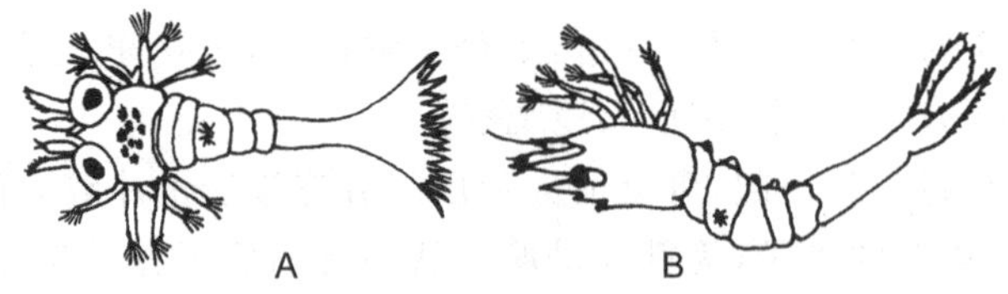

图 97 罗氏沼虾的溞状幼体(作者)

A. 溞 1 期幼体;B. 溞 6 期幼体

溞状幼体(中华绒螯蟹)(图 98A):头胸部特别大,腹部较细。

大眼幼体(中华绒螯蟹)(图 98B):中华绒螯蟹特有的幼体,头胸部发达。

(四)甲壳纲的主要种类

丰年虫(*Chilocephalus* sp.)(图 99):鳃足亚纲(Brachiopoda)、无甲目(Anostraca)。缺背甲,眼具柄,体绿色,附肢向上游泳。

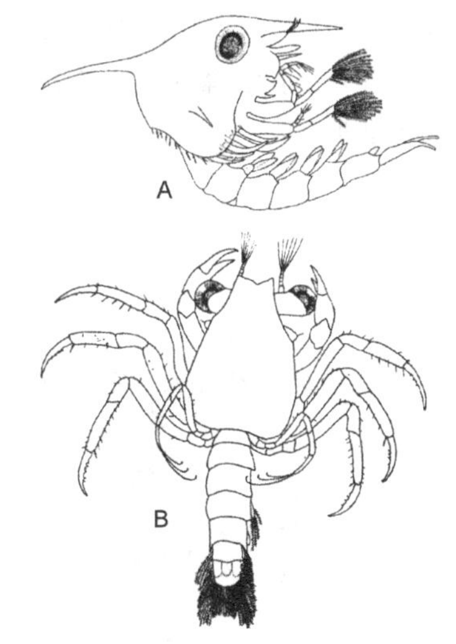

图 98　中华绒螯蟹幼体(仿梁象秋)

A. 溞状幼体;B. 大眼幼体

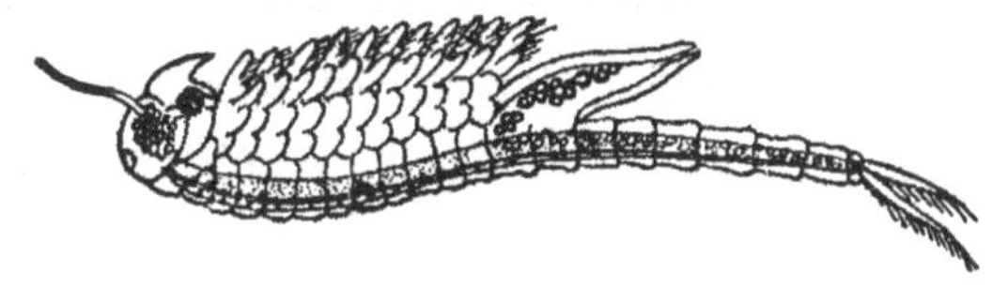

图 99　丰年虫(仿陈义)

水溞(*Daphnia* sp.)(图 100):鳃足亚纲、肢(枝)角目(Cladocera)。淡水常见浮游动物之一,杭州俗称"金虾儿",全身裹甲。体左右侧扁,第 2 触角分叉如附肢,故名肢(枝)角,为运动器官。

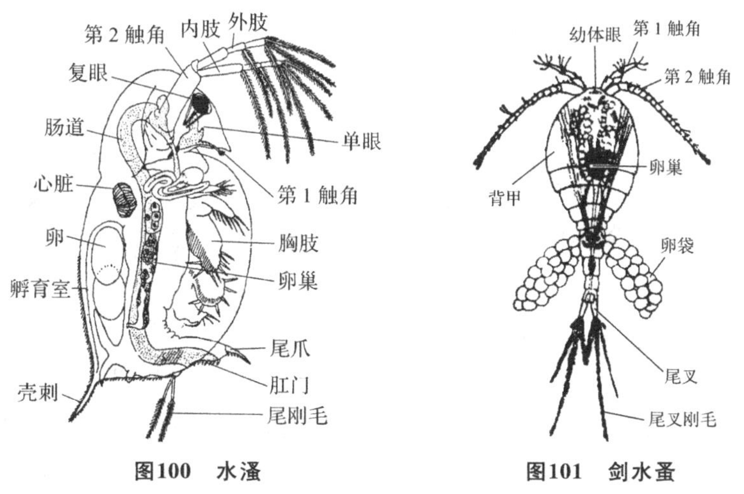

图100　水溞　　**图101　剑水蚤**

剑水蚤(*Cyclops* sp.)(图 101):桡足亚纲(Copepoda)、剑水蚤目(Cyclopoida)。淡水常见浮游动物之一。虫体呈圆锥形,背腹扁平,前部为头胸部,椭圆形,后部为腹部,狭长,缺附肢,雌性第 1、2 腹节愈合,两侧常有卵袋。

鳞笠藤壶(*Balanus squamosa*)(图 102):蔓足亚纲(Cirripedia)、围胸目(Thoracica)。潮间带岩石上固着生活。周壳呈陡圆锥形,小山峰状,壳表暗蓝色,多较细密的纵行小肋。胸肢 6 对,顶端弯曲似瓜蔓,故又称蔓足类。

图102 鳞笠藤壶(仿董聿茂)

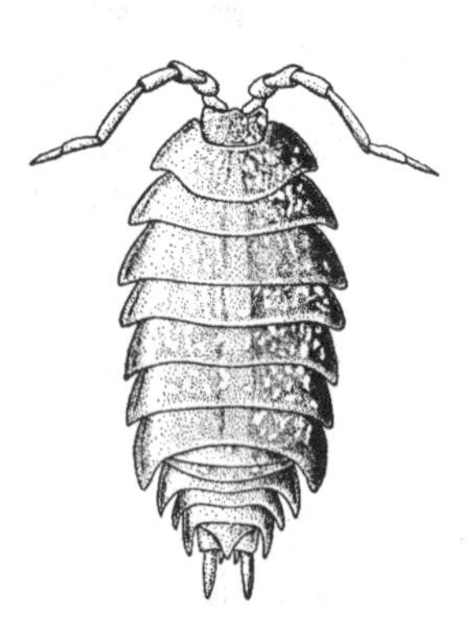

图103 鼠妇(仿魏崇德)

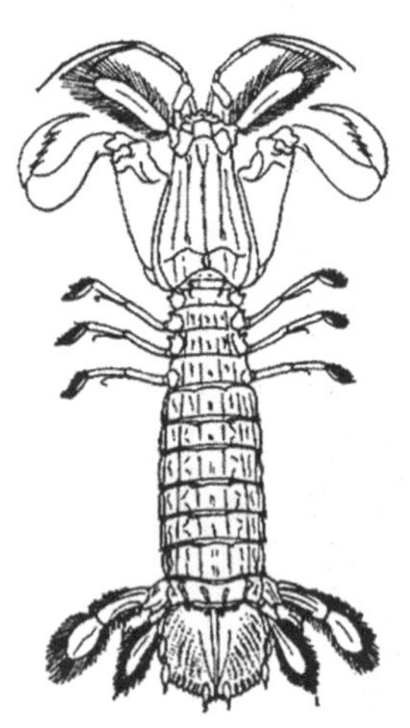

图104 口虾蛄(仿董聿茂)

鼠妇(*Porcellio* sp.)(图 103):软甲亚纲(Malacostraca)、等足目(Isopoda)。陆生甲壳动物之一,常在阴湿处显现,俗称"潮虫"。体背腹扁平,无背甲,胸部附肢结构相似,虫体腹侧不会卷曲。

口虾蛄(*Oratosquilla oratoria*)(图 104):软甲亚纲、口足目(Stomatopoda)。生活在浅海泥滩中,背腹扁平,头胸甲短,不能遮住整个胸部。眼具柄,前 5 对胸足为颚足,其中第 2 对特别发达,称捕捉足,后 3 对为步足,雄性交配器位于最后 1 对步足基部内侧。

中国明对虾(*Fenneropenaeus chinensis*)(图 105):软甲亚纲、十足目(Decapoda)。额角上下缘均具锯齿,第 2 腹节侧甲不覆盖在第 1 腹节侧甲上,前 3 对步足钳状。甲壳较薄,卵直接产于海水中,为重要的养殖对象。

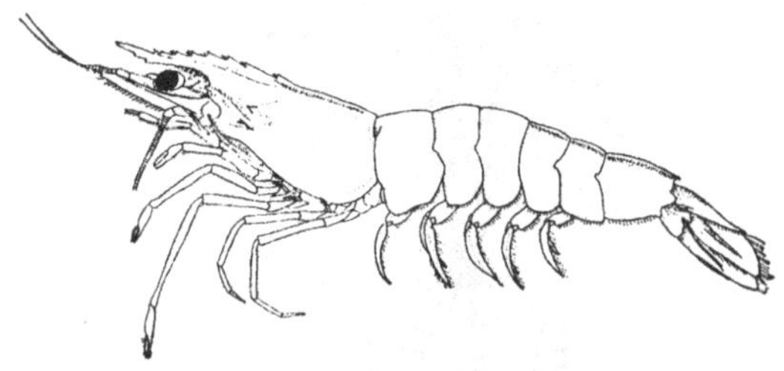

图 105 中国明对虾(仿刘瑞玉)

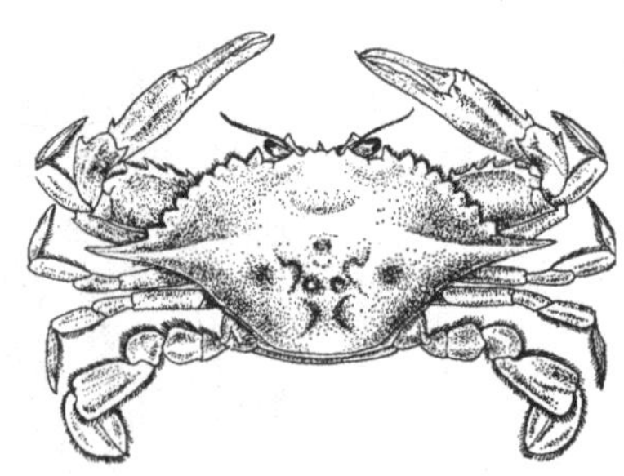

图 106 三疣梭子蟹(仿沈嘉瑞)

三疣梭子蟹(*Portunus trituberculatus*)(图 106):软甲亚纲、十足目。头胸甲呈梭形,两侧缘有 2 个尖刺,背面中央有 3 个隆起,第 1 对步足强大,第 5 对步足较扁平,适于游泳。为我国重要海产经济蟹之一。

中华绒螯蟹(*Eriocheir sinensis*)(图 107):软甲亚纲、十足目。俗称河蟹,又作大闸蟹。为我国著名的淡水蟹。第 1 对步足有螯,上有许多绒毛。

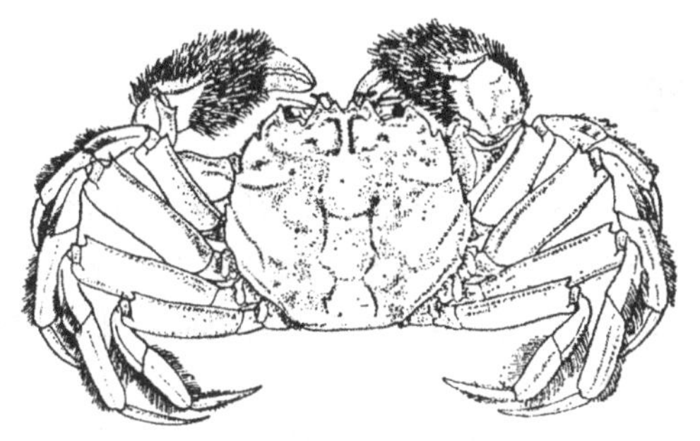

图 107 中华绒螯蟹(仿沈嘉瑞)

溪蟹(*Sinopotamon* sp.)(图 108):软甲亚纲、十足目。淡水溪流中生活,个体中等大小,头胸甲前侧缘具锯齿。头胸甲胃、心区之间具"H"形沟,细而深。为卫氏并殖吸虫的第 2 中间宿主。

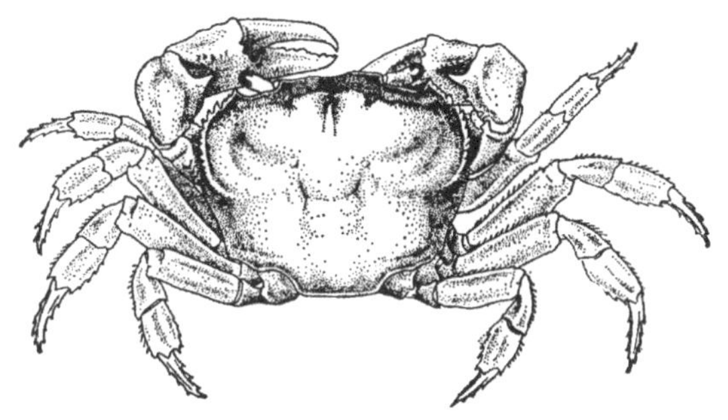

图 108 溪蟹(仿沈嘉瑞)

活额寄居蟹(*Diogenes* sp.)(图 109):软甲亚纲、十足目。栖居于各种海产空螺壳内,头胸部有坚硬头胸甲,第 1 对胸足极发达,末端呈螯状,左右不等大。后 4 对胸足退化,腹部亦退化,附肢只有左侧保留,第 6 附肢有附着功能。

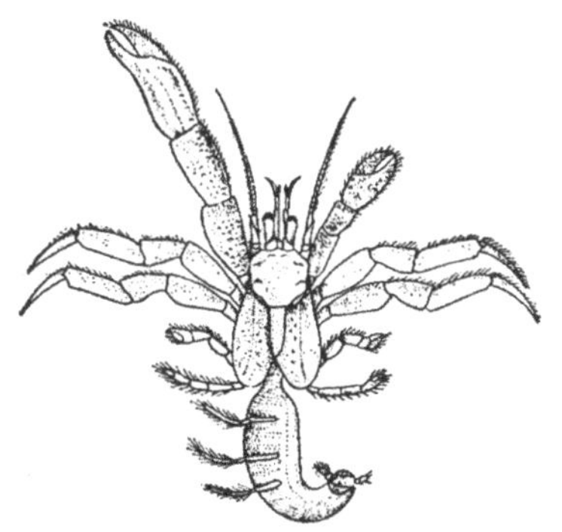

图 109 活额寄居蟹(仿王复振)

四、作业和思考题

1. 解剖沼虾的附肢，对照模式图区别各部分的结构组成，绘出沼虾第1、2小颚外形图。

2. 剥出完整的沼虾神经系统后由实验老师现场检查或评分。

3. 沼虾第2腹肢外形，第1腹肢及第3～5腹肢内肢在雌雄间有否区别？沼虾与摄食有关的附肢包括哪些，各有什么作用？

4. 甲壳动物与昆虫同为节肢动物门，外骨骼在保护身体等方面具有重要作用，但也有缺陷，它们是如何解决的？在解决方式上有什么区别？

5. 总结实验中观察过的甲壳动物的特征。

实验 10　昆虫解剖和节肢动物主要类群

一、目的与要求

1. 通过对蝗虫外形的观察和内部结构的解剖，掌握昆虫纲的特征，并基本掌握昆虫的解剖方法。

2. 了解节肢动物肢口纲、蛛形纲和多足纲的基本特征及代表种类的形态特点。

二、材料与用具

解剖器，放大镜，显微镜；蝗虫浸制标本，三叶虫(化石)，中国鲎，大腹园蛛，络新妇，长奇盲蛛，钳蝎，黑盾鞭蝎，螯蝎，红叶螨，革蜱，花蚰蜒，石蜈蚣，地蜈蚣，蜈蚣，巨马陆等。

三、操作与观察

(一)棉蝗虫外形观察

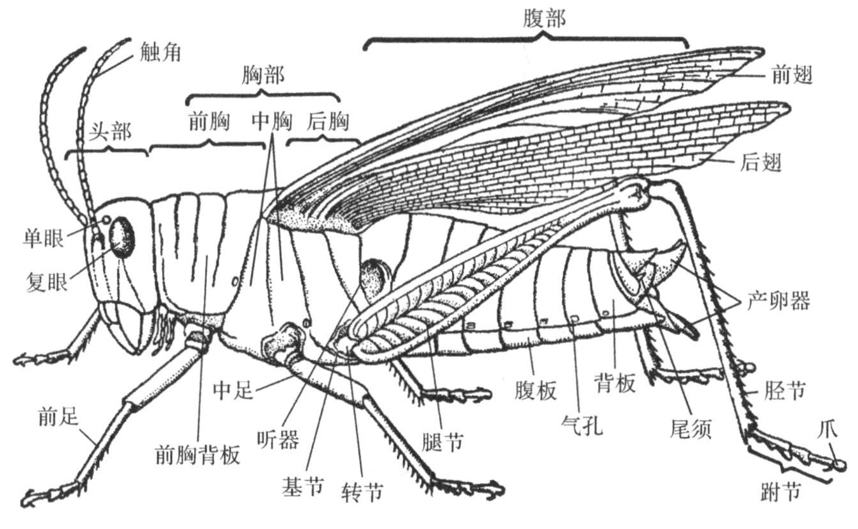

图 110　棉蝗虫外形(仿江静波)

棉蝗(*Chondracris rasea*)(图 110) 生活时呈草绿色，浸制后常变为褐色，体形较大，俗称大青蝗。取雌、雄棉蝗虫各 1 只，置于解剖盘上，先观察头、胸、腹三部分，注意各部的形态结构与其功能的关系。

1. 头部

蝗虫头部(图 111)卵圆形，头的上方为钝圆的**头顶**，正前方为**额**，略成方形，额下连一长方形的**唇基**，复眼以下的头部两侧部叫**颊**。头部主要观察复眼、单眼、触角和口器。

复眼：位于头部两侧，1 对，卵圆形，棕褐色，用放大镜可见复眼中呈六角形的小眼面。

单眼：形小，浅黄色，共 3 个。其中 1 个在额中央，2 个分别在两复眼内侧上方，3 个小眼呈倒三角形排列。

触角：位于复眼内侧，1 对，丝状。由柄节、梗节及鞭节组成，鞭节分为许多亚节。

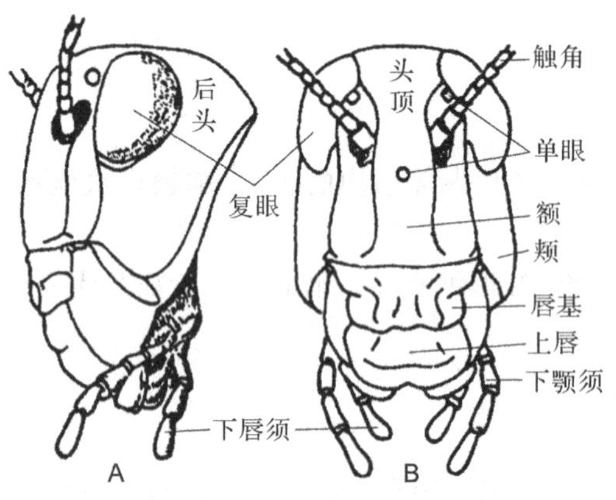

图 111 蝗虫头部外观(仿江静波)

A. 侧面观；B. 正面观

口器：蝗虫的口器为典型的咀嚼式口器，位于头部的下方。观察时用镊子自前至后依次将各部分取下，注意分离口器时应用镊子夹住口器各部分的基部，依次放在载玻片上，用放大镜观察。口器由上唇、上颚、下颚、下唇和舌 5 部分组成(图 112)。

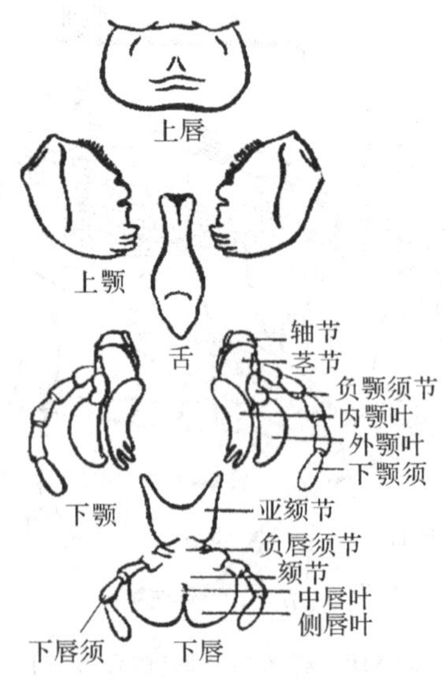

图 112 蝗虫的咀嚼式口器(仿江静波)

上唇:1片,为额下一片状结构,外壁坚硬,内壁柔软而密生细毛。

上颚:也称大颚。1对,由附肢的原肢节(底节、基节)演变而来,呈三角形,位于上唇的后两侧,上颚内侧上方为粗糙的臼状部,下方为长而尖的切齿部。

下颚:也称小颚。1对,位于上颚的后下方。也由附肢演变而成,并由下颚须、外颚叶和内颚叶所组成,其中下颚须位于下颚茎节的外侧,外颚叶为片状,内颚叶具坚硬的齿,可帮助咀嚼,外颚叶和内颚叶均着生在茎节上,下颚的基部为轴节,与头部相连。注意:在茎节着生下颚须的部分往往分化成负颚须节。

下唇:左右已连为一整体,位于下颚后方,由附肢演变而来。基本构造与下颚差不多。但轴节左右联合为后颏,后颏又进一步分为颏与亚颏,其中亚颏与头部相连。茎节亦联合,称作前颏,其中前颏的端部具瓣状的侧唇叶,中间具极小的中唇叶。

舌:位于上下颚之间,为口腔底壁的一狭长的突起物。

2.胸部

位于头部之后,由前、中、后胸3节组成。这3个体节的外骨骼均由背板、腹板和侧板组成。其中前胸背板甚大,呈马鞍形,并向两侧和后方延伸,腹板在两足间有一向后弯曲的**腹板突**,侧板位于背板下方前端,很小,呈三角形,中、后胸背板不发达,为翅所覆盖,但侧板发达,并有沟,腹板在中、后胸合成一块,但尚可区分。胸部有2对气门,1对在前胸和中胸侧板的交界处,1对在中胸和后胸侧板的交界处,均略显椭圆形。胸部为蝗虫的运动中心,每一胸节均具足1对,每足可分为基、转、腿、胫、跗节和前跗节。其中跗节又分为3节(第1节较长,有3个假分节,第2节很短,第3节又较长),前跗节包括爪(1对)和爪间的中垫(1个),胫节生有小刺。蝗虫的后足强大,适于跳跃,为跳跃足。在中、后胸的背板和侧板之间分别着生1对翅。其中前翅革质,形狭长,后翅膜质,宽大呈扇状,停栖时折叠藏于前翅之下。

3.腹部

腹部直接与胸部相连,由11个体节组成。每一体节由背板和腹板组成,侧板退化为连接背腹板的侧膜。第1腹节与后胸紧密相连。第9、10节背板较狭且合并,但中间尚有一浅沟可寻。雄体第9、10节腹板愈合,尾端尖形者为下生殖板,如将其下压,可见内有外生殖器(阴茎)及1对钩状的抱雌器。第11节背板组成背部三角形的肛上板。两侧各有一个三角形的肛侧板。第10节后缘两侧各有一尾须。雌蝗虫腹部末端,明显可见属于第9节的背产卵瓣和属于第8节的腹产卵瓣各1对,在背、腹产卵瓣之间的叉状突起称为内产卵瓣(导卵器)(图113)。

在蝗虫腹部有气门8对,分别位于第1～8节背板两侧下缘。

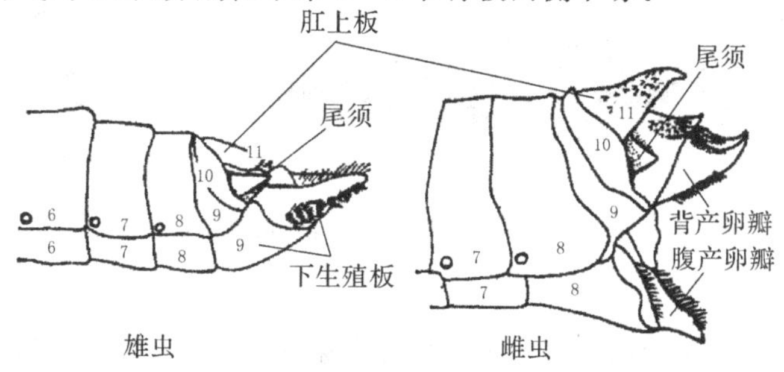

图113　蝗虫腹部雌雄个体间的比较(仿江静波)

(二)内部解剖

完成第一项实验后,将足和翅从基部剪掉,再沿虫体两侧气门上方,将体壁从腹部末端直剪至头后(图 114),小心将背面的体壁完整地取下并保留好,以便观察和解剖内面的心脏及翼肌。解剖时把蝗虫用大头针固定在蜡盘中,并加适量水,保持内部器官湿润,以便更好地解剖观察。

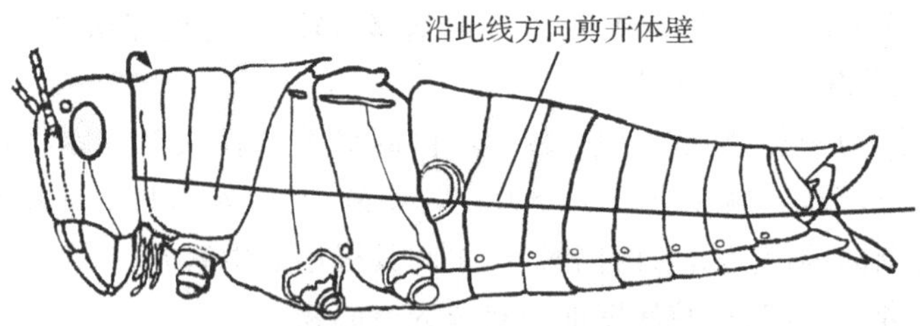

图 114 蝗虫体壁剪开示意图(作者)

内部解剖主要观察下列各器官系统。

1. 循环系统

把剪下的背面部分翻起,仔细观察其内壁。可见在腹部背板中间纵线上有一细长的管状构造,即为**心脏**(图 115)。心脏按节有 8 个略呈膨大的部分,即为**心室**。每室具**心孔** 1 对。心脏两侧有**翼肌**,心脏的前端连着大动脉,直向前行,开口于血腔,血液分布到组织间。

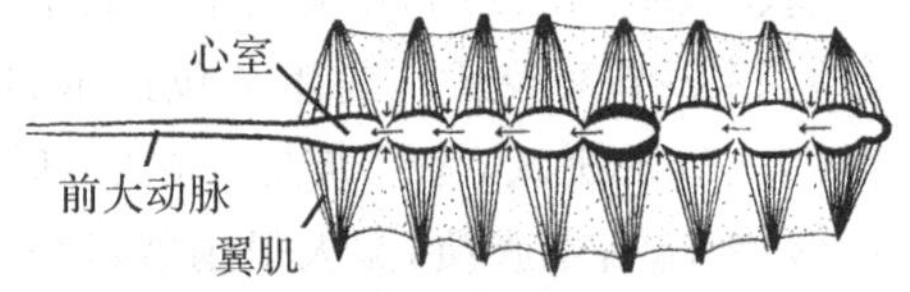

图 115 蝗虫的心脏示意图(仿堵南山)

2. 呼吸系统

自气门向体内,可见许多白色分支的小管,分布于内部器官和肌肉中,即为**气管**。可用镊子取气管少许,放在载玻片上,加水一滴,置显微镜下观察,可见气管壁上的螺旋丝。

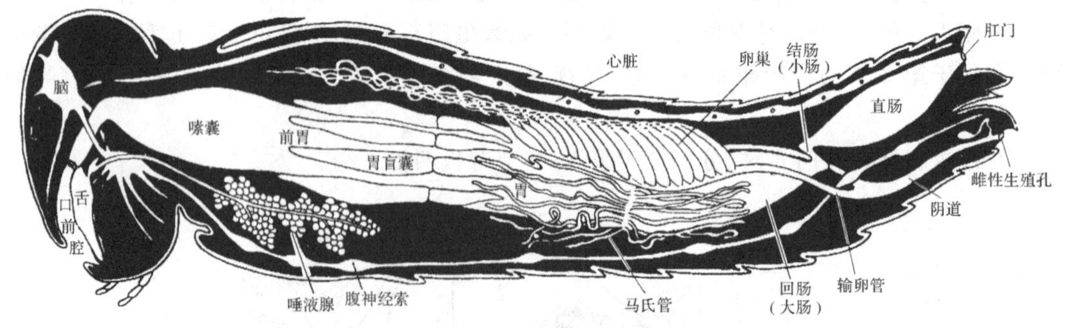

图 116 雌蝗虫的内部解剖(仿堵南山)

3. 消化系统

蝗虫的消化系统包括**前肠**、**中肠**、**后肠**和**唾液腺**(图 116)。观察时将卵巢、精巢除去。**前肠**由口腔、咽、食道、嗉囊、前胃组成。其中**嗉囊**为膨胀的一囊状物,**前胃**又称**砂囊**。**中肠**又称胃，在与砂囊的交界处向前、后各伸出指状的 6 个**胃盲囊**。中肠的内壁为内胚层形成。**后肠**由回肠、结肠、直肠、肛门等组成。其中**回肠**又称**大肠**，为马氏管着生处后面的一段较长的肠管；**结肠**又称**小肠**，细小，成“Z”字形弯曲。**直肠**膨大，最后开口于**肛门**。**唾液腺** 1 对，位于胸部腹面两侧，色白，葡萄状组织，有细管通至舌的基部。

4. 排泄系统

蝗虫的**马氏管**即为排泄器官(图 116)，是着生于中、后肠交界处的许多细长的盲管。

5. 神经系统

解剖时须小心除去胸部及头部的外骨骼和肌肉，但需保留复眼与触角。神经系统(图 116)由脑、围食道神经及腹神经索组成。**脑**位于两复眼之间，由左右两叶构成。由脑向前和向两侧发出多条神经与单眼、复眼、触角等相连。自脑发出 1 对神经，即**围食道神经**，此神经绕过食道后，连于**食道下神经节**。观察腹神经索时，将消化道移向一旁，或完全剪除。在腹中线上可见**腹神经索**。此神经索在胸部有 3 个神经节，在腹部有 5 个神经节。

6. 生殖系统

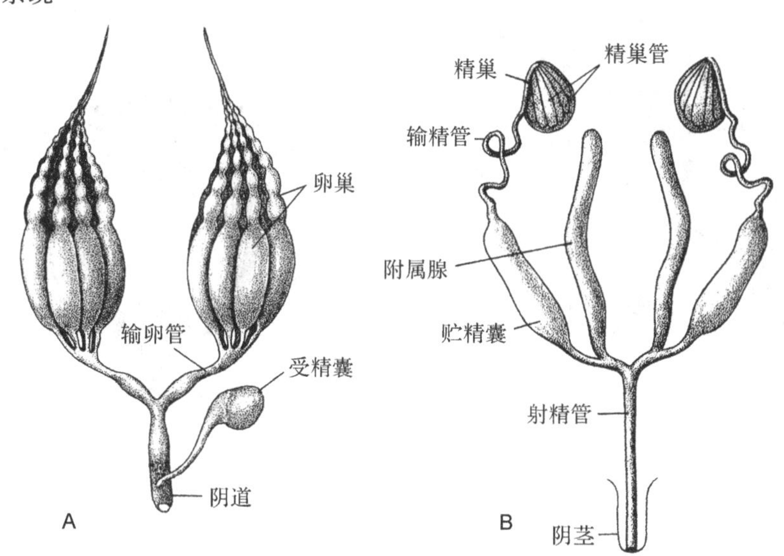

图 117　蝗虫生殖系统示意图(据 Snodgrass 修改)

A. 雌性；B. 雄性

蝗虫雌雄异体。

(1) 雌性生殖器官(图 116、117A)

边剥离边观察，剥离时小心勿将消化道弄破。雌性生殖器官由卵巢、输卵管、受精囊等所组成。**卵巢**位于腹部消化道背侧，1 对，由许多自中线斜向后方排列的卵巢管组成，卵巢管的端丝集合成悬带并连于胸部背板之下。**输卵管**由每一卵巢的后端发出，后行至第 8 腹节前缘的肠道下方，两输卵管会合成**阴道**，以生殖孔开口于两腹产卵瓣之间的腹方，亦即导卵器的基部。**受精囊**为阴道背方引出的一弯曲小管，其末端形成一小的囊状构造。为完整剥离生殖器，可用镊子使肠子的末端脱离体壁，将肠的后端从两输卵管之间向前退出。

(2) 雄性生殖器官(图 117B)

剥离方法同前。**精巢** 1 对，左右相连成为一长圆形结构，由许多精巢小管组成，外观为圆柱体，位于腹部消化道的背面。**输精管**从每一精巢后端发出，在肠的腹面会合成单一的**射**

精管，其后即为**交配器**，位于下生殖板的背面。此外还可见有两丛迂回的细管，开口于射精管前端左右两侧，即为**附属腺**，也称**前列腺**。

（三）节肢动物门的主要类群

三叶虫（*Trilobifa*）（化石）

身体扁平，椭圆形，背面有两条纵走的背沟，因而身体分为中央隆起部分和两侧比较扁平的3部分，故称三叶虫。古生代种类，现绝灭。属三叶虫纲（Trilobita）。

鲎（*Tachypleus tridentatus*）（图118）

身体形似瓢，背面隆起，腹面凹陷，分头胸部、腹部和尾剑3部分。头胸部不分节，具附肢6对。第1对为螯肢，第2对为脚须，另4对称胸肢，位于口周围。腹部具6对附肢，第1对形成唇瓣，第2对左右愈合形成生殖厣，呼吸器官为书鳃。海产，生活于泥沙质滩涂。属肢口纲（Merostomata）。

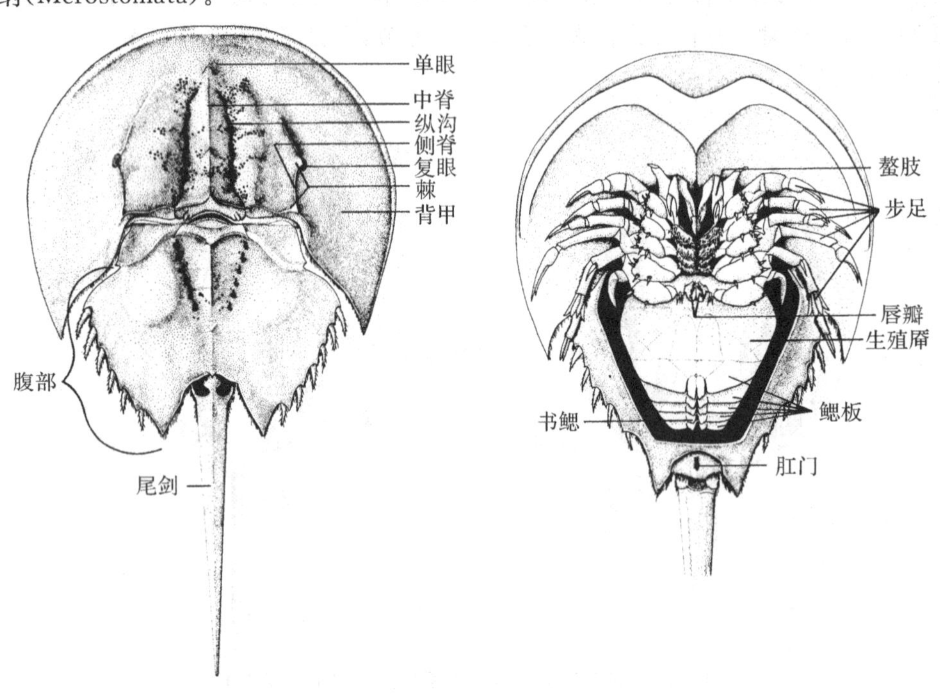

图118 鲎（仿 Boolootian）

大腹园蛛（*Araneus ventricosus*）（图119A）

身体分成头胸部和腹部，其间有一紧缩的细腰，两部分均不分节，雌蛛长通常20～25mm，生活时体呈灰黑色，有深色斑纹，体表被有毛，腹部附肢特化成纺织器。常出现在庭院屋檐下，傍晚织网。属蛛形纲（Arachnoida）蜘蛛目（Araneida）园蛛科（Araneidae）。

络新妇（*Nephila* sp.）（图119B）

体形大，纺织能力特别强，故又称善纺蛛。头胸部颈沟不明显，胸部背甲上有中沟呈"M"字形，腹部长圆筒状。眼8个，分列3组，左、右各2个，中间4个，均黑色。生活于水边植物或杂草、灌木间，在网上栖息时，前2对足前伸，后2对后伸，与身体成一直线状。属蛛形纲蜘蛛目肖蛸科（Tetragnathidae）。

长奇盲蛛（*Phalangium* sp.）（图119C）

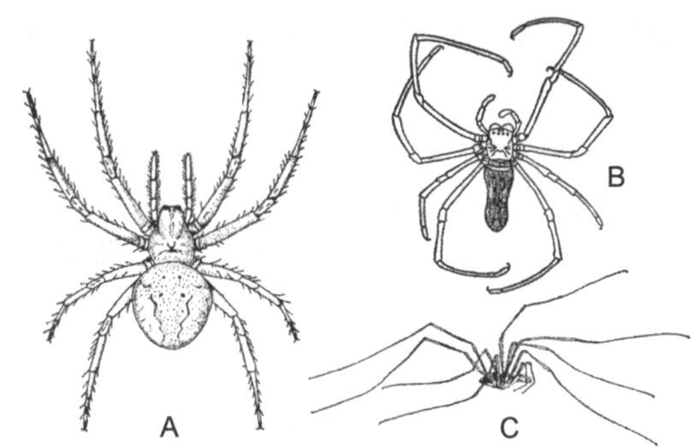

图 119 蛛形纲代表种类-1(仿各家)

A. 大腹园蛛;B. 络新妇;C. 长奇盲蛛

身体通常柔软而坚韧,外观与蜘蛛相似,头胸部与腹部间无细小部分,腹部尚可隐约见分节,共 10 节,步足极为细长,可达 160mm,完全用气管呼吸。生活于树干、草本植物、石块和峭壁上,产卵在土壤中。属蛛形纲盲蛛目(Opiliones)长奇盲蛛科(Phalangiidae)。

钳蝎(*Buthus* sp.)(图 120A)

身体分为头胸部和腹部,头胸部短,脚须发达,末端为强大的螯。腹部共 13 节,其中前 7 节宽大,与头胸部结合在一起,腹部后 6 节细长呈尾状,称后腹部。最后一节称尾节,末端呈刺状,内有毒腺。陆生,已人工养殖,为重要的药用资源动物。属蛛形纲蝎目(Scorpiones=Scorpionida)钳蝎科(Buthidae)。

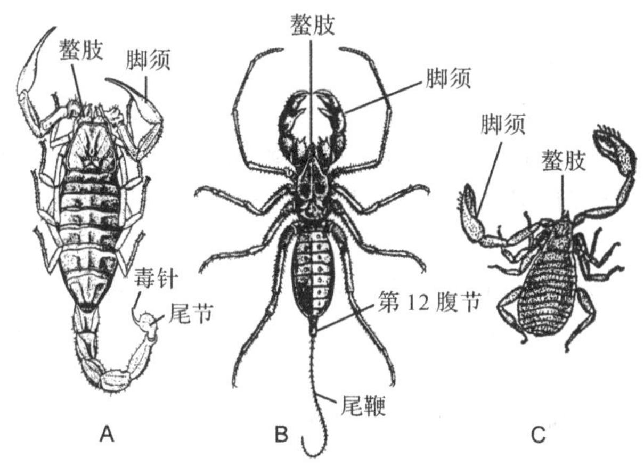

图 120 蛛形纲代表种类-2(仿各家)

A. 钳蝎;B. 黑盾鞭蝎;C. 螯蝎

黑盾鞭蝎(*Typopeltis niger*)(图 120B)

头胸部两侧缘中眼和侧眼之间有脊。腹部 12 节末端具肛门及 1 细长分节的尾鞭,第 1 对步足细长,呈触角状,肛门两侧有肛腺,能分泌醋酸及已酸,用以防卫及捕杀。第 2、3 腹节各具 1 对书肺。具基节腺及马氏管。生活在石块、落叶丛中,喜潮湿,昼伏夜出,行动缓慢。属蛛形纲有鞭目(Uropygi)鞭蝎科(Thelyphonidae)。

螯蝎(*Chelifer* sp.)(图 120C)

体小型,3~4mm,共 12 节,无前腹与后腹之分,外形如蝎,脚须发达,螯肢、脚须上都有钳,无尾刺。因生活于旧书堆中,故又名书虱。属蛛形纲拟蝎目(Pseudoscorpiones)螯蝎科(Cheliferidae)。

红叶螨(*Tetranychus bimaculatus*)(图 121A)

又称棉红蜘蛛。头、胸、腹愈合为一整体,不分节,身体柔软而微小,以口锥吸吮棉株汁液,使棉株落叶、落铃,以致枯红而死,每年可发生十几代,对棉花生产危害极大。属蛛形纲蜱螨目(Acarina)。

革蜱(*Dermacentor* sp.)(图 121B)

虫体较硬,背甲发达,步足具爪,前端体壁与附肢向前突出形成假头,以口锥刺吸血液。雌性每次吸血后体积可增大数倍。通过吸血对人可传播出血热,对家畜可传播孢子虫等多种疾病。属蛛形纲蜱螨目。

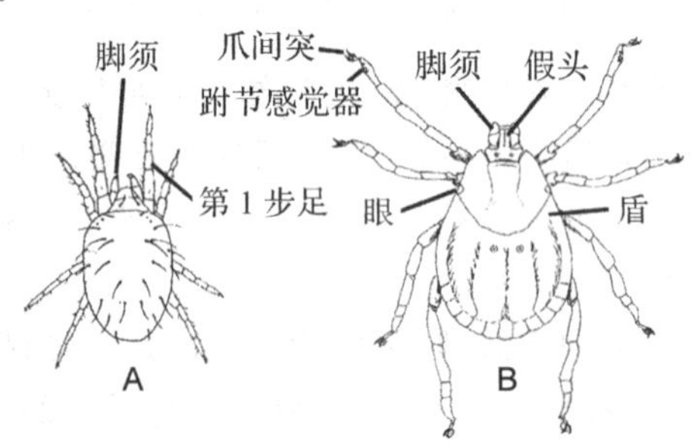

图 121 蛛形纲代表种类-3(仿各家)

A. 红叶螨;B. 革蜱

花蚰蜒(*Thereuopada* sp.)(图 122A)

体短,头部不扁平,躯干部共 18 个体节,但只有 8 块大背板,而小背板很不明显。触角长而纤细,当身体停息时,触角时时抖动。第 1 对附肢为颚足,后续 15 对步足,其中最后 1 对最长,遇危险能自断。属多足纲(Myriapoda)唇足亚纲(Chilopoda)蚰蜒目(Scutigeromorpha)。

石蜈蚣(*Lithobius* sp.)(图 122B)

小型,成体步足 15 对,背板有大小背板之分,且相互间插排列。气门 6 或 7 对。颚足 5 节,胸板完全退化,基节具硬齿列。属多足纲唇足亚纲石蜈蚣目(Lithobiomorpha)。

蜈蚣(*Scolopendra*)(图 122C)

成体步足 21~23 对,体两侧仅有 9~11 对气门,气门构造复杂。触角 11~30 节以上。其中少棘蜈蚣(*S. subspinipes mutilans*)可作药用,体长 60~120mm,只有 21 个体节。头部触角 1 对,背面两侧有数个单眼组成的 1 对集合眼。颚足 5 节,各有 1 个毒腺,位于粗壮的第 2 肢节内,开口于颚足近末端处。生活时体背面暗褐色,腹面黄褐色。属多足纲唇足亚纲蜈蚣目(Scolopendromorpha)。

地蜈蚣(*Mecistocephalus*)(图 122D)

身体细长,背腹扁平,适于土中生活。无眼,成体步足 31~177 对,几乎每一个体节两侧都有 1 对简单的气门。头板的纵长为宽的 1.5~2 倍,很容易与其他属的种类相区别。属多足纲唇足亚纲地蜈蚣目(Geophilomorpha)。

巨马陆(*Spirobolus*=*Prospirobolus*)(图 122E):

身体大而长,圆筒状,表面光滑,一般具黑褐色或稍有红色或橘黄色,并相互间隔的体

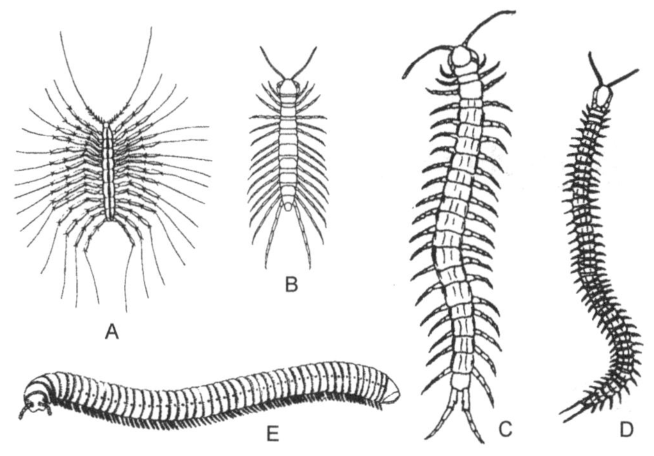

图 122　多足纲的代表(仿各家)

A. 花蚰蜒;B. 石蜈蚣;C. 蜈蚣;D. 地蜈蚣;E. 巨马陆

色。分头和躯干部,躯干部前 4 节属胸部,其中第 1 节无足,其余 3 节,每节具足 1 对,躯干部其他各节具步足 2 对,具臭腺,分泌物有一种令人厌恶的臭气,内含氢氰酸等。生活于森林、山间等阴湿之处。属多足纲倍足亚纲(Diplopoda)山蛩目(Spirobolida)。

四、作业和思考题

1. 蝗虫前、中、后肠的区分标志是什么?

2. 较完整地剥出蝗虫的神经系统、生殖系统,由教师当场检查或评分。

3. 微气管与马氏管有何区别? 各做一个上述标本的水封片观察。

4. 将有关名称填入蝗虫解剖结构图中(提示:会有“心脏、脑、围食道神经环、食道下神经节、腹神经索、腹部第 1 对神经节、舌、食道、嗉囊、前胃、胃盲囊、胃(中肠)、回肠(大肠)、结肠(小肠)、直肠、肛门、唾液腺、唾液管、端丝(悬带)、卵巢、输卵管、阴道、受精囊、背产卵瓣、腹产卵瓣、马氏管”等内容)。

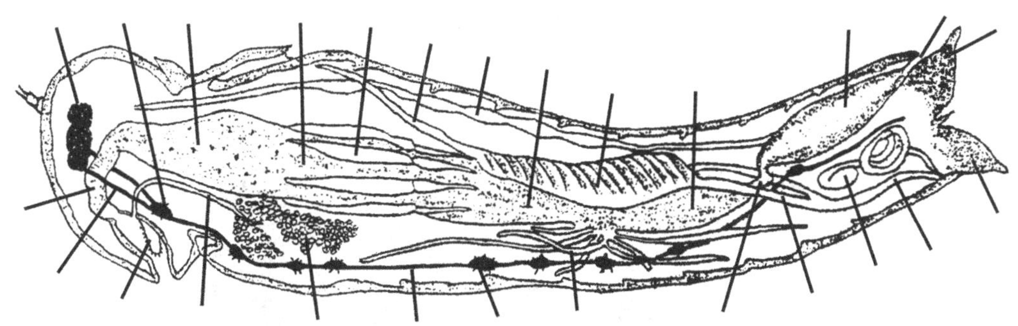

蝗虫解剖示意图

5. 总结蛛形纲、多足纲重要目的特征。

实验11 昆虫纲分类

一、目的与要求

1. 学习昆虫形态分类的基本知识,初步学会利用检索表鉴别昆虫的方法。
2. 通过观察常见的代表种类,认识昆虫纲重要目的主要特征。

二、材料与用具

昆虫的口器、触角、足的标本,重要目昆虫的浸制和制片标本,显微镜、放大镜等。

三、操作与观察

(一)触角的类型(图123)

1. **丝状**:触角长而细,各节粗细大致相等。如蝗虫。
2. **球棒状**:也称棍棒状,触角各节愈趋尖端愈形膨大,呈一棍棒状。如蝴蝶。

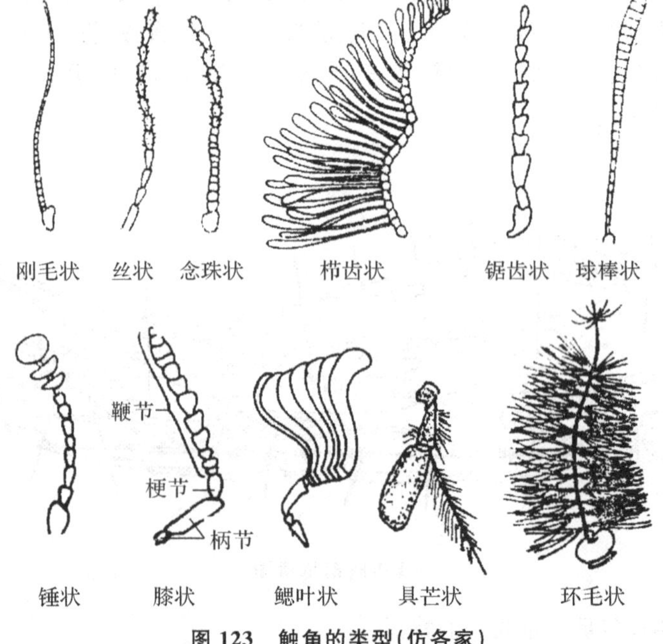

图123 触角的类型(仿各家)

3. **刚毛状**：触角各节愈趋尖端愈细小。如蝉、蜻蜓。

4. **栉齿状**：触角各节一侧延长成甚大的分支，形似梳齿。如某些蛾类。

5. **鳃叶状**：也称鳃片状，触角先端各节变成广阔扁平的片状并合成一膨大的末端。如金龟子。

6. **膝状**：触角柄节特别长，在柄节与梗节、鞭节之间形成一定角度的弯曲，如人的膝关节一般。如蜜蜂、蚂蚁等。

7. **念珠状**：触角鞭节由许多大小相近的圆球形结构组成。如白蚁。

8. **环毛状**：触角鞭节每一节具有一圈细长毛。如蚊子。

9. **具芒状**：触角较短，3 节或多节，端部一节膨大，其上具有一刚毛状构造的触角芒。如家蝇。

10. **锯齿状**：触角各鞭节各节向一侧突出成三角形，整体似一张锯片。如芫菁。

11. **锤状**：触角类似球棒状，但端部数节遽然膨大成锤状。如露尾甲。

(二)口器的类型(图 124)

咀嚼式口器是最基本的类型，已在上一次实验中观察过，本次实验主要观察以下几种类型：

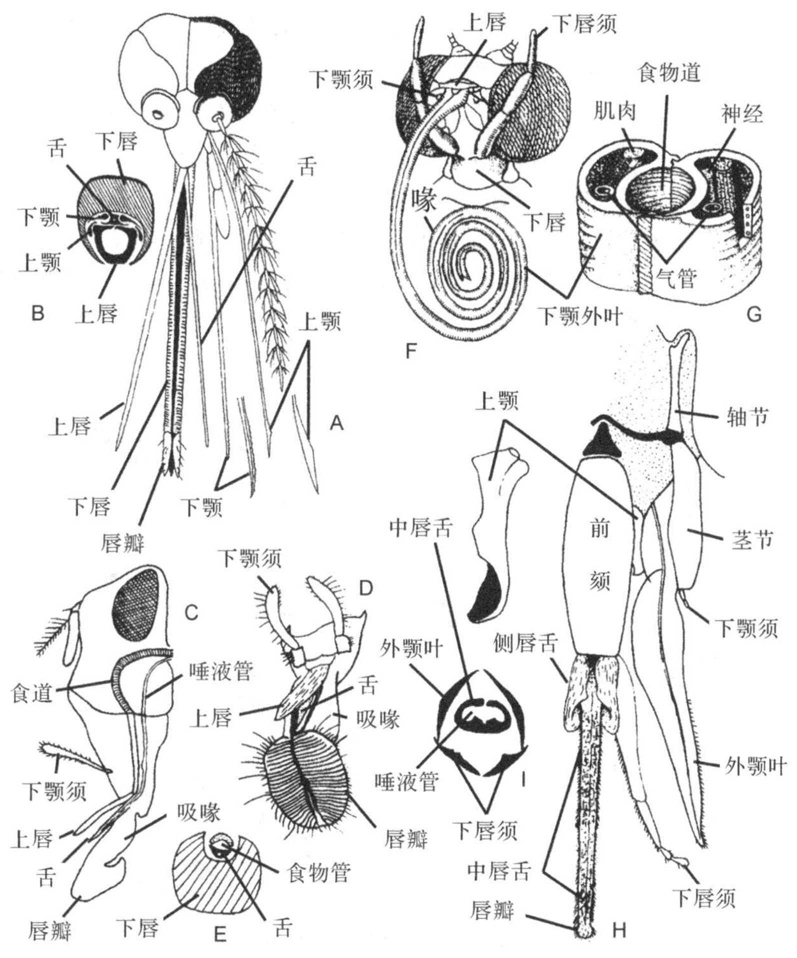

图 124　口器的类型(据各家修改)

A. 刺吸式口器；B. 刺吸式口器横切面；C. 舐吸式口器纵切面；D. 舐吸式口器腹面观
E. 舐吸式口器横切面；F. 虹吸式口器；G. 喙的横切面；H. 嚼吸式口器；I. 吸管横切面

1. **嚼吸式**:上颚发达,坚硬,形如两个大齿,位于头两侧,适于咀嚼。下颚与下唇延长并合拢成管状,适于吮吸。如蜜蜂的口器。

2. **刺吸式**:口器各部分均延长如针状。上唇、上颚、下颚和舌形成 6 条用于刺吸的口针,包在由下唇形成的喙内。如雌蚊的口器。

3. **虹吸式**:上颚、下唇退化,下颚的外颚叶左右合抱成长形卷曲的喙。喙中间为食道。可吸取花蜜等液汁。如蝴蝶的口器。

4. **舔吸式**:上、下颚退化,下唇特化成长喙。喙端部膨大成两瓣具环沟的唇瓣。喙背面凹陷成槽,基部着生一长剑状上唇,其下紧贴一长扁的舌,由上唇和舌相闭合而成食物道,如家蝇的口器。

(三)足的类型(图 125)

1. **跳跃足**:腿节特别发达,胫节细长,末端有距,适于跳跃。如蝗虫、蟋蟀的后足。

2. **开掘足**:足短而粗壮,腿节直接连于基节,胫节扁平强大,外缘具几个强大的齿,跗节也呈齿状,适于挖土。如蝼蛄的前足。

3. **捕捉足**:基节特别长,腿节腹面有一槽,槽的边缘有两列刺,胫节折叠时正好嵌合在腿节槽内,可挟持猎物,适于捕捉。如螳螂的前足。

4. **攀缘足**:胫节的一部分与跗节的爪能合抱,用以抱持毛发。如虱的足。

5. **步行足**:外形细长,没有显著特化,适于行走。如蝗虫的前两对足。

6. **游泳足**:外形宽而扁,边缘具长毛,适于在水中划动游泳。如龙虱的后足。

7. **携粉足**:各节均具长毛,胫节端部宽扁,外部光滑,略凹陷,边缘有长毛,可以携带花粉,形成所谓花粉篮。第 1 跗节宽扁,内面有数排横列的硬毛,称花粉刷。如蜜蜂的后足。

8. **拥抱足**:也称抱握足。跗节分 5 节,前 3 节变宽,并列成盘状,边缘具缘毛,每节有横走的吸盘多列,后两节很小,末端具 2 爪。如雄龙虱的前足。

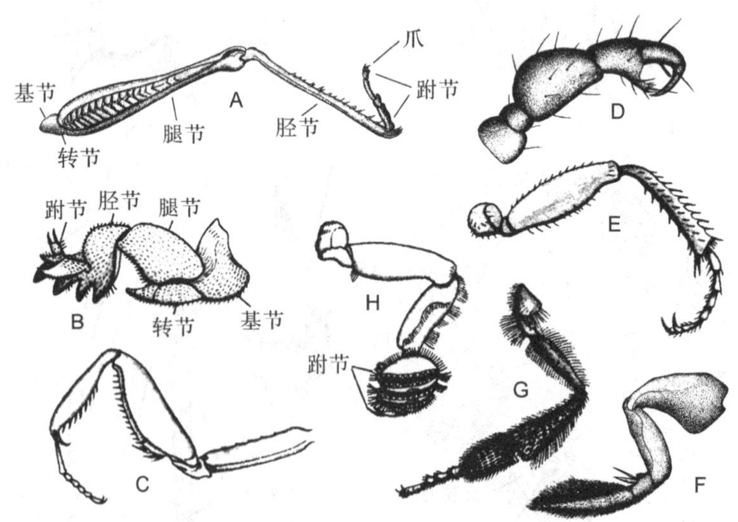

图 125 昆虫足的结构和类型(仿各家)

A. 跳跃足;B. 开掘足;C. 捕捉足;D. 攀缘足;E. 步行足;F. 游泳足;G. 携粉足;H. 拥抱足

(四)翅的类型

1. **膜翅**:薄而透明,翅脉清楚,适宜飞翔。如蜜蜂的翅。

2. **鞘翅**:前翅角质加厚并硬化,不透明,翅脉不可见,用作保护。如甲虫的前翅。

3. **半鞘翅**:前翅仅基部加厚硬化,其余部分为膜状。如椿的前翅。

4. **复翅**:也称革翅,较膜翅稍厚,皮革状,半透明,起保护作用。如蝗虫的前翅。

5. **鳞翅**:膜翅上满覆各种颜色粉末状的鳞片。如蝶、蛾的翅。

6. **毛翅**:膜翅上生有密毛。如石蛾的翅。

7. **缨翅**:膜质,狭长,边缘着生成列的缨状毛。如蓟马的翅。

8. **平衡棒**:后翅非常退化,形如棍棒状,称平衡棒。如蝇、蚊的后翅。

(五)昆虫分类

利用昆虫分目检索表把本次实验所提供的昆虫标本,鉴定至目。检索表左侧列有1,2,3,…序号数字,在每一阿拉伯数字后都列有两项对立的特征。拿到待鉴定的昆虫,根据昆虫的特征,从序号1查起,看一看在两项对立的特征中哪一条符合待鉴定昆虫,就按该条后面所指的数字继续查下去,直至查出目为止。

昆虫(成虫)分目检索表

1. 翅无,或极退化……………………………………………………………………… 2
   翅2对或1对……………………………………………………………………… 16
2. 腹部除外生殖器和尾须外有其他附肢 ……………………………………………… 3
   腹部除外生殖器和尾须外无其他附肢 ……………………………………………… 6
3. 无触角;腹部12节,第1~3节各有1对短小的附肢 …………………… 原尾目(Protura)
   有触角,腹部最多11节 ………………………………………………………………… 4
4. 腹部至多6节,第1腹节具腹管,第3腹节有握弹器,第4腹节有1分叉的弹器…… 弹尾目(Collembola)
   腹部多于6节,无上述附肢,但有成对的刺突或泡 …………………………………… 5
5. 有1对长而分节的尾须或坚硬不分节的尾铗,无复眼 ……………………… 双尾目(Diplura)
   除1对尾须外还有1条长而分节的中尾丝,有复眼 …………………………… 缨尾目(Thysanura)
6. 口器咀嚼式 ……………………………………………………………………………… 7
   口器刺吸式或舐吸式、虹吸式等 ………………………………………………………… 14
7. 腹部末端有1对尾须,或尾铗…………………………………………………………… 8
   腹部无尾须……………………………………………………………………………… 13
8. 尾须呈坚硬不分节的铗状 ………………………………………………… 革翅目(Dermaptera)
   尾须不呈铗状 …………………………………………………………………………… 9
9. 前足捕捉足…………………………………………………………………… 螳螂目(Mantodea)
   前足非捕捉足…………………………………………………………………………… 10
10. 后足跳跃足 ………………………………………………………………… 直翅目(Orthoptera)
    后足非跳跃足 …………………………………………………………………………… 11
11. 体扁,卵圆形,前胸背板很大,常向前延伸盖住头部………………………… 蜚蠊目(Blattaraia)
    体非卵圆形,头不为前胸背板所盖……………………………………………………… 12
12. 体细长杆状 ………………………………………………………………… 竹节虫目(Phasmida)
    体非杆状,社会性昆虫 ………………………………………………………… 等翅目(Isoptera)
13. 跗节3节以下,触角3~5节,寄生于鸟类或兽类体表 …………………… 食毛目(Mallophaga)
    跗节4~5节,腹部第1节并入后胸,第1节和第2节之间紧缩成柄状 ………… 膜翅目(Hymenoptera)
14. 体侧扁(左右扁) …………………………………………………………… 蚤目(Siphonaptera)

体不侧扁 …… 15

15. 足具 1 爪,适于攀附在毛发上,外寄生于哺乳动物 …… 虱目(Anoplura)

足具 2 爪,如具 1 爪则寄生于植物上,极不活泼或固定不动,体呈球状、介壳状等,常被蜡质、胶质分泌物 …… 同翅目(Homoptera)

16. 翅 1 对,后翅形成平衡棒 …… 双翅目(Diptera)

翅 2 对,后翅不形成平衡棒 …… 17

17. 前翅全部或部分较厚为角质或革质,后翅膜质 …… 18

前翅与后翅均为膜质 …… 25

18. 前翅基半部为角质或革质,端半部为膜质 …… 半(异)翅目(Hemiptera)

前翅基部与端部质地相同,或某部分较厚但不如上述 …… 19

19. 口器刺吸式 …… 同翅目(Homoptera)

口器咀嚼式 …… 20

20. 前翅有翅脉 …… 21

前翅无明显翅脉 …… 24

21. 跗节 4 节以下,后足为跳跃足或前足为开掘足 …… 直翅目(Orthoptera)

跗节 5 节,后足与前足不同上述 …… 22

22. 前足捕捉足 …… 螳螂目(Mantodea)

前足非捕捉足 …… 23

23. 前胸背板很大,常盖住头的全部或大部分 …… 蜚蠊目(Blattaria)

前胸背板很小,头部外露,体似杆状或叶片状 …… 竹节虫目(Plasmida)

24. 腹部末端有 1 对尾铗,前翅短小,不能盖住腹部中部 …… 革翅目(Dermaptera)

腹部末端无尾铗,前翅一般较小,至少盖住腹部大部分 …… 鞘翅目(Coleoptera)

25. 翅面全部或部分被有鳞片,口器虹吸式或退化 …… 鳞翅目(Lepidoptera)

翅上无鳞片,口器非虹吸式 …… 26

26. 口器刺吸式 …… 27

口器咀嚼式、嚼吸式或退化 …… 29

27. 下唇形成分节的喙,翅缘无长毛 …… 28

无分节的喙,翅极狭长,翅缘有缨状长毛 …… 缨翅目(Thysanoptera)

28. 喙自头的前方伸出 …… 半(异)翅目(Hemiptera)

喙自头的后方伸出 …… 同翅目(Homoptera)

29. 触角极短小,刚毛状 …… 30

触角长而显著,非刚毛状 …… 31

30. 腹部末端有 1 对细长多节的尾须(或还有 1 条相似的中尾须),后翅很小 …… 蜉蝣目(Ephemerida 或 Ephemeroptera)

尾须短而不分节,后翅与前翅大小相似 …… 蜻蜓目(Odonata)

31. 头部向下延伸呈喙状 …… 长翅目(Mecoptera)

头部不延长呈喙状 …… 32

32. 前足第 1 跗节特别膨大,能纺丝 …… 纺足目(Embidina)

前足第 1 跗节不特别膨大,不能纺丝 …… 33

33. 前、后翅几乎相等,翅基部各有一条横的肩缝,翅易沿此缝脱落 …… 等翅目(Isoptera)

前、后翅无肩缝 …… 34

34. 后翅前缘有 1 排小的翅钩列,用以和前翅相连 …… 膜翅目(Hymenoptera)

后翅前缘无翅钩列 …… 35

35. 跗节 2～3 节 ………………………………………………………………………………… 36
　跗节 5 节 ………………………………………………………………………………………… 37
36. 前胸很大，腹端有 1 对尾须 ……………………………………………… 襀翅目(Plecoptera)
　前胸很小如颈状，无尾须 ……………………………………………………… 啮虫目(Corrodentia)
37. 翅面密被明显的毛，口器(上颚)退化 …………………………………………… 毛翅目(Trichoptera)
　翅面上无明显的毛，毛仅着生在翅脉与翅缘上，口器(上颚)发达 …………………………………… 38
38. 后翅基部宽于前翅，有发达的臀区，休息时后翅臀区折起，头为前口式 ………… 广翅目(Megaloptera)
　后翅基部不宽于前翅，无发达的臀区，休息时也不折起，头为下口式 ……………………………… 39
39. 头部长。前胸圆筒形，也很长，前足正常。雌虫有伸向后方的针状产卵器 ……… 蛇蛉目(Raphidiodea)
　头部短。前胸一般不很长，如很长时则前足为捕捉足(似螳螂)。雌虫一般无针状产卵器，如有，则弯在背上向前伸 …………………………………………………………………… 脉翅目(Neuroptera)

(六)代表种类

衣鱼(*Ctenolenpism* sp.)(图 126)：属缨尾目(Thysanura)。体长 8～9mm，体被银色鳞片，触角多节，原始无翅，无单眼，具小的复眼，除 1 对长尾须外，第 1 腹节还有 1 对中尾丝。分布广，常见于抽屉、箱柜和书橱内，啮咬书籍和衣服等。

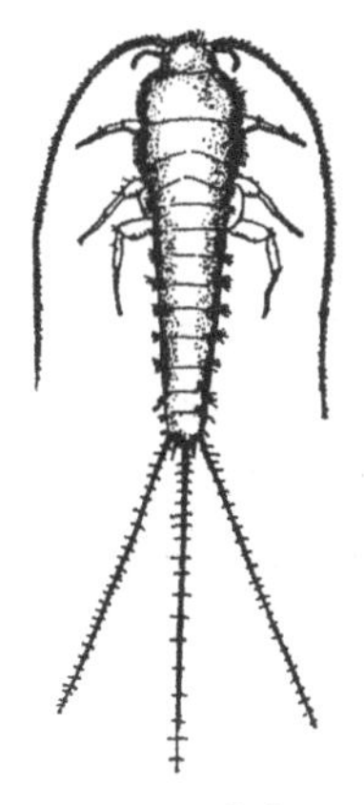

图126　衣鱼

图127　筒长角跳虫

筒长角跳虫(*Tomocerus varius*)(图 127)：属弹尾目(Collembola)。口器咀嚼式，陷入头内。无翅，腹部 6 节，具弹器和黏管，缺马氏管。体表光滑，被有鳞毛。

蜉蝣(*Ephemera* sp.)(图 128)：属蜉蝣目(Ephemerida)。体柔软，触角细小，翅膜质，具 1 对细长多节的尾须和中尾须。成虫口器退化，不取食，寿命短(多数种类只存活几小时)。稚虫栖于湖泊、池塘和溪流中。

图128　蜉蝣

图129　碧伟蜓

碧伟蜓(*Anax parthenope julius*)(图 129):又称马大头,属蜻蜓目(Odonata)。胸部绿色,雄性腹部1、2节背面蓝色,第3腹节下前缘银色;雌性腹部第1、2节背面黄绿色。休息时,翅平展于身体左右两侧。是浙江最为常见的蜻蜓目种类。

豆娘(*Caenagrion* sp.)(图 130):属蜻蜓目。体细瘦,翅基窄,前后翅大小和形状都相似。休息时翅竖立体背。分布于我国南北。

稻蓟马(*Haplothrips aculeatus*)(图 131):属缨翅目(Thysamoptera)。体细长而扁,一般长0.5~14mm,舐吸式口器,翅膜质,透明,细长,边缘有长的缘毛。前后翅的形状略相同。危害水稻。

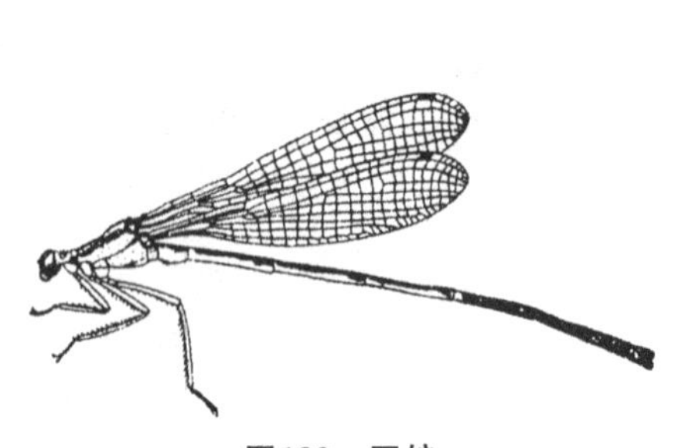

图130 豆娘

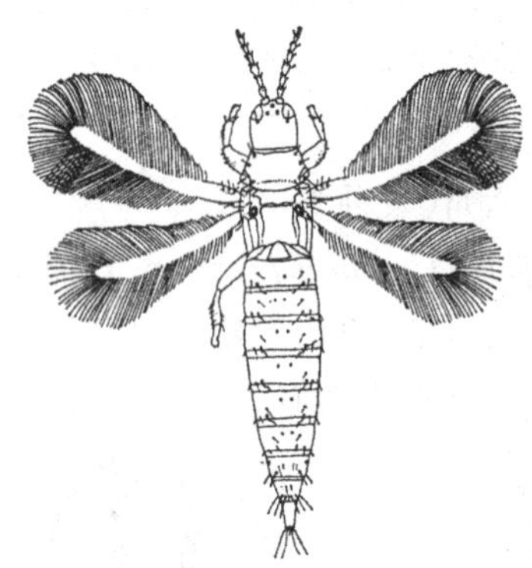

图131 稻蓟马

温带臭虫(*Cimex lectularius*)(图 132):属半翅目(Heteroptera)。扁平,卵形,红褐色,无单眼,翅退化。喙细长,置于头小沟内,吸食人血,为全球共有种。

蝽(*Exthesina* sp.)(图 133):属半翅目。头小,三角形,触角发达,复眼突出,位于近头基部。喙短,分4节折藏在前足基部沟,体色为褐、黑色,身体腹面有臭腺开口,能分泌挥发性油,散发出类似臭椿的气味,故又称"椿象"。

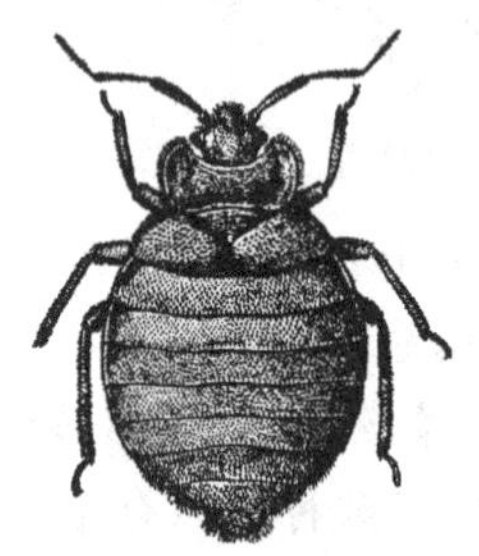

图132 温带臭虫

图133 蝽

图134 蚜虫

蚜虫(*Brevicoryne* sp.)(图 134):属同翅目(Homoptera)。俗称"腻虫",十字花科蔬菜的重要害虫。体小,长约2mm,分有翅、无翅,有性、无性等类型。刺吸式口器,能分泌"蜜露",年生10代以上,吸食汁液,并能传播病毒。

黑尾叶蝉(*Nephotettix bipunctatus cincticeps*)(图 135):属同翅目。体长4.5~5.5mm,刺吸式口器,黄绿色,前翅后端黑色或淡褐色,在水稻茎秆中下部吸取液汁,使叶枯黄或全株枯死。

蚱蝉(*Cryptotympana atrata*)(图 136):属同翅目。俗称"知了"。体长4~4.8cm,前、后翅基部黑褐色。雄虫第1腹节两侧有发声器,夏日鸣声甚大。幼虫栖于土中,吸树根液汁，其壳可供药用。

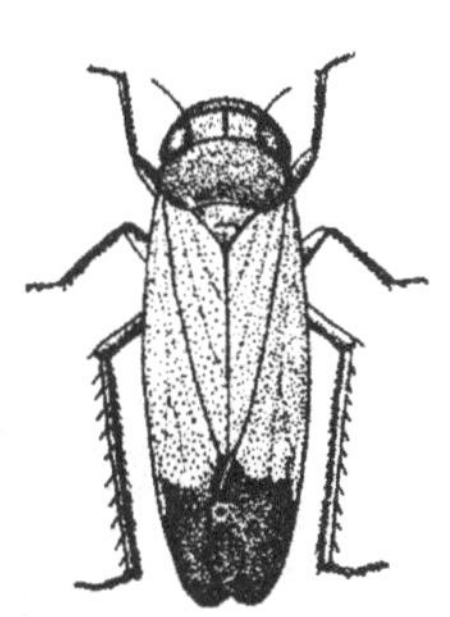
图135　黑尾叶蝉

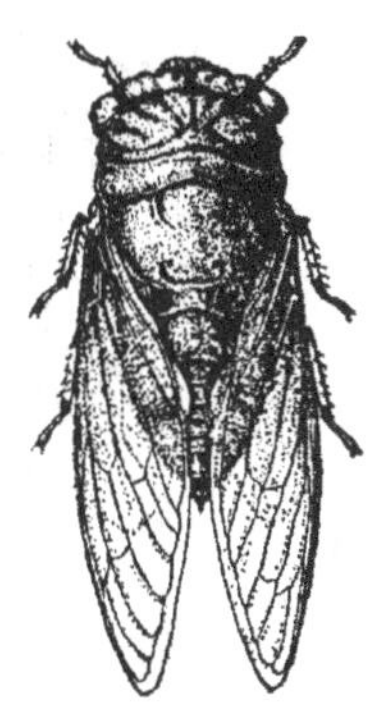
图136　蚱蝉

草蛉(*Chrysona* sp.)(图 137)：属脉翅目(Nwuroptera)。体柔软，丝状触角发达，复眼大。口器咀嚼式。2 对翅均膜质，大小相等，翅脉网状，停息时呈屋脊状。捕食蚜虫，为益虫。

人蚤(*Pulex irritans*)(图 138)：属蚤目(Siphonaptera)。体左右侧扁，坚韧。触角短，3 节，无复眼，无翅，刺吸式口器。足适于攀缘和跳跃，尤其后足特别发达，弹跳有力，跃起高度可达 250mm。无尾须，完全变态。

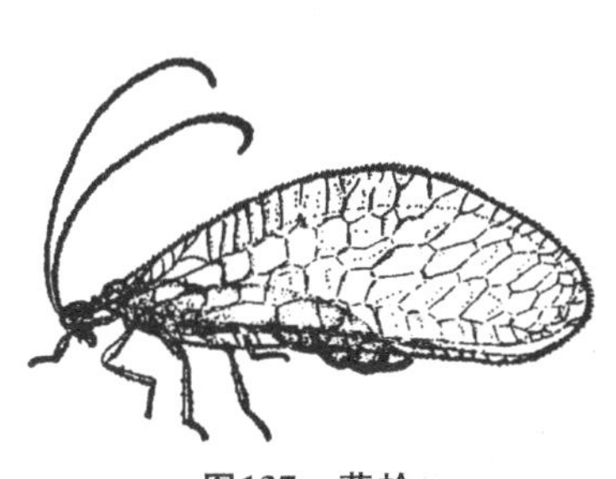
图137　草蛉

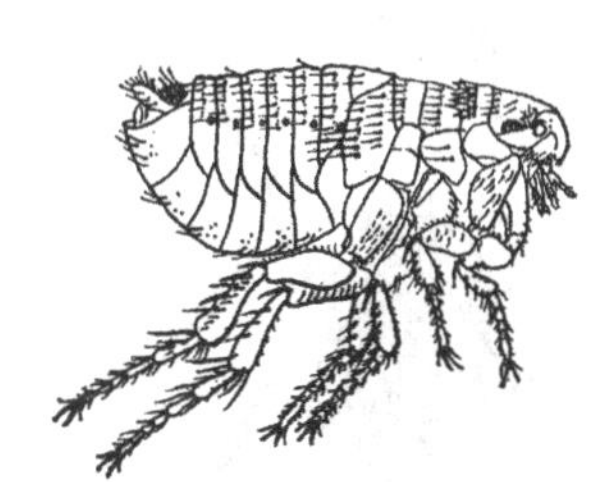
图138　人蚤

图139　星天牛

星天牛(*Anoplophora chinensis*)(图 139)：属鞘翅目(Coleoptera)。体狭长，19～39mm，全身漆黑，有光泽；触角特长，雄虫超出体长数节，每一鞘翅上具有约 20 个白色小斑点，略呈不规则平衡排列，后翅强大，适于飞行。

铜绿丽金龟子(*Anomala corpulenta*)(图 140)：属鞘翅目。体长 10～13mm，卵圆形，暗铜绿色，触角呈鳃叶状。危害植物的根、花、芽及果实。幼虫称蛴螬。

七星瓢虫(*Coccinella septempunctata*)(图 141)：属鞘翅目。体长 5～7mm，半球形，鞘翅红色或橙黄色，共有 7 个黑点，左右翅各 3 个，翅间骑缝上有一个。成虫和幼虫均捕食蚜虫。

蝼蛄(*Gyllotalpa africana*)(图 142)：属直翅目(Orthoptera)。前足胫节大，适于掘土。前翅短，后翅突出身后，成尾状。

土白蚁(*Odontotermes* sp.)(图 143)：属等翅目(Isoptera)。体柔软，触角念珠状，咀嚼式口器。前后翅均膜质，其大小形状与翅脉也前后相似。婚飞后脱落。尾须很短，分 2 节。不完全变态，社会性昆虫。主要破坏堤坝。

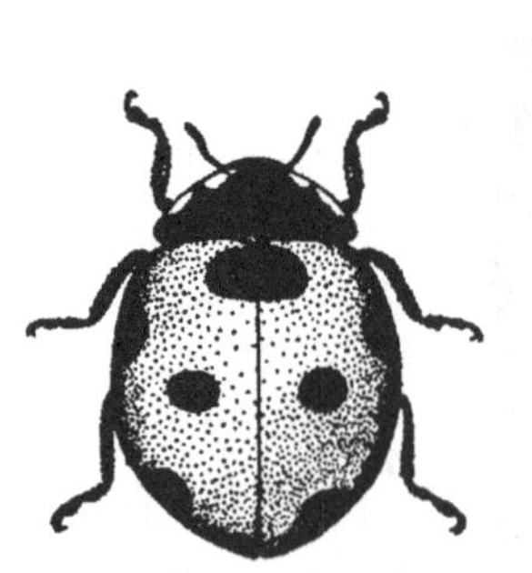

图141 七星瓢虫

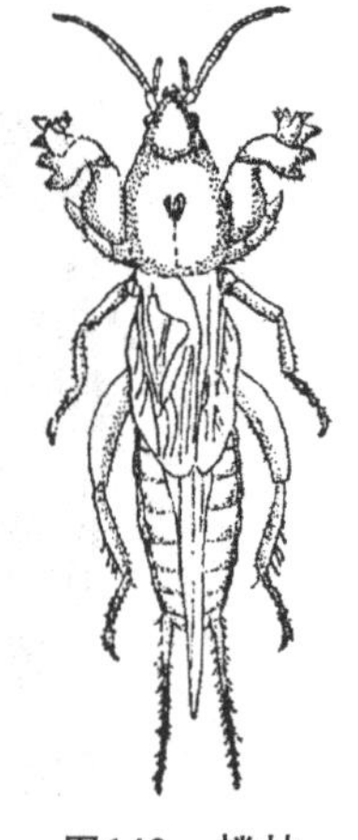

图142 蝼蛄

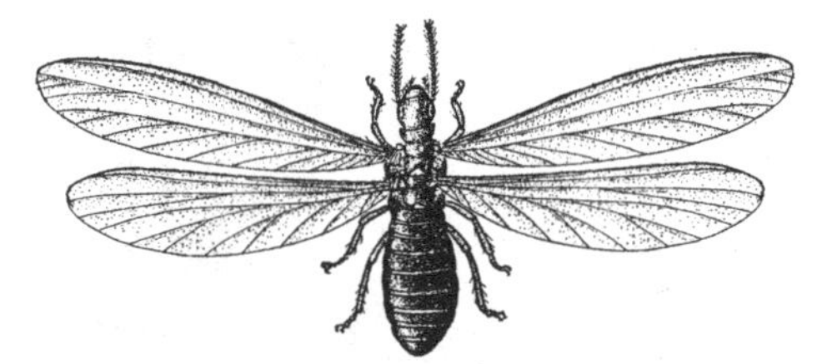

图143 土白蚁

蠼螋(*Labidura riparia*)(图 144):属革翅目(Dermaptera)。体长 22～28mm,褐色,后翅露出甚短,具尾铗,口器为咀嚼式。危害家蚕及新鲜昆虫标本。

美洲大蠊(*Periplaneta americana*)(图 145):属蜚蠊目(Blattaria)。俗称蟑螂。体长为3.5cm,红褐色,前胸背板周围淡色,中间有蝶形斑。咀嚼式口器,触角细长呈鞭状。白天匿居在阴暗隐蔽处,晚间四处活动。蟑螂虽有翅但仅作短距离飞行,平时依靠足急走。

大刀螂(*Paratenodera sinensis*)(图 146):属螳螂目(Mantodea)。头小,三角形,颈部细长,触角丝状,复眼大,体绿色。前足特化为捕捉足,中、后足细长,用作步行。翅发达,复翅狭小,后翅大。肉食性,捕食活的蝇类、蚱蜢等,故为益虫。

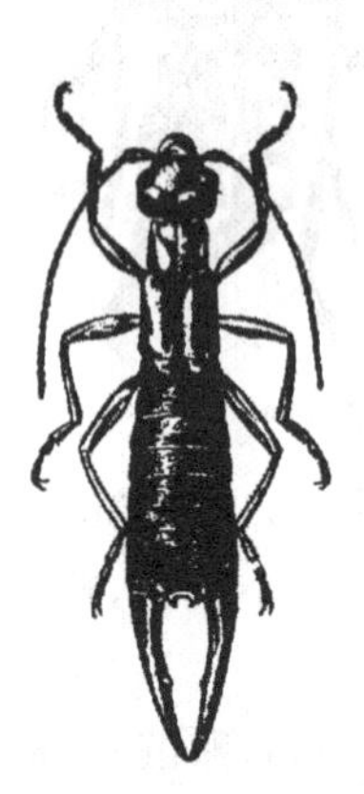

图144 蠼螋

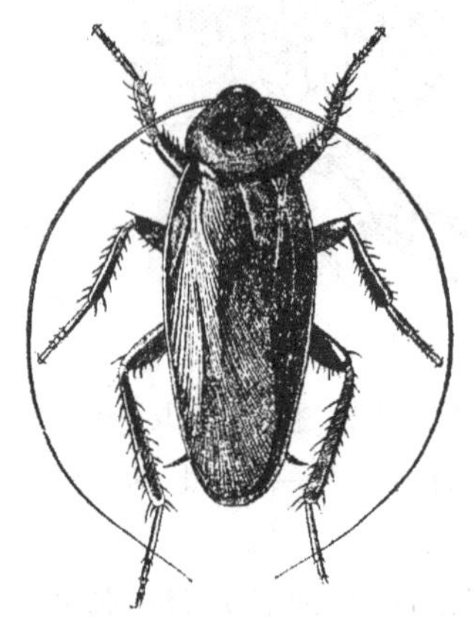

图145 美洲大蠊

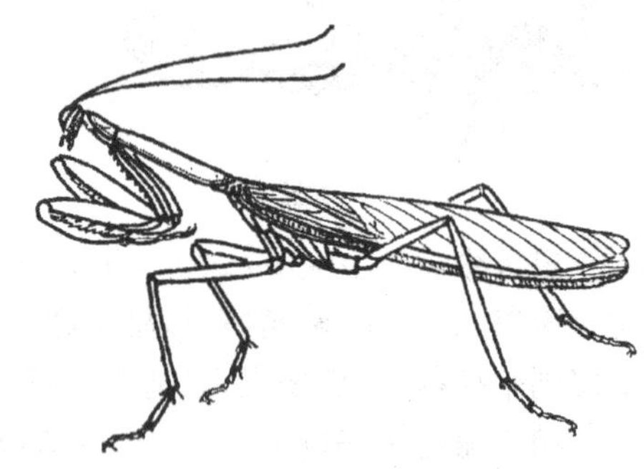

图146 大刀螂

家蝇(*Musca domestica vicina*)(图 147):属双翅目(Diptera)。又称饭蝇,为最常见种类。舐吸式口器。前翅膜质,后翅特化为平衡棒。复眼大,触角 3 节,第 3 节大,芒生于基部背面,羽毛状。完全变态,幼虫称蛆,无足,头部退化。

按蚊(*Anopheles* sp.)(图 148):属双翅目。翅上有斑纹,静息时身体长轴与着落面成一角度,多在夜晚叮咬吸血。传播疟疾等。

库蚊(*Culex* sp.)(图 148):属双翅目。翅上无斑点。静息时身体长轴与着落面平行。多在夜晚叮咬吸血。主要传播丝虫病等。

伊蚊(*Aedes* sp.)(图 148):属双翅目。成虫体上和足上具有黑白相间的斑纹。静息时身体长轴与着落面平行。常在白天活动，叮咬吸血。传播乙型脑炎。

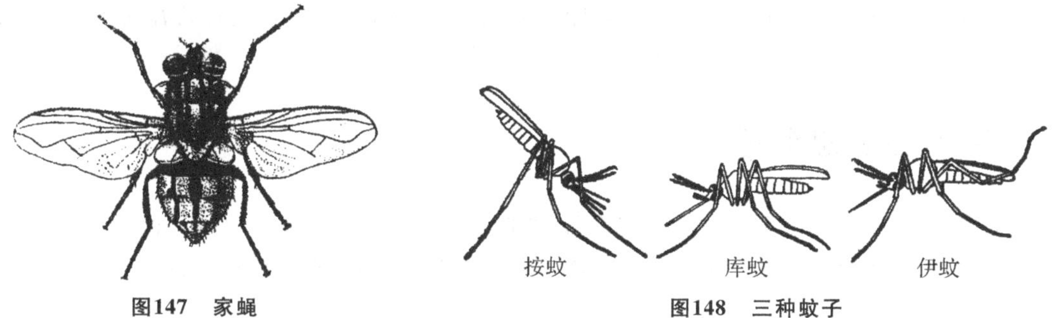

图147　家蝇

图148　三种蚊子

菜粉蝶(*Pieris rapae*)(图 149)：属鳞翅目(Lepidoptera)。成虫体长 15～20mm，翅灰白，略带青色，雌虫前翅左右两侧各有两个黑斑，后翅只 1 个，但雄虫前后翅都各有 1 个黑斑。危害十字花科植物。早晚静息，日中飞翔。完全变态，幼虫称菜青虫。

绿尾天蚕蛾(*Actias selene*)(图 150)：也称大水青蛾，属鳞翅目。体长 30～40mm，翅展 122～133mm 左右。体白色，头部、胸部肩板基部前缘具暗紫色横切带。翅粉绿色，基部有白色茸毛。前、后翅各有 1 明显眼状纹。后翅臀角呈尾状突出，长达 4cm。幼虫为害柳、枫杨、樟、梨等树木，成虫是蛾类中最美丽的种类。

图149　菜粉蝶

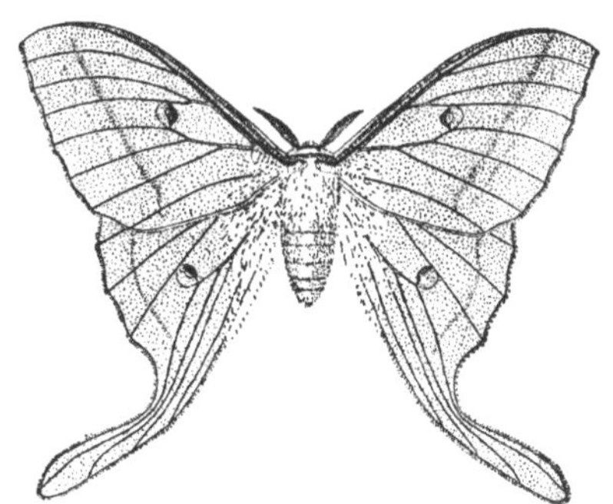

图150　绿尾天蚕蛾

蜜蜂(*Apis mellifera*)(图 151)：属膜翅目(Hymenoptera)。复眼大，口器咀嚼式，翅 2 对，膜质，翅脉少。完全变态。蜜蜂为群居性昆虫，每群成员可多达 5 万～8 万。分蜂王(性成熟的雌蜂)，雄峰和工蜂(性不成熟的雌蜂)3 种。工蜂除生产大量蜂蜜外，还生产蜂蜡、蜂乳(王浆)、蜂毒等，又能为农作物授粉，提高农作物产量，人类利用蜜蜂已有 4000 多年的历史。

图151　蜜蜂

图152　小家蚁

小家蚁(*Monomorium* sp.)(图 152):属膜翅目。体长 1～2mm。头部呈矩形,上颚有 3～4 个齿,下颚须和下唇须各 2 节。复眼卵圆形,侧生。多筑巢于地下、砖石瓦块下,个别喜筑巢室内墙壁中。

四、作业和思考题

1. 将实验所提供的昆虫标本鉴定至目,并依据上述标本试编昆虫(成虫)检索表。
2. 在校园中自行采集若干种昆虫标本,利用本实验中的检索表检索至目。

实验 12　棘皮动物的形态结构和无脊椎动物其他代表门类的认识

一、目的与要求

1. 通过对海星的外形观察和内部解剖，了解棘皮动物形态结构的基本特点。
2. 通过对外肛动物、腕足动物、毛颚动物、半索动物门的观察，了解其基本特征。

二、材料与用具

解剖器，放大镜；海星浸制标本，阳遂足，海胆，海参，海羊齿，草苔虫，海豆芽，箭虫，柱头虫浸制标本或制片标本。

三、操作与观察

(一)海星的外形和内部解剖

1. 外形(图 153)

海星(*Asterias* sp.)外形呈星状，体表满布短钝的**棘**，棘的基部有更小的**棘钳**。棘间有许多柔软的圆锥形突起，即为**皮鳃**。海星身体由**中央盘**和其发出的 5 个**腕**构成，在体制上为**五出辐射对称**。主轴短，隆起的为海星的背面，亦叫反口面，腹面略内凹，也叫口面。由口面中央至腕末端具管足的部分称**步带沟**，共 5 条，步带沟内有 4 行管足。**管足**在结构上是半透明的小盲管，其末端有一吸盘。口位于腹面中央，呈五角形，反口面中央是肛门，极小，在固定标本上很不明显。在反口面两腕之间有 1 个呈扁平白色圆板状物，即为**筛板**。其上有放射形细沟，沟内分布许多小孔，是水管系统的开口。

2. 内部结构(图 153)

观察外形后，用剪刀沿各腕的侧面剪开，移去背部的体壁，小心不要移去肛门、筛板及与其相连的石管。体壁与内脏之间的空腔，自中央盘一直伸至各腕的末端，这一空腔就是它的**体腔**。自海星的背面起观察以下 5 个主要部分。

(1) 消化系统

掀开反口面体壁后，首先看到反口面中央间步带处有 2～3 个小而分支的腺体，即为**直肠盲囊**。因直肠本身很短，故难以区分。在直肠盲囊下面为一膜质柔软的**幽门胃**。由幽门

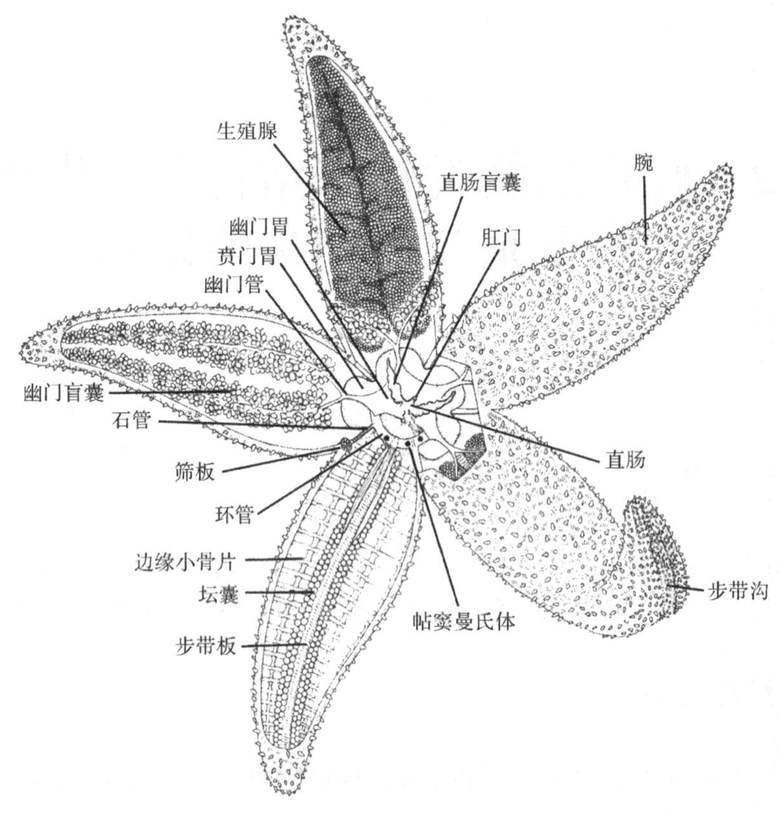

图 153 海星的外形和内部结构(据 Boolootian 稍改)

胃向每个腕伸出一短分支,进入腕后,又分为两支,几乎充满腕腔,称**幽门盲囊**。它由腺细胞及储藏细胞组成,故具肝脏的作用。在幽门胃下面为一广阔的近似五边形的薄壁大囊,即**贲门胃**。贲门胃与口相连。两者之间有一段极短的**食道**。

(2) 生殖系统

观察海星生殖系统时,可将近口处的食道切断,小心除去部分幽门胃,并注入一些清水后进行。海星的生殖系统较简单,成熟个体能解剖观察到的主要器官仅为生殖腺。外观呈黄色葡萄状,共 5 对,分别位于反口面每一间步带区之间,每对生殖腺无明显输出导管,开口于每两腕基部之间极细小的生殖孔,在浸制标本上不易观察到。海星虽雌雄异体,但在外形上不易区分。生殖腺一般也较难辨别雌雄。

(3) 水管系统

水管系统包括筛板、石管、环水管、辐水管和管足(图 154)。

筛板位于体背面,上有许多小孔,为海水进入体内的通道。与筛板相连而向体腔发出的 1 根"S"形的石灰质小管,即为**石管**,其管壁由许多钙质环所支持,最后与环水管相通。**环水管**即为围绕口周围的一圈小管。自环水管发出,沿各腕腹面中央伸至腕末端的 5 条辐射状小管,即为**辐水管**。每一辐水管又向两侧分出并列的许多**侧管**。与侧管末端相通并与侧管垂直的囊状结构,其囊壁向腹面体外突出,即为**管足**。在环水管上可见 9～10 个**帖窦曼氏体**(图 154),它能产生变形细胞,并有吞食或排除外来可溶性物质的作用。

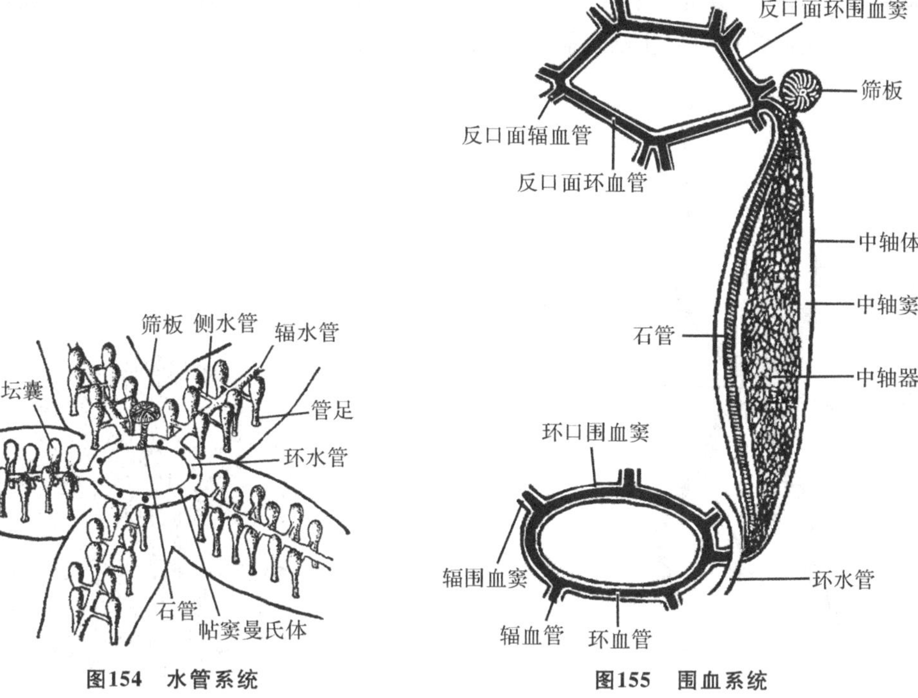

图154　水管系统　　**图155　围血系统**

(4) 围血系统和血系统(循环系统)(图155)

观察时小心地将消化、生殖系统除去,留下反口面的筛板及与其相连的中轴体、水管系统、神经系统。围血系统由体腔的一部分演变而来,其排列情况与水管系统相同,在腹侧(口侧)具有**环口面环围血窦、辐围血窦**,注意血窦由许多不规则的葡萄状空隙构成,又称作**腔隙组织**;背侧(反口侧)也有相应的**反口面环围血窦、辐围血窦**。围血系统包围着血系统(循环系统),所以血管也有相应的**环口面环血管、反口面环血管**及**辐血管**之分。围血系统的主要构造,解剖时可以从筛板及中轴体处入手。在中轴体的筛板所在的反口面通向环口面处,其内的石管与中轴器在此分开,石管通入环水管,中轴器通到围血系统内侧的环血窦上,中轴窦则与口面和反口面环围血窦相通。

(5) 神经系统

海星有3个神经系统,其中**外神经系统**位于环口围血系统下方,由围口神经环和5条辐神经索组成,是最容易找到的神经,观察辐神经索时,因为周围步带板,很坚硬,不容易找到它,这时可以把1条腕折断,从剖面上能见到辐神经的断面。**下神经系统**位于围血系统的管壁上,其组成与外神经系统相同,由于在围血系统的管壁上,不容易发现。**内神经系统**位于反口面的体壁中,缺神经环,仅由辐神经干及其分支组成,此神经较难找到。3个神经系统中,只有外神经系统来源于外胚层,其余均起源于中胚层。

(二)棘皮动物的常见种类

阳遂足(*Amphiura* sp.)(图156)

体扁平,腕与体盘分界明显。腕细长,5条,腹面无步带沟,管足不发达,肛门退化。海洋潮间带泥滩中营穴居生活。属蛇尾纲(Ophiuroidea)。

海胆(*Temnopleurua* sp.)(图 157)

体呈稍扁的球形,外壳上有许多细长硬棘。反口面棘大,有筛板和肛门,口面棘短,中央为口。海洋岩质或沙质海底生活。属海胆纲(Echinoidea)

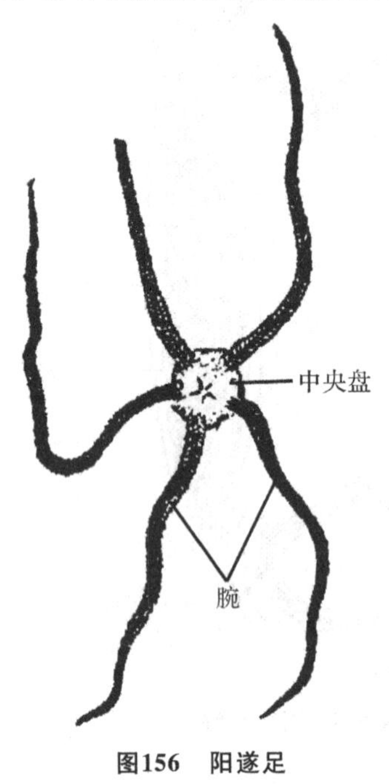

图156 阳遂足

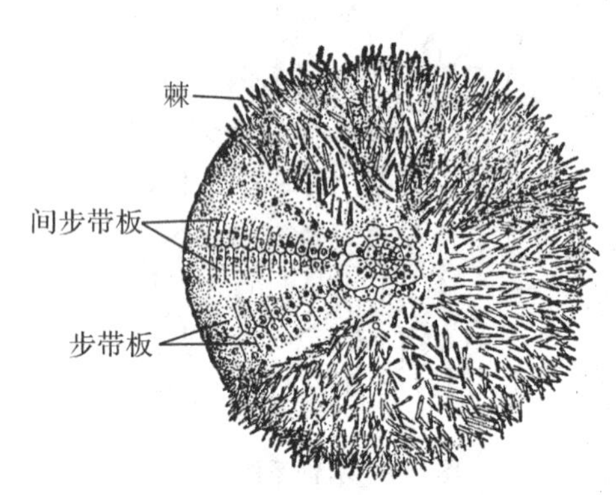

图157 海胆

海参(*Stichopus* sp.)(图 158)

身体筒形,柔软。趋于两侧对称,口面与反口面处于前后两端,相距较远。无腕,腹面有3列管足,背面有大的疣状突起。海参为名贵海珍品,供食用。属海参纲(Holothurioidea)。

海羊齿(*Antedon*)(图 159)

具5条腕,从腕基部就分支,故像10条腕。各腕上再长有羽状分支,中央盘小而呈盘状,伸出固着腕叫卷枝体,无棘。筛板退化,管足不发达。属海百合纲(Crinoidea)。

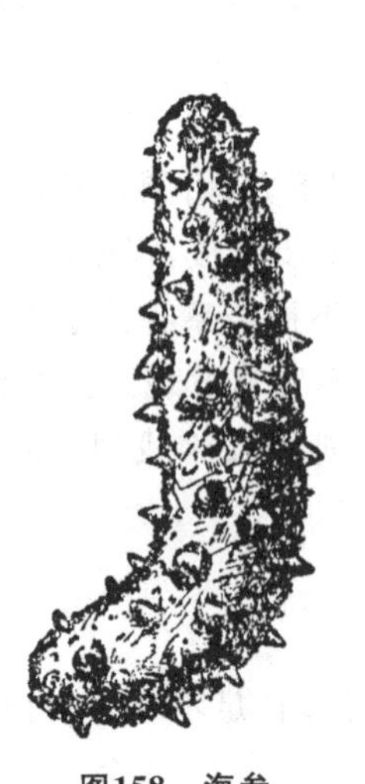

图158 海参

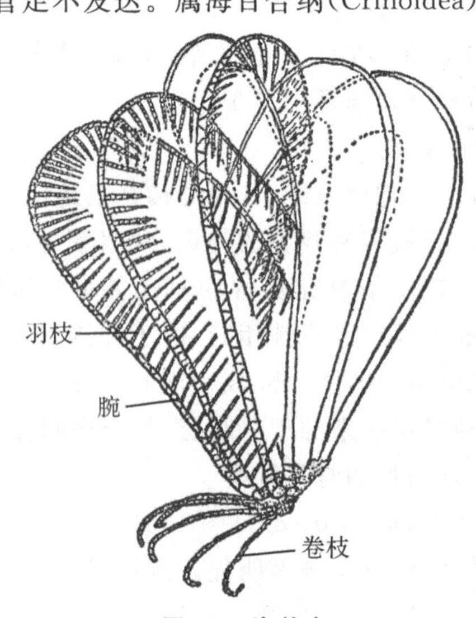

图159 海羊齿

（三）无脊椎动物的其他类群

1. 外肛动物门(Ectoprocta)

外肛动物多为终生固着的水生底栖动物，绝大多数种类分布于海洋潮间带藻类大量繁殖的岩岸。常见的**草苔虫**(*Bugula* sp.)(图 160)有轻微钙化的虫室，虫体即在虫室中，虫体前端有一圈长的触手，基部相连形成触手冠，又称总担，生活时可自由伸缩于虫室内外。

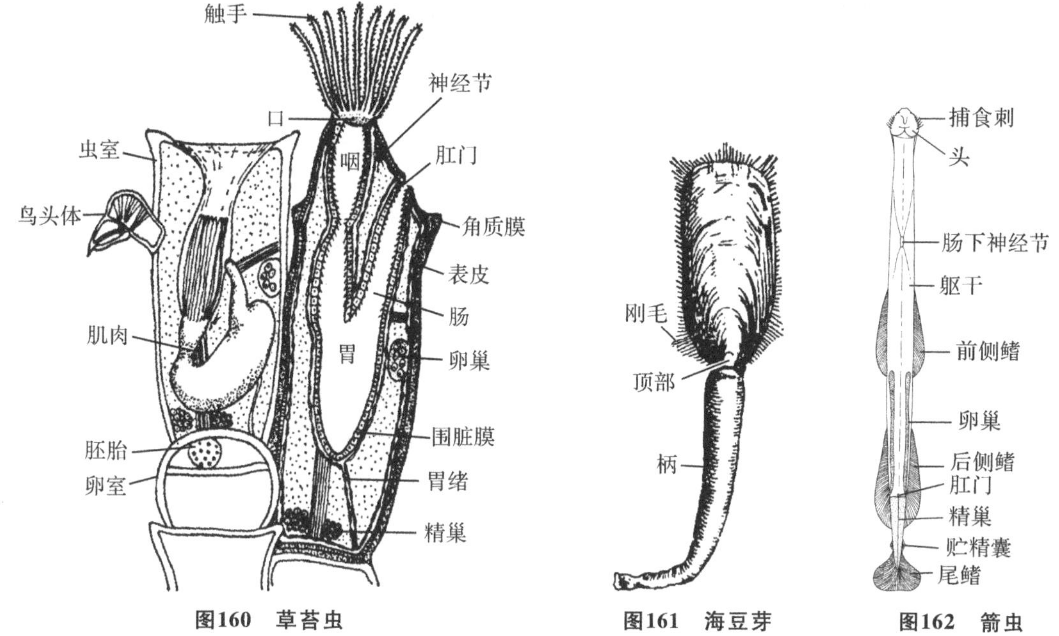

图160　草苔虫　　**图161　海豆芽**　　**图162　箭虫**

2. 腕足动物门(Brachiopoda)

海豆芽(*Lingula* sp.)(图 161)：生活于海边泥沙中，身体背腹扁平，外形极像软体动物的双壳类。两瓣壳中在腹部的一瓣较长，在背面的一瓣较短，壳的后端伸出一圆柱形的肌肉质柄，似豆芽状，两瓣边缘有刚毛伸出壳外。

3. 毛颚动物门(Chaetognatha)

箭虫(*Sagitta* sp.)(图 162)：海洋浮游动物，体长形，呈箭状，可分为头、躯干和尾 3 部分。头部稍圆，两侧各有一几丁质瓣，上有刚毛数对，能辅助摄食，具颚的作用，故称毛颚。躯干部占身体大部分，其后部两侧有一对侧鳍，尾部较细，末端有一箭状尾鳍。

4. 半索动物门(Hemichordata)

柱头虫(*Balanoglossus* sp.)(图 163)：生活于浅海泥沙中，身体蠕虫状，身体由前向后分为**吻、领、躯干** 3 部分。吻有发达的肌肉，生活时能钻入泥沙，躯干部很长，前端背侧有多对**外鳃裂**，两侧有隆起的纵褶，其内有白色或红色的**生殖腺**，故称该躯干段为**鳃殖区**。鳃殖区以下的躯干中部的背侧有成对的囊状突起称**肝盲囊**，该段即为**肝区**，肝区以下、表面有环状横纹的部分为其腹部，其末端有肛门。

图 163　柱头虫

四、作业和思考题

1.棘皮动物的体制与刺胞动物的体制有何区别?

2.用列表的方式将棘皮动物各纲特征加以比较对比。

3.柱头虫的哪些结构特征可以证明它与棘皮动物及脊索动物有联系?

实验 13　文昌鱼和七鳃鳗的形态结构

一、目的与要求

通过对文昌鱼、七鳃鳗形态结构的观察，理解脊索动物门的主要特征及其与无脊椎动物的区别。

二、材料与用具

文昌鱼整体染色制片、过咽部横切片，七鳃鳗纵切和横切面标本，显微镜、培养皿、放大镜等。

三、操作与观察

1. 文昌鱼(*Branchiostoma belcheri*)的形态和主要器官

(1) 外部形态

取文昌鱼浸制标本，放入盛有水的培养皿中，置放大镜下观察(图 164)。

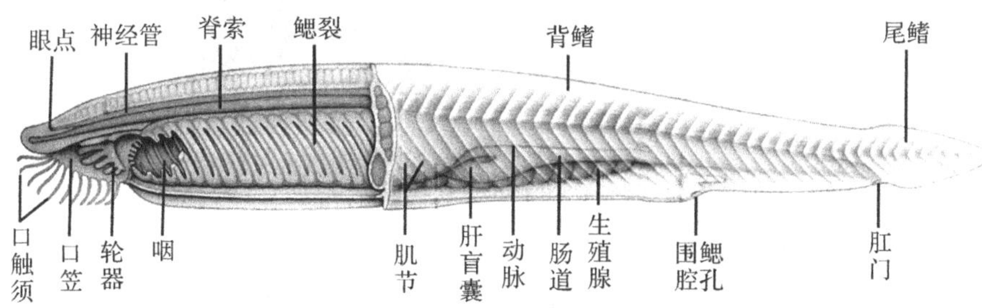

图 164　文昌鱼整体侧面观

文昌鱼外形似小鱼苗，侧扁，两头小，没有明显的头部，故称无头类，具有触须的一端称为前端。透过表面皮肤可见下面呈“《”形的肌节，相邻肌节间有较透明的“〈”形的结缔组织(肌隔)隔开。注意观察两侧肌节排列的对称性情况和肌节的数量。

沿文昌鱼背侧正中线，有一纵行的皮肤褶，即为**背鳍**。围绕在尾部边缘扩展的为**尾鳍**。由尾鳍沿腹面向前伸展的为**肛(臀)前鳍**。肛前鳍约占体后 1/3 处，肛前鳍前方有 1 对互相平行的狭长纵行的皮肤褶，即为**腹褶**。在腹褶与肛前鳍交界处有 1 孔，此孔与围鳃腔相通，称**围鳃腔孔或腹孔**。在尾鳍与肛前鳍交界处偏左侧有1孔，即为**肛门**。成熟的文昌鱼标本，在咽部两侧、肌节的腹端各有1列方形的**生殖腺**。文昌鱼雌雄异体，生活时卵巢淡黄色，精巢白色，但浸制标本很难区别。

(2) 整体装片观察(图164、165)

取文昌鱼整体封片，置显微镜低倍镜下着重观察以下各部分。

口笠与**前庭**：身体前端腹面，有一由薄膜围成的漏斗状结构为口笠。口笠边缘具触须，口笠的内腔即为文昌鱼前庭。

轮器与**缘膜触手**：口笠内壁上染色较深的4～5个指状突起即为轮器。轮器后方有一环形膜，称为缘膜。缘膜中央有一孔，即为文昌鱼的口。口周围有许多短突起，这些突起即为缘膜触手。由于是整体封片，故看不到缘膜中间的口孔。

咽、**围鳃腔**、**肠**和**肝盲囊**：缘膜后方为咽。咽部染色较深，咽壁上狭长倾斜排列的条状结构即为鳃隔。鳃隔之间的空隙为鳃裂。围绕着鳃的大腔，即为围鳃腔。此腔以腹孔开口于体外。咽后方为肠，肠是1条直管，前端较粗大，后部渐细，末端以肛门开口于身体左侧。在肠管前部腹面向前右方伸出一盲囊直达咽后2/3处，即为肝盲囊。

脊索和**神经管**：位于肠背面的一条黄色棒状结构，纵贯身体前后，即为脊索。位于脊索背方的1条较细的纵行长管，略短于脊索，即为神经管。其前端有一黑色斑点，称**眼点**(无视觉功能)，管侧壁上有1纵列黑色小点，称为**脑眼**(有感光作用)。

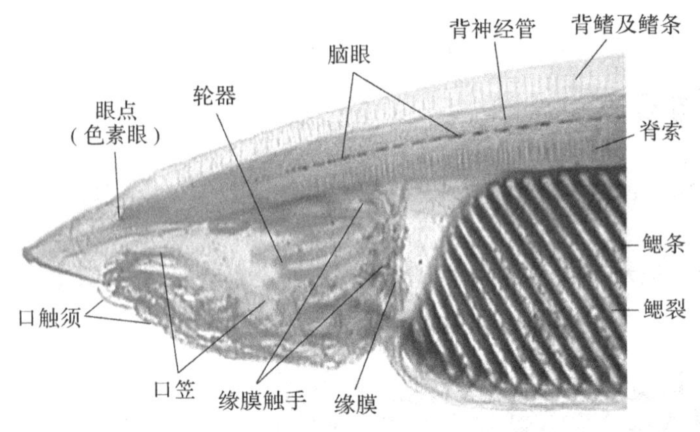

图165 文昌鱼体前部结构(作者)

(3) 过咽横切面观察(图166)

取文昌鱼过咽横切片在低倍镜下观察，进一步加强对文昌鱼结构的理解。

切片最外层为皮肤，其中**表皮**由单层柱状上皮细胞组成，**真皮**为表皮下极薄的1层胶状物，不太明显。**肌肉**位于皮肤之下、身体的背部和两侧，其中背部较厚，体侧较薄。肌节之间由肌隔分开，在围鳃腔的腹侧，左右腹褶之间仅为薄的横肌。背部肌肉上方，背正中央突出的部分为**背鳍**，内有略呈长方形的**鳍条**支持。**神经管**在背鳍条的下方，呈卵圆形或梯形，它中央的神经管腔狭窄呈1裂状隙。神经管下方为**脊索**，其外围以1结缔组织形成的**脊索鞘**。咽占据了脊索下方大部分，其周围被围鳃腔所围绕，围鳃腔腹面被上述薄的横肌所限制。腹面两侧突出的为**腹褶**。咽部着色深的部分为**鳃隔**，其间的空隙为**鳃裂**。咽腹面的纵沟为**内柱**，咽背面也有1纵沟，称**咽上沟**。在性成熟的个体，生殖腺从两侧突向围鳃腔，一般**卵巢**呈

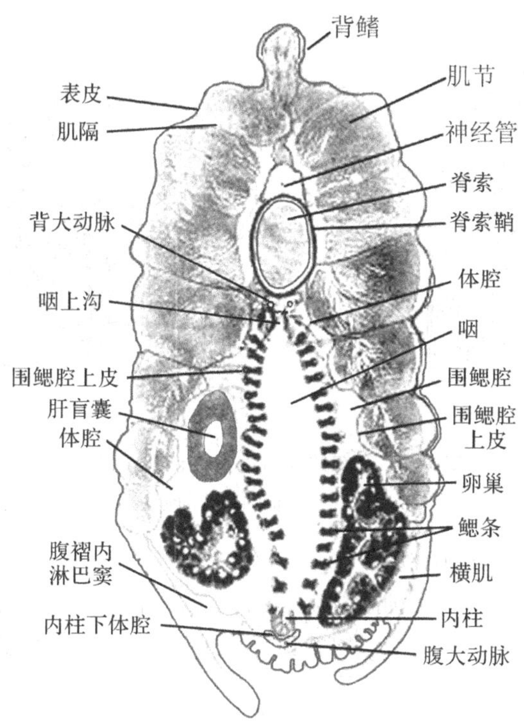

图 166　文昌鱼过咽横切面(据 Boolootian 修改)

块状,细胞核大而明显,**精巢**呈小黑点或条纹状。在有的切片中(一般在咽后部 2/3 区域的切片)可以看到咽右侧的长椭圆形物,即为**肝盲囊**。在横切面上,由于围鳃腔的扩大,在咽部很难观察到体腔的全貌,但能见到咽背部、侧面小的不规则**体腔**,及内柱腹面的 1 狭小的**内柱下体腔**。这些看上去分离的体腔是文昌鱼咽后部完整的体腔在向咽部延伸时,被其他器官分隔的结果。在内柱下体腔中可见到**腹大动脉**横切面,另外在鳃上沟两侧还可见 1 对**背大动脉**横切面。

2. 七鳃鳗的外形和部分器官的观察

七鳃鳗(*Lampetra* sp.)(图 167):体呈鳗形,皮肤光滑无鳞。体后部具两背鳍和尾鳍,无偶鳍。头部最前端为圆形的**口漏斗**,漏斗内有明显的黄褐色**角质齿**,基部有 1 突起,即为舌,舌上也具角质齿。头的两侧有眼 1 对,覆盖有 1 层半透明的皮肤膜,无眼睑。眼后方有 7 个圆形的**鳃孔**。两眼之间有单个**鼻孔**。鼻孔后方有 1 椭圆形的小凹陷,此处皮肤颜色稍淡,其皮下有**松果眼**。肛门和泄殖突分别位于体后 1/4 处躯干与尾部的交界处。从过咽部横断面可观察到鳃孔的**外鳃裂**,内连圆形的**鳃囊**,鳃囊内壁生有鳃丝。**内鳃裂**开口于特殊的呼吸管。**呼吸管**位于食道的腹面。食道背面是**脊索**和**脊髓**。鳃囊腹面的软骨是咽颅的鳃笼软骨(图 168)。

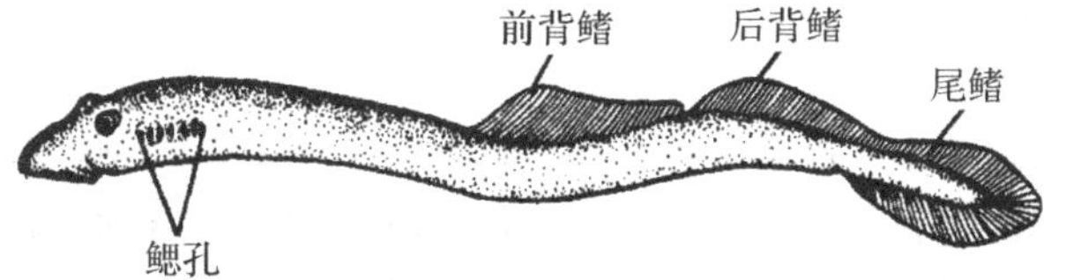

图 167　七鳃鳗外形(自丁汉波)

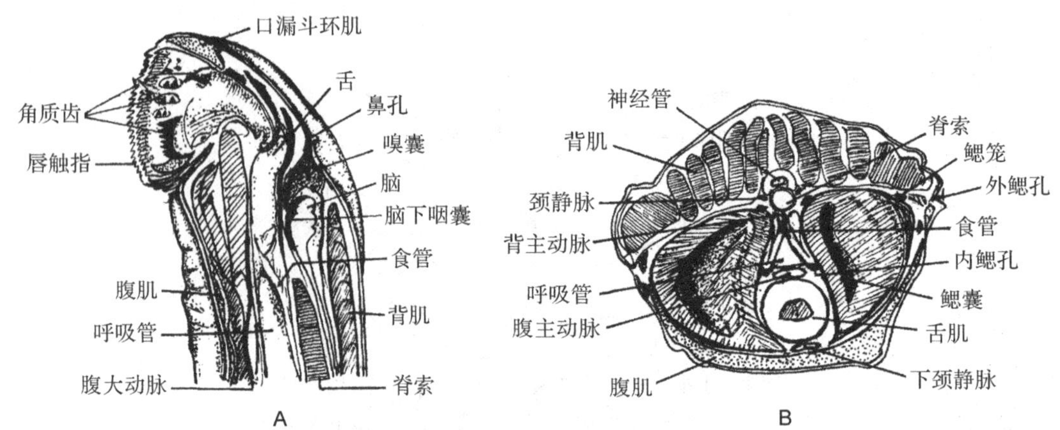

图 168 七鳃鳗体前端剖面示意图(作者)

A. 纵剖面;B. 横剖面

3. 柄海鞘成体观察(图 169)

柄海鞘(*Styela* sp.):为尾索动物门亚门的代表,成体呈长椭圆形,外被坚韧的被囊。身体基部有一柄用以附着,另一端具两个相距不远的孔,其中位置较高的一个为入水孔,另一个为出水孔。

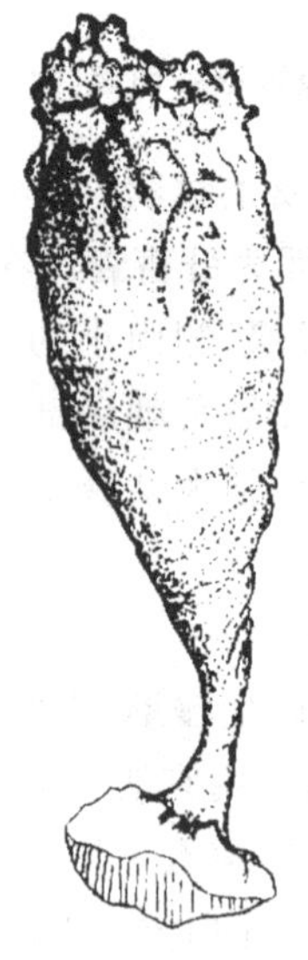

图 169 柄海鞘(仿郑光美)

四、作业和思考题

1. 将有关名称填入下图(提示:会有"脊索、背神经管、鳃裂、眼点、脑眼、鳍条、鳃条、口笠、轮器、口触须、缘膜、缘膜触手;背鳍、肌节、表皮、背神经管、脊索、脊索鞘、背大动脉、腹大动脉、鳃血管、咽上沟、内柱、内柱下体腔、围鳃腔、围鳃腔上皮、鳃条、肝盲囊、生殖腺(精巢或卵巢)、体腔、肾管、咽、腹褶内淋巴窦"等内容):

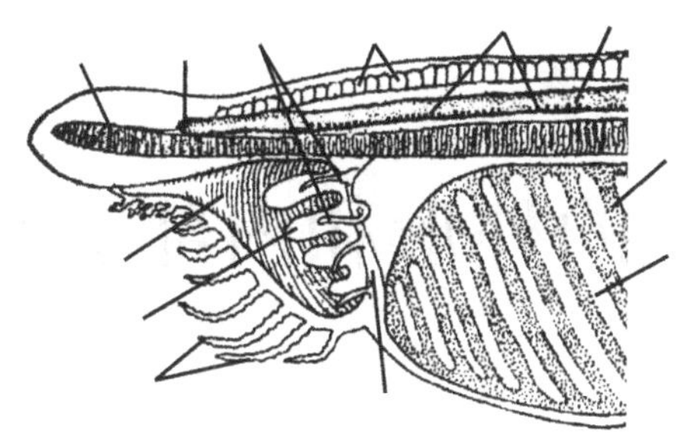

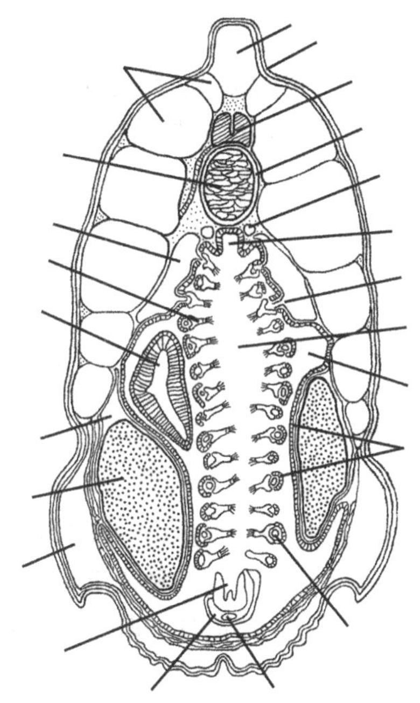

文昌鱼前端(上)、过咽横切面(下)(据各家修改)

2. 通过实验观察，理解鳃裂、围鳃腔以及水流出入文昌鱼体内、外的过程。

3. 以表格的形式总结脊索动物与无脊椎动物的区别。

实验 14 鲫鱼的外形和内部器官解剖

一、目的与要求

通过鲫鱼外形的观察与内部器官的解剖，掌握硬骨鱼类的基本特征，了解鱼类与水生生活相适应的结构特点，基本掌握解剖鱼类的方法。

二、材料与用具

活鲫鱼，解剖器，解剖盘。

三、操作与观察

(一)外部形态

鲫鱼(*Carassius auratus*)体呈纺锤形，略侧扁。自吻端至鳃盖骨后缘为头部。头部最前端为口，呈弧形，随着上下颌骨的运动能张合。眼位于头部的两侧，无上下眼睑。外鼻孔位于眼前方，每一鼻孔被鼻瓣膜分成前、后两部分。眼后为鳃盖，有鳃盖骨支持(共 4 块)。鳃盖后缘的膜状部分为**鳃膜**，鳃膜后的大孔为**鳃孔**。鳃孔与外界相通，内为鳃腔，有鲜红的鳃。自鳃盖后缘至肛门为躯干部，体外覆有圆鳞，呈覆瓦状排列。在体侧中央各有 1 列在鳞上有小孔的鳞片排列而成的线状结构，称作**侧线**，此鳞则为**侧线鳞**。胸鳍和腹鳍各一对，分别位于胸、腹部，背鳍和臀鳍均有硬棘支持。肛门之后的部分为尾部，鲫鱼的尾鳍为正形尾，与尾部相连。

(二)内部解剖

取活鲫鱼，用左手抓住鱼体，体腹部向上，用剪刀从鱼的肛门前沿与体轴垂直的方向剪一小口，注意避免损伤内脏。然后以剪刀尖插入切口，沿腹中线向前剪至鳃盖下方。再使鱼的左侧向上，放在蜡盘中，自肛门前的开口向背方剪开，沿脊柱下方剪至鳃盖后缘，再沿鳃盖后缘剪至胸鳍之前，就可除去左侧体壁，露出鱼的内脏和心脏(图 170、171)。再将刀伸入口腔，沿眼睛后缘将鳃盖剪去，这时鱼的鳃显露出来，即可进行观察。为了使观察顺利进行，可在解剖盘中放少量自来水。

1. 呼吸系统

鲫鱼的呼吸器官为**鳃**(图 171)，位于鳃腔中。**鳃片**附于鳃弓上。鲫鱼的**鳃弓**共 5 对，在咽的两侧。其中第 1 至第 4 对鳃弓上有两列鳃片，第 5 对鳃弓上没有鳃片，而生有**咽下齿**。

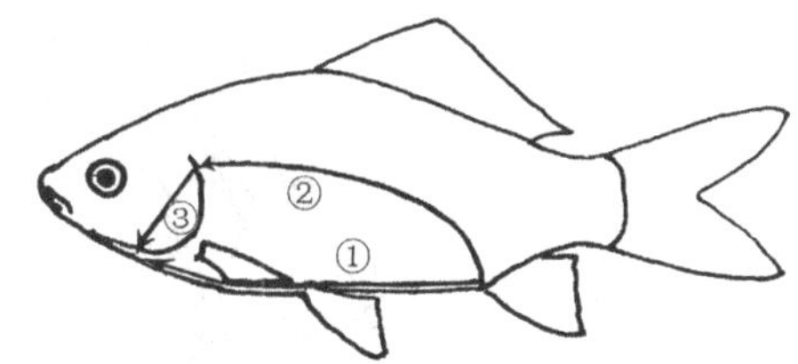

图 170　切除鱼体壁示意

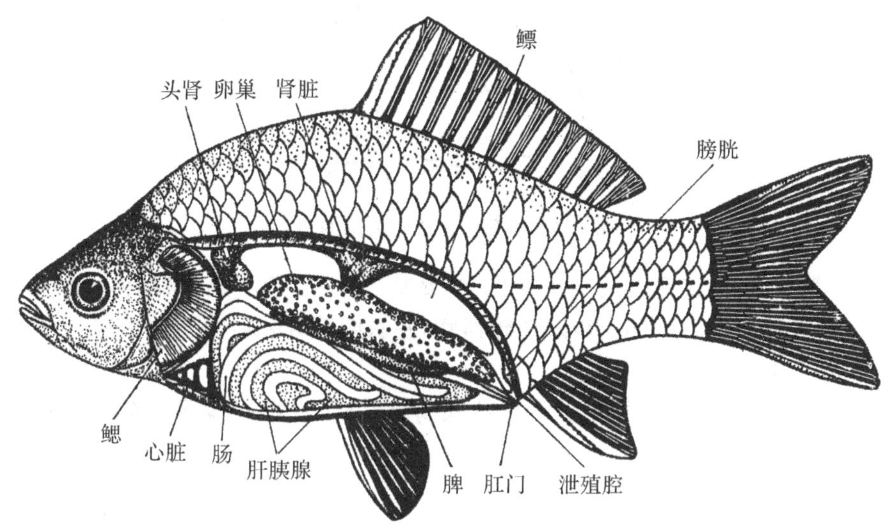

图 171　鲫鱼的内脏(作者)

鳃片为鳃丝组成的片状物,每 1 鳃丝的两侧又有许多突起状的鳃小片。每一列鳃片形成**半鳃**,每 1 鳃弓有 2 列鳃片者称**全鳃**。鳃弓的内凹面有两行三角形的突起,左右互生,即为**鳃耙**。

2. 循环系统

小心地剪开围心腔,细心地观察心脏的几个组成部分和几条主要的血管(图 172)。实验中首先辨认动脉球,它是心脏前方的 1 个略呈三角形的白色小球体。鱼类心脏搏动的顺序是静脉窦、心房、心室。先仔细观察它们的搏动,寻找各部分之间的界限,然后按下列顺序区别各部分。

静脉窦:位于围心腔后方的暗红色的长囊,前壁与心房相通。

心房:位于静脉窦的前方,呈暗红色的薄囊状。

心室:位于心房的前方,淡红色、壁厚、收缩能力强。

动脉球:紧接在心室的前面,为腹大动脉基部的膨大部分,呈圆锥形,壁厚,白色。

腹大动脉:自动脉球向前发出的一条相当粗大的血管,位于左右鳃的腹面中央。

入鳃动脉:由腹大动脉两侧分出的成对分支,共 4 对,分别进入第 1～第 4 对鳃弓。

脾脏:位于小肠前部背面,细长,深红色。

3. 生殖系统

鲫鱼雌雄异体,其生殖系统由生殖腺和生殖导管组成。依次观察以下各部分。

雄性:**精巢** 1 对,性成熟时为纯白色,呈扁长囊状。精巢表面的膜向后延伸出**输精管**。该管很短,左右两管后端合并后通入泄殖腔,并以泄殖孔开口于体外(图 173A)。

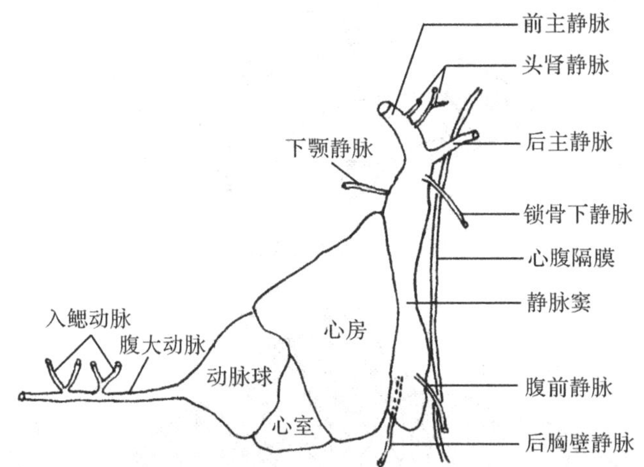

图 172 鲫鱼的心脏和周围的血管

雌性:**卵巢**1对,性成熟时呈微黄红色,长囊状,几乎遮盖了其他器官,卵巢内可见许多小的卵粒。每一卵巢向后延伸出很短的**输卵管**,左右两管合并后通至泄殖腔,并以泄殖孔开口于体外(图 173B)。

生殖系统观察完成后,应把左侧的生殖腺摘除,以便观察其他器官系统。**注意:摘除时不要伤及泄殖腔。**

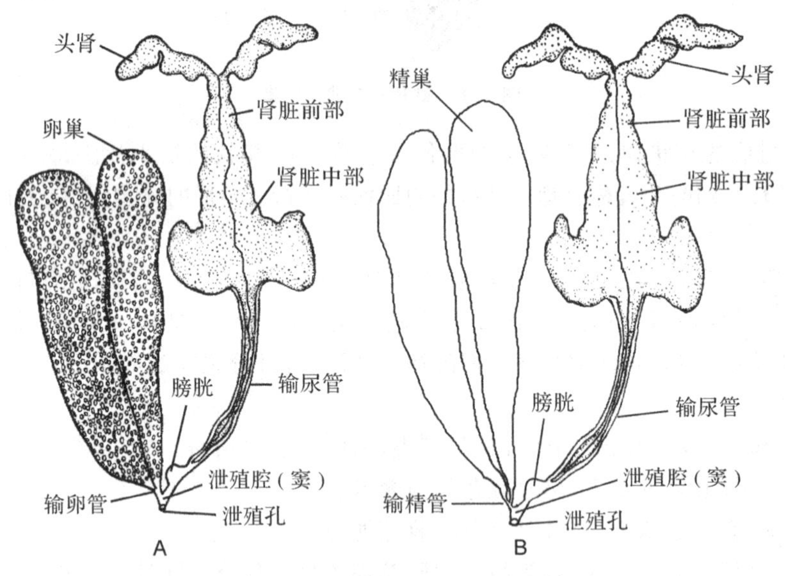

图 173 鲫鱼的生殖、排泄系统(作者)

A. 雌性;B. 雄性

4. 消化系统

鲫鱼的消化器官包括口腔、咽、食道和肠组成的消化道,以及由肝胰脏、胆囊组成的消化腺(图 171)。依次观察以下各部分。

口腔:由上下颌组成,均无齿。口腔底后半部有一不能移动的三角形的舌。

咽:位于口腔后,左右两侧是鳃裂,咽下齿即位于咽的最后端。

食道：位于咽的后方，很短，其背面通有鳔管，可以此作为食道的标志。

肠：接于食道之后，曲折盘旋，为体长的 2～3 倍。鲫鱼的肠前 2/3 为小肠，后 1/3 为大肠，大小肠界限不清。肠的最后一部分为直肠，末端开口于肛门。

肝胰脏：鲫鱼的肝脏与胰脏合并在一起，尚未分开，故称肝胰脏，为紧贴在肠管间的红褐色腺体。

胆囊：椭圆形、深绿色。大部分埋在肝胰脏内，由胆囊发出胆管，开口于肠前部。观察时须用镊子小心地除去肝胰脏，不要用力过大，以免拉断很细小的胆管。

5. 鳔

鳔位于体腔的背面，分前后两室，为银白色的胶质囊，前室紧接在第 4 脊椎骨，由后室发出鳔管，通到食道的背面。鳔的主要功能在于调节鱼体自身的比重(图 171)。

6. 排泄系统

由肾脏、输尿管、膀胱等组成。观察时，可把鳔移开，在体腔背壁正中线左右两侧可见暗红色的肾脏。肾脏与鳔的中部相接触的一段是肾脏最宽处。**输尿管**从该处后方通出，两输尿管在近末端处合而为一，稍膨大的为**膀胱**，其后稍细的为一很短的**尿道**，尿道开口于**泄殖腔**，最后由泄殖孔通体外(图 173)。

7. 神经系统

打开鲫鱼头部背面的额骨和顶骨，即可见到鲫鱼的脑髓，可分为大脑、中脑(视叶)、间脑、小脑和延脑等 5 部分(图 174)。实验中分别对其作背面、腹面观察。

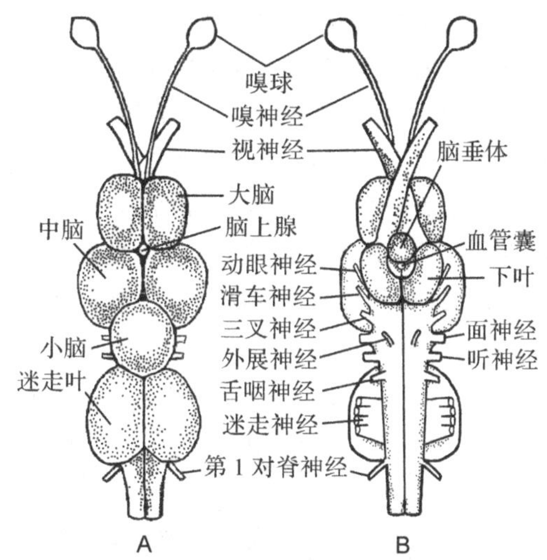

图 174　鲫鱼的脑(据各家修改)

A. 背面观；B. 腹面观

(1)脑的背面观

大脑 1 对，略呈长圆形半球。大脑前端发出 1 对细长的**嗅神经(嗅束)**，其端部膨大，为**嗅球**。**间脑**位于大脑后方，由于被中脑遮盖，从背面看不到间脑本体，仅在大脑与中脑之间的中央可见到从间脑背面发出的**脑上腺(松果体)**。**中脑**为 1 对球形**视叶**，较大。**小脑**位于中脑后方，为 1 个近似圆形结构。脑的最后部分为**延脑**，位于小脑后。延脑前部是两个长圆形的**迷走叶**，为鲫鱼脑中最大的结构。此后是延脑的本体。

(2)脑的腹面观

观察时须将脑侧面直至腹面的头骨除去,沿头骨的一侧将神经剪断,保留一侧神经与脑的联系。腹面最突出的部分是间脑的**脑垂体**,因其嵌于副蝶骨的凹窝中,去除头骨时极易与脑脱离。当腹面骨骼剥除后,将鲫鱼的脑取出放在培养皿中观察:最前面是**大脑**,其腹侧有**视神经交叉**。**中脑**被间脑遮盖,只能见到其侧面,故中脑腹面中央的结构是间脑的腹面部分。其最显著的是两个对称的略呈肾形的**下叶**,左右下叶中间的圆形突出物即**脑垂体**。如果脑垂体已被除去,则只能看到**脑漏斗**。中脑向后是**延脑**的腹面,延脑后部两侧是延脑突出的 2 个**迷走叶**。10 对脑神经分别从中脑、延脑的腹侧面发出。

(三)鲤鱼的头骨和鲫鱼的整体骨骼观察

因为鲫鱼头骨较小,实验中观察鲤鱼的头骨、肩带和腰带。

1. 头骨

鱼类头骨(图 175)骨片数目多,先从侧面观察鱼类特有的覆盖在鳃腔外面的骨片,其中最大的 1 块为**鳃盖骨**,也可称为**主鳃盖骨**,此骨前方是呈新月形的**前鳃盖骨**,下方是**下鳃盖骨**,位于前鳃盖骨和下鳃盖骨之间的是**间鳃盖骨**。在间鳃盖骨的下方是 3 块薄而长的骨条,称作**鳃条骨**。眼窝周围是**围眶骨**,共 6 块,其中眼眶上缘新月形的小骨称**眶上骨**,其余 5 块均称为**眶下骨**。位于眶上骨背方的是 1 块较大的额骨。**中筛骨** 1 块,位于额骨前方,略呈三角形。侧筛骨 1 对,位于中筛骨后侧,呈不规则三角形。中筛骨前方还有 1 块**前筛骨**,此骨的两侧有 2 块**鼻骨**。鲤鱼上颌的骨片最显著的是前颌骨和上颌骨。**前颌骨**位于最前端,构成口裂的上缘,为 1 对长形骨片;**上颌骨**位于前颌骨后方。在上颌骨的后方,眼窝眶下骨的下缘,有 1 组薄的骨片,它们是**前翼骨**、**中翼骨**、**后翼骨**和**方骨**。中筛骨下方、眶前骨上方有 1 块小骨为**腭骨**,腭骨前端与鼻骨相接。方骨前下方与下颌的**关节骨**关节。关节骨前方是下颌的**齿骨**。而**隅骨**则在关节骨的腹下方。位于前鳃盖骨背侧的为**舌颌骨**,呈三角形,大部分被前鳃盖骨所遮盖。**续骨**则位于方骨的后方、前鳃盖骨腹前缘的背侧。由舌颌骨和续骨组成了鲤鱼舌弓的骨片。鲤鱼顶枕部,由下列骨块组成:**上枕骨**,位于头部后端中央的 1 块长方形骨头;**外枕骨**,位于上枕骨的两侧,腹面有**基枕骨**;上枕骨的前方为 1 对**顶骨**;顶骨两侧为**翼耳骨**。

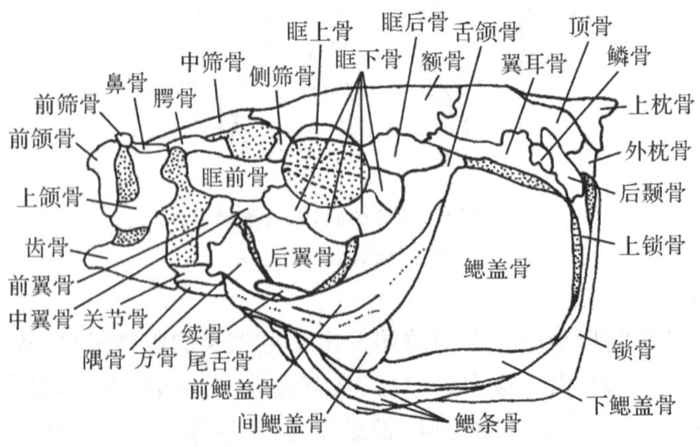

图 175 鲤鱼的头骨(仿渡部正雄)

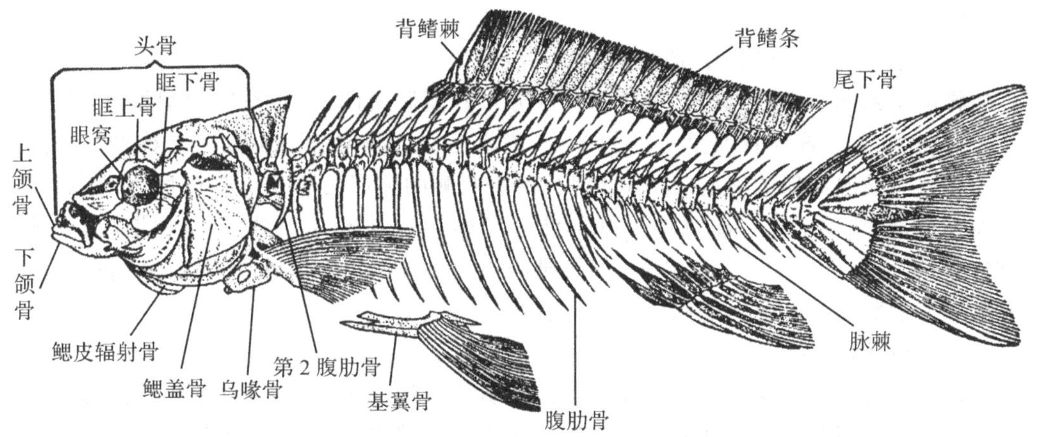

图 176 鲫鱼的骨骼系统(仿渡部正雄)

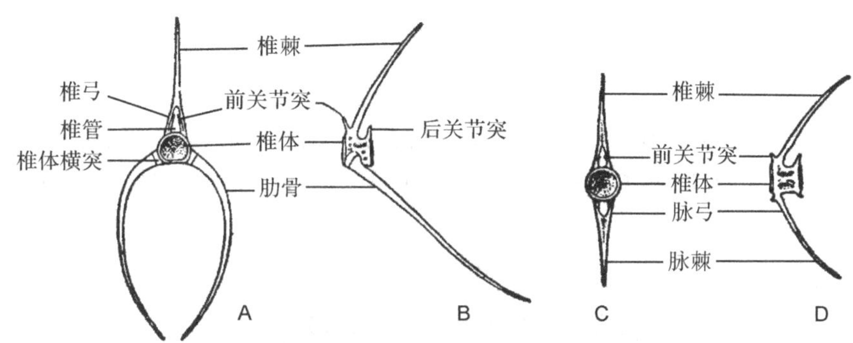

图 177 鲫鱼的躯椎和尾椎(仿渡部正雄修改)

A. 躯椎前面观;B. 躯椎侧面观;C. 尾椎前面观;D. 尾椎侧面观

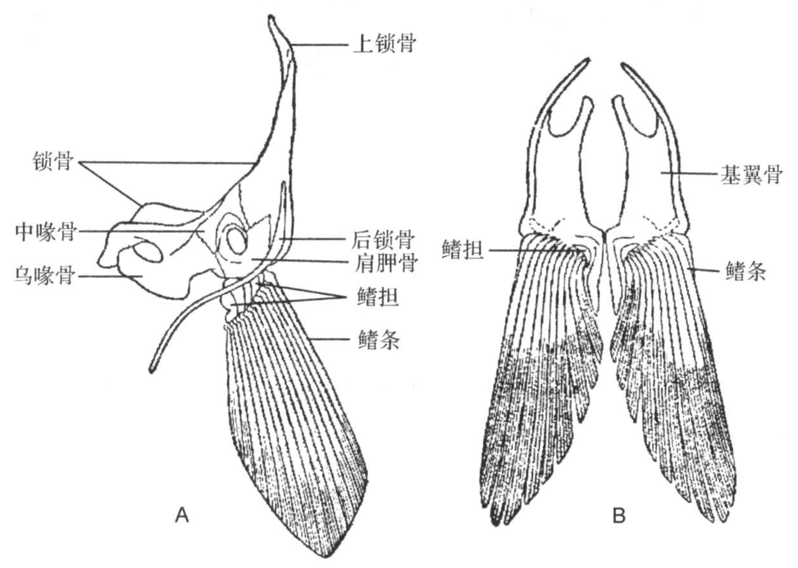

图 178 鲤鱼的肩带和腰带(仿渡部正雄)

A. 肩带;B. 腰带

2.脊柱

鱼的脊椎骨可分躯椎和尾椎（图 176、177）。

躯椎由下列部分组成：**椎体**（椎骨中央部分），其前后面凹入，为**双凹形型椎体**，中间有 1 小孔，为脊索通道。椎体背面呈弓形的部分，为**椎弓**，也叫**神经弧**，围成的孔称**椎孔**，有脊髓穿过。椎弓背面向后斜的突起，称为**椎棘**。椎体两侧的突起为**横突**。鱼的肋骨背端与躯椎横突相关节，腹端相游离。注意椎弓基部前方和椎体后方各有 1 对突起，称**前、后关节突**。尾椎椎体、椎弓和椎棘均与躯椎相似，但尾椎的横突向腹面延伸成**脉弓**，也称**血管弧**，弓内有尾动脉和尾静脉通过。脉弓的腹面突起称**脉棘**。

3.附肢骨骼（图 178）

鱼的附肢骨骼包括**带骨**和**支鳍骨**（**鳍担**）。**肩带**与头骨连接密切，有锁骨（匙骨）、肩胛骨和乌喙骨组成。肩带通过 4 块鳍担骨和胸鳍条相连。**腰带**仅由 1 对基翼骨（无名骨）组成，腹鳍条直接与基翼骨相连接。

四、作业和思考题

1.将有关名称填入下图（提示：会有“脑、鳃、心脏、头肾、肾脏、输尿管、膀胱、泄殖孔、鳔、肠道、肛门、脾脏、肝胰脏、胆囊、生殖腺（卵巢或精巢）、输精管或输卵管”等内容）。

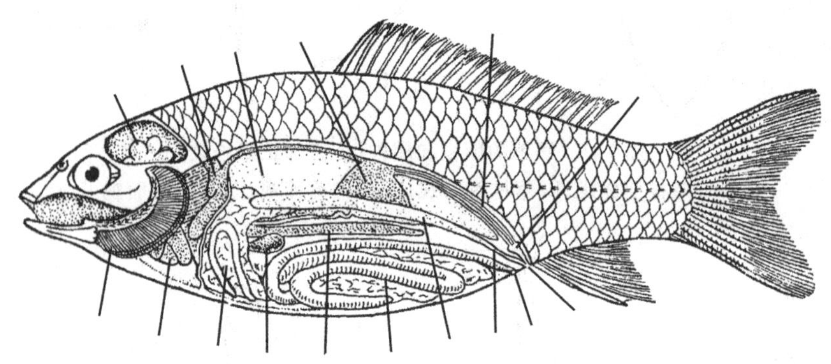

鲫鱼内部解剖图

2. 鱼的躯干椎与尾椎的区别表现在哪里？正形尾具有什么内、外特征？

3. 取 1 鳞片，在显微镜下观察，并指出鳞片的结构。

4. 在解剖鲫鱼前数一下侧线鳞，并写出鳞式。

5. 打开鱼的体壁后，趁鲫鱼尚活时，观察心脏及心脏起搏过程。吸取一滴鱼的血液在显微镜下观察血细胞的形态。

实验 15　蟾蜍的形态与结构 (Ⅰ)骨骼、肌肉、消化、呼吸和泄殖系统

一、目的与要求

通过蟾蜍的外形和骨骼、肌肉、消化、呼吸、泄殖系统的观察和解剖,较全面地了解两栖动物初步适应陆生生活的结构特点,同时初步掌握蟾蜍的解剖技术。

二、材料与用具

蟾蜍,蟾蜍的骨骼标本,解剖器,蜡盘,大头针等。

三、操作与观察

(一)骨骼系统

蟾蜍的骨骼系统(图 179)由中轴骨骼(包括头骨和脊柱)与附肢骨骼组成。

1. 头骨

从背面看,蟾蜍头骨(图 180)略呈等边三角形。整个头骨是包围脑和视觉、听觉器官的骨骼,容纳脑的腔相当窄小,两侧具两个大眼眶。头骨后端有枕骨孔。观察时分背、腹面两部分进行。

(1) 背面观

外枕骨:1 对,位于最后方,左右环接,中间具 1 大孔,称**枕骨大孔**,每块外枕骨带一光滑的圆形突起,称作**枕髁**,均与第 1 椎骨相关节。

前耳骨:1 对,位于外枕骨的前侧方。

额顶骨:由额骨与顶骨两骨合并而成的 1 对狭长形的扁骨,位于外枕骨的前方,介于左右两眼眶之间,构成脑颅顶壁的主要部分。

蝶筛骨:1 块,构成颅腔的前壁,在鼻骨后方,额顶骨的前方。注意蟾蜍中此骨在背方见不到。

鼻骨:1 对,为三角形扁骨,位于蝶筛骨的前方,构成鼻腔的背壁。

前颌骨:1 对,甚小,并列于上颌最前端,注意蟾蜍前颌骨下缘无齿。

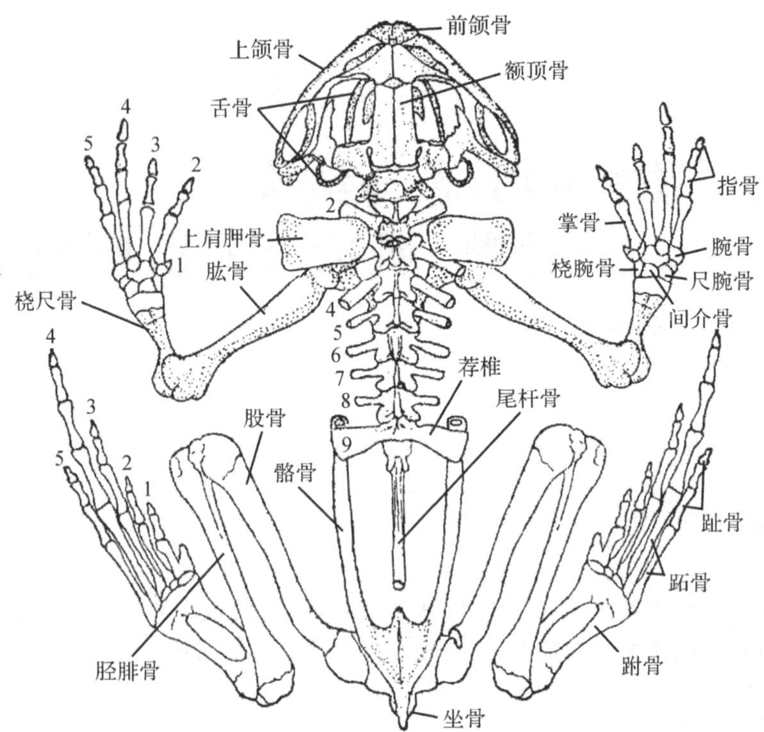

图 179　蟾蜍的骨骼系统(据冈村周谛修改)

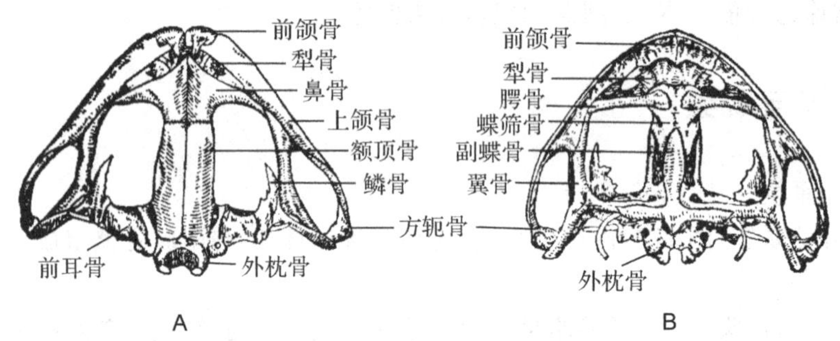

图 180　蟾蜍的头骨(仿孙帼英)

A. 背面观;B. 腹面观

上颌骨:1 对,构成上颌外缘,前端与前颌骨相连,后端与方轭骨毗连,上颌骨的下面凹陷成沟,注意蟾蜍上颌骨无齿,而青蛙上颌骨的外边生有整齐的细齿。

方轭骨:1 对,呈"T"形。此骨的主支向后侧方伸出,连接于方轭骨的后端,横支连接于前耳骨。

(2)腹面观

犁骨:1 对,似三角形,位于鼻骨的腹面。注意蟾蜍犁骨上无齿,而青蛙中则有犁骨齿。

副蝶骨:为脑颅腹面的一块大型扁骨,呈剑状,两侧部处于前耳骨的下方。

腭骨:为 1 对横生的细长骨棒,位于鼻骨腹面,其内端与蝶筛骨的前端密接,外端与上颌骨连接。

翼骨:1 对,位于鳞骨下方,呈“人”字形,具三角形突起。内侧突起接前耳骨的前面,外侧两支中前支向前伸,与上颌骨中段接触,后支在鳞骨主支的下方,与方轭骨后端连接。

齿骨:1 对,组成下颌骨前半部的长条形的薄硬骨。

颐骨:1 对,甚小,位于齿骨前方,其两内端各向前,在中线上左右相遇,形成下颌联合。

隅骨:1 对,前端与齿骨相连,后端变宽形成关节与上颌的方轭骨相连。

2. 脊柱

蟾蜍的脊柱有 10 块椎骨衔接而成(图 179、181),包括**颈椎**(1 枚)、**躯干椎**(7 枚)、**荐椎**(1 枚)、**尾杆骨**(1 枚)。一般椎骨的构造包括下列各部分。

椎体:是脊柱骨腹部增厚的部分,呈圆柱形,前端凹入,后端凸出,用以与前后相邻的椎体连接,为前凹型椎体。

椎弓:为椎体背侧部分,围于中间的空腔即椎管,脊髓由此穿过。

椎棘:椎弓背面正中的突起。

横突:躯干椎与荐椎均有较长的横突,由椎弓基部与椎体交界处向两旁伸展,犹如展开的翅。注意观察:颈椎是否也有横突?

关节突:在椎弓的前缘与后缘皆有突起,与前后相邻的脊柱骨相关节,其中前关节突的关节面向上,后关节突的关节面向下。

3. 附肢骨骼和胸骨

(1) 肩带

肩带(图 181C)是前肢的支架,位于躯干部前部,围成环状。生活时,肩带的两端借肌肉与脊柱相连。两腹端则与中央的胸骨相连。蟾蜍的肩带由上肩胛骨、肩胛骨、锁骨和乌喙骨组成。

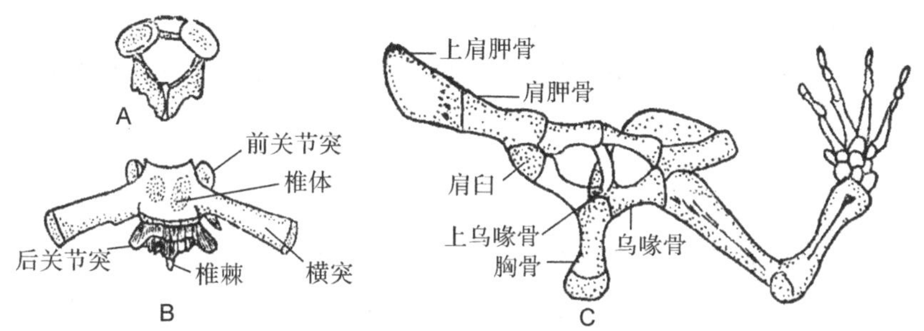

图 181　蟾蜍的寰椎、荐椎和肩带(仿冈村周谛)

A. 寰椎前面观;B. 荐椎腹面观;C. 肩带(弧胸型)

上肩胛骨:1 对,近长方形的扁平骨,位于肩带的背面,未完全骨化。

肩胛骨:1 对,扁而长的骨,中部较细小,两端扩大,上端与上肩胛骨的下端连接,下端的后部构成肩臼的一部分,与前肢的肱骨相连。

锁骨:1 对,棒状,其两内端彼此接近,外端旁接肩胛骨,也构成肩臼的一部分。

乌喙骨:1 对,较为粗大的棒状骨,位于锁骨的稍后方,与锁骨及肩胛骨一同构成肩臼,与前肢骨相关节。

(2) 胸骨

蟾蜍的胸骨包括上乌喙骨与胸骨两部分,位于肩带间。

上乌喙骨:1 对,为细条形的未骨化的骨头,左右上乌喙骨呈弧状,并互相重叠,形成弧胸型肩带。

胸骨:位于上乌喙骨的后方,包括胸骨及剑胸软骨。注意青蛙与蟾蜍的胸骨有所区别,前者上乌喙骨并列,密合于腹中线,形成固胸型肩带;上乌喙骨之前还有上胸骨和肩胸骨。

(3) 前肢骨

前肢骨(图 179)包括肱骨、桡尺骨、腕骨、掌骨、指骨。

肱骨:前肢的一根长骨,近端圆大,嵌入肩臼。

桡尺骨:也是前肢的一根长骨,由桡骨和尺骨合并而成。

腕骨:共 6 块,排成两列。

掌骨:共 5 根,其中第 1 掌骨极短小,第 2～5 掌骨相近。

指骨:接于掌骨远端的小骨,其中第 2、3 指各 2 枚,第 4、5 指各 3 枚,第 1 指无指骨。

(4) 腰带

腰带(图 179)是后肢的支架,其背面呈"V"形,由髂骨、坐骨和耻骨组成。

髂骨:1 对,为长形骨,前端与荐椎的横突相连,后端组成髋臼的前半部。

坐骨:1 对,位于腰带的背上方,两坐骨合并,形成髋臼的后半部。

耻骨:1 对,位于腰带的腹下方,两耻骨合并,形成髋臼的前半部。

(5) 后肢骨

后肢骨(图 179)包括股骨、胫腓骨、跗骨、跖骨和趾骨。

股骨:为大腿部的一根长骨,近端嵌入髋臼内。

胫腓骨:为小腿部的一根长骨,由胫腓骨合并而成。

跗骨:共 5 块,位于胫腓骨的远端,排成两列,基列为两平行长骨,内侧称距骨(胫跗骨),外侧称跟骨(腓跗骨)。另 3 块颗粒状,在跟骨、距骨和跖骨之间排成一横列。

跖骨:为 5 根并列的长形骨,其中第 4 根最长,在第 1 跖骨内侧有一小钩状的距,又称前拇指。

趾骨:接于跖骨的远端,后肢共 5 趾。

(二)外部形态

蟾蜍皮肤粗糙,背面具大小不等的瘤粒,身体分头、躯干和四肢 3 部分。头部略呈等边三角形,颈部不明显。口位于头的前缘。头部背面前端两侧的 1 对小孔,即为外鼻孔,其内腔为**鼻腔**,具**鼻瓣**可以启闭,眼大而圆,具上、下**眼睑**,在下眼睑的内缘,附有一半透明的**瞬膜**,向上移动可遮盖眼球。眼后有一椭圆形隆起,为**耳后腺**。耳后腺下方圆形的薄膜为**鼓膜**,其内为中耳腔。躯干末端的孔为泄殖孔。躯干两侧有两对附肢,前肢较短,后肢较长。前肢分为上臂、前臂、腕、掌和指 5 部分。后肢分大腿、小腿、跗、跖、趾 5 部分。趾间具**蹼**。在繁殖季节,雄性个体第 1 指内侧出现黑色加厚瘤状肿块,称**婚垫**。

(三)内部解剖

首先将活蟾蜍处死,常用的方法有下述 3 种:以乙醚或氯仿在密闭的容器中麻醉,或用解剖针从枕骨大孔处插入,捣毁脑部,或握住蟾蜍的后肢,将头部在硬物上用力重击,将其震昏。蟾蜍死后,将其腹部向上放在蜡盘中,用大头针将四肢固定,持镊子夹住后肢基部之间,泄殖孔稍前方的皮肤,右手用剪刀将皮肤剪成一横切口,再从此处沿腹中线直达下颌剪开皮肤,注意勿剪破体壁。在前肢水平处作第二个横切口,在后肢基部水平处作第三个横切口(图

182)，并将皮肤用镊子向四周拉开，并用大头针将皮肤钉于蜡盘中，依次观察下面各部分。

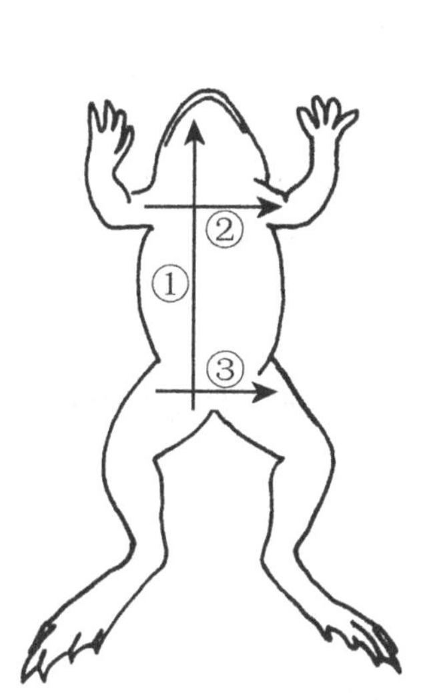

图182　切开蟾蜍皮肤示意图

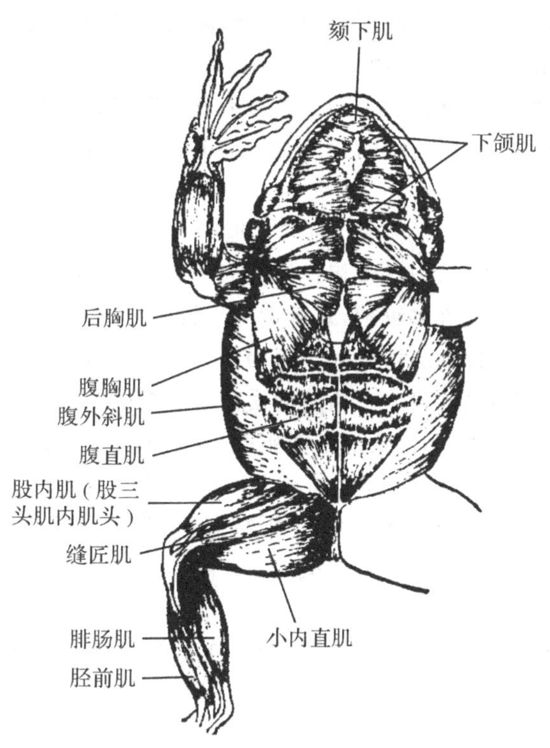

图183　蟾蜍腹面的肌肉

1.肌肉系统

主要观察以下肌肉群：首先自前至后观察腹面的肌肉群(图 183)，下颌腹面的肌肉为**下颌肌**。稍后每侧具 2 块呈三角形的肌肉为**胸肌**，其基部相叠。自胸肌向后沿腹中线分布的为**腹直肌**。腹直肌尚可见肌节的遗迹。位于腹直肌两侧的为**腹外斜肌**。再观察后肢肌的主要肌肉，先围绕后肢基部的皮肤作一环形切口，然后像脱袜子一样将皮肤向下拉至足部。大腿基部的 1 块最大的肌肉称**股三头肌**，小腿内侧有 1 块最发达的肌肉，外形很像蒜瓣，即为**腓肠肌**，大腿内侧狭长的肌肉薄片、斜跨腿面的是**缝匠肌**。

2.消化系统

观察完腹部和后肢肌肉后，用剪刀沿蟾蜍腹中线偏右剪开体壁，剪刀尖与体壁平行，不要损伤内脏和腹静脉，一直向前剪断肩带。再顺前、后肢腹面横剖腹壁，使切口呈“土”字形(图 182)。将腹壁向外打开，露出体腔和内脏，用大头针将四肢和体壁固定好。

蟾蜍的消化系统(图 184)由消化道、消化腺组成。消化道包括口腔、咽、食道、胃、肠和泄殖腔等。消化腺包括肝脏和胰脏。

(1)消化道

口腔：口角之前的腔叫口腔。用剪刀剪开蟾蜍的口角，将口张大，使口腔全部露出。口腔之后较窄处称咽腔。口腔中有 6 个开口。

内鼻孔：位于口腔顶壁前方外侧的 1 对椭圆形的孔，与外鼻孔相通。

耳咽管孔：位于咽部顶壁两侧，颌角附近的 1 对大孔，与中耳相通。

喉门：位于下颌的后部，为咽后方的 1 条纵裂缝，是空气出入肺的门户。

食道开口:咽的最后部是食道的进口,位于喉门的背方,与咽腔的界限不明显。

舌:位于口腔底部,软厚多肉,扁阔而富有黏液,前端固着于下颌上,后端游离,不分叉。能翻出口外捕捉食物。

注意:蟾蜍口腔中无上下颌齿及犁骨齿,无声囊孔,舌尖不分叉,这些特征与青蛙不同。

食道:开口于喉的背面,很短,下端与胃相连。食道与胃之间仅以1个弯向左侧的部分作为分界。

胃:位于体的左侧,为消化道中最膨大的部分,胃的下端由左向右稍弯曲,呈"J"字形。胃的前端稍粗,与食道相连处称为**贲门**,后端稍细,与小肠相连处称为**幽门**。胃壁厚,富有肌肉,胃壁内有许多纵褶,靠近贲门比较明显。

肠:蟾蜍的肠可进一步分为十二指肠、回肠和大肠。起于胃的幽门连接处弯向前方的一段为**十二指肠**,自十二指肠向后折,经过几次回旋而达到大肠的部分即为**回肠**。**大肠**膨大而陡直,又称直肠,向后通向泄殖腔,并以泄殖孔开口于体外。在直肠前端的肠系膜上,有一红褐色的球状物,即为脾脏。脾脏与消化系统无关,它属于淋巴器官。

泄殖腔:较大肠短小,为汇纳肛门、输精管和生殖导管的管道。泄殖腔向外的开口为泄殖孔,平时有1圈括约肌关闭着。

(2) 消化腺

胰脏:将胃与十二指肠放平,在它们之间的套弯里,呈长形且不规则的淡红色或黄白色的腺体,即为胰脏。

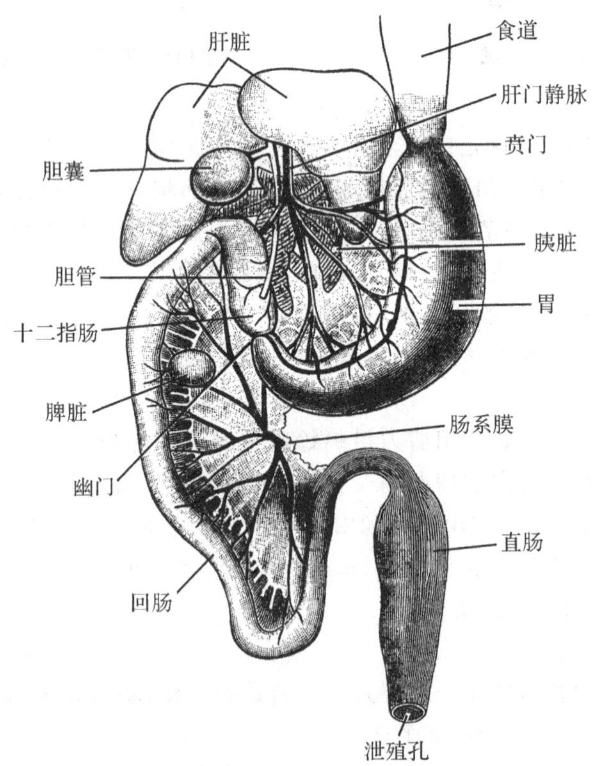

图184 蟾蜍的消化系统(仿冈村周谛)

肝脏:位于体腔的前端,一般分为左、右、中 3 叶。肝脏的大小与颜色常随季节而变化,和营养条件有关。在右叶肝脏背面左、右叶之间有一绿色近球形的**胆囊**,内储胆汁。胆囊向外有两条**胆管**,其中 1 根与肝管连接,接收肝脏分泌的胆汁,1 根与总胆管相连,总胆管末端通十二指肠,用钝镊子轻压胆囊,可以看到胆汁经总胆管流入十二指肠。

3. 呼吸系统

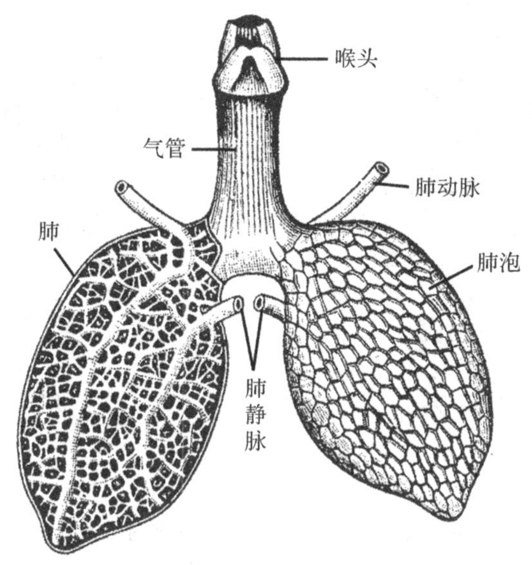

图 185 蟾蜍的呼吸系统(仿冈村周谛)

蟾蜍成体以肺和皮肤呼吸。肺呼吸的器官有鼻腔、口腔、喉气管室和肺(图 185)。

鼻腔与口腔:蟾蜍呼吸时空气自外鼻孔进入鼻腔,经内鼻孔而达口腔,鼻瓣关闭,口底上升而将空气压入喉门。

喉气管室:为喉门向内的粗短管子。其后端与左右两肺相通。

肺:为 1 对近似椭圆形的薄壁囊状物,内壁为蜂窝状,密布血管,具有弹性。

4. 泌尿系统

蟾蜍的泌尿系统(图 186)包括肾脏、输尿管、泄殖腔和膀胱等。

肾脏:位于体腔后部,贴近脊椎的两侧,为 1 对红色扁平的器官。在肾的腹面,由前向后附着一排橙黄色的长带状腺体,叫**肾上腺**,为内分泌腺体。肾的背面较腹面略为扁平。

输尿管:从每个肾的外缘后端发出。左、右输尿管在通入泄殖腔前先会合成输尿总管,而后开孔于泄殖腔的背壁上。

膀胱:位于泄殖腔腹侧,也开口于泄殖腔,膀胱壁很薄,为两叶状的囊。

5. 生殖系统

蟾蜍雌雄异体,观察时可相互观察不同性别的蟾蜍。

(1) 雄性生殖器官(图 186,A)

精巢:1 对,位于肾脏的腹面内侧,近淡黄色,长瓜状或棒状,其大小常因个体与季节而有所不同。

输精小管:从精巢的背侧发出的若干灰白色的细小管子,穿过肾脏进入输尿管。因此蟾蜍不具单独的输精管,而输尿管兼有输精作用,故雄性的输尿管也称输精尿管。

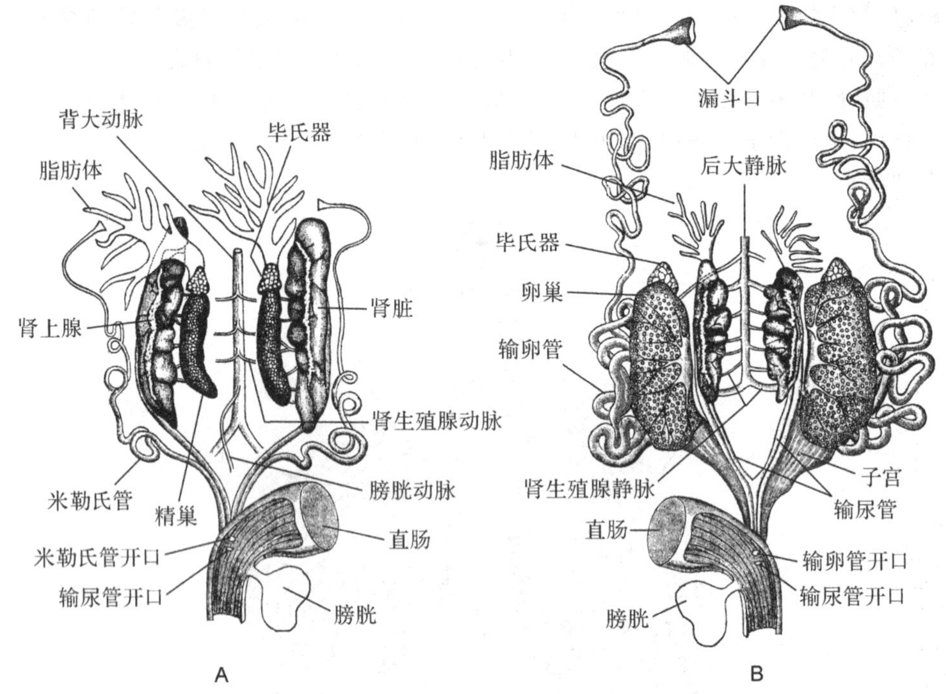

图 186 蟾蜍的泌尿生殖系统(据冈村周谛修改)

A. 雄性;B. 雌性

毕达氏器:精巢前端一浅红色的扁球形器官,即为毕达氏器。

脂肪体:在毕达氏器前方有黄色或橘黄色的指状物,称为脂肪体,其体积大小在不同季节变化很大,在生殖季节脂肪体体积最小。沿肾脏的外侧有1对后行的细小乳白色的管子,即为雄性退化的**米勒氏管(缪勒氏管)**。

(2) 雌性生殖器官(图 186,B)

卵巢:位于肾脏前端腹面,大小形状因季节不同变化很大。生殖季节极度发达,内有许多黑色球形卵,卵巢外壁向外有很多褶皱。

脂肪体:卵巢之前靠近肾脏处也具有脂肪体,颜色与雄性同,在生殖季节脂肪体体积很小。

输卵管和**子宫**:卵巢外侧长而迂曲的乳白色管子即为**输卵管**,也称**米勒氏管**。输卵管前端膨大呈漏斗状,开口紧靠着肺底部的旁边,称**输卵管喇叭口**。两侧输卵管后端稍膨大,壁薄,称为**子宫**。左右子宫合一后开口于泄殖腔的背壁。

注意:在卵巢的前方亦可见毕达氏器,但生殖季节不显著。卵在卵巢前方落入腹腔内,被输卵管喇叭口吸入输卵管,在输卵管中包上胶质的膜,再经子宫到泄殖腔排出体外,在水中受精。

四、作业和思考题

1. 将有关名称填入下图(提示:会有"食道、肝脏、胆囊、脾脏、胃、十二指肠、回肠、大肠、直肠、精巢、输精(尿)管、卵巢、漏斗口、输卵管、子宫、退化的输卵管(米勒氏管)、后大静脉、脂肪体、毕达氏器、肾上腺、肾脏、膀胱"等内容)。

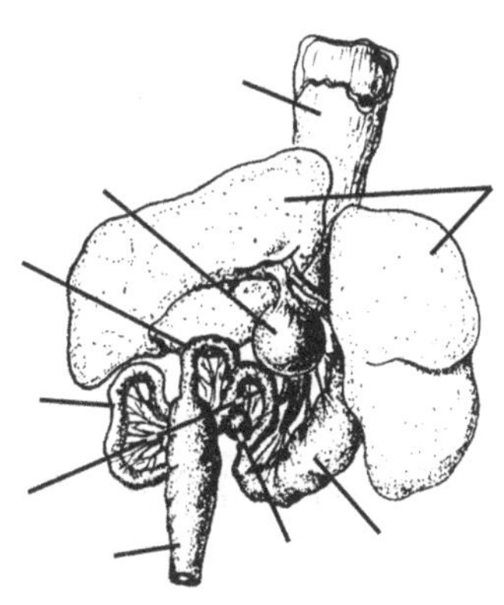

蟾蜍的消化系统

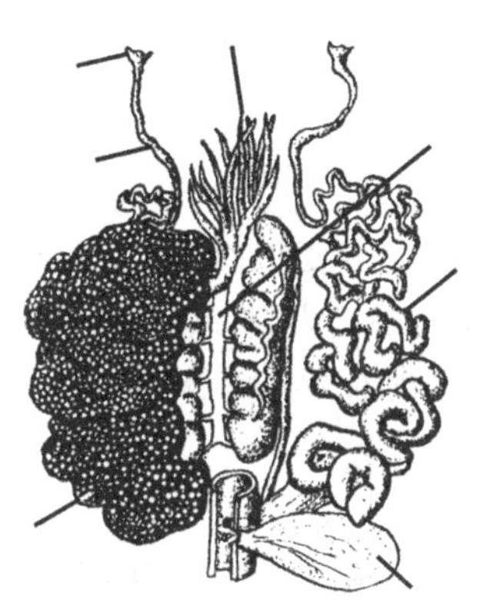

蟾蜍的雌性生殖系统

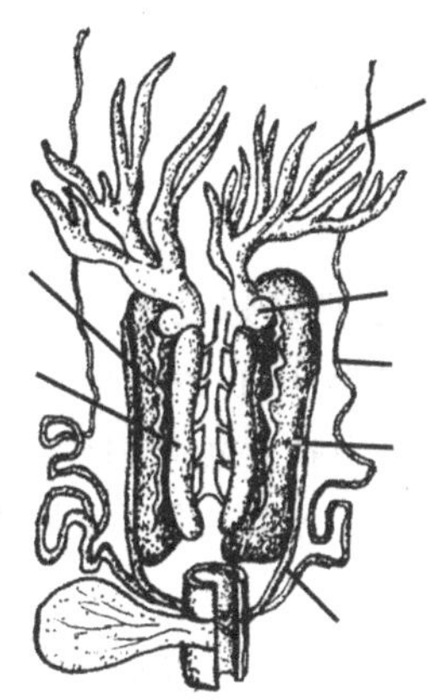

蟾蜍的雄性生殖系统

2. 蟾蜍和蛙的肩带的主要区别在何处?
3. 蟾蜍和蛙的椎体有何区别?
4. 绘出蟾蜍(或蛙)口腔的形态结构图,两者有什么差异?

实验 16 蟾蜍的形态与结构 (Ⅱ)循环和神经系统

一、目的与要求

1. 通过蟾蜍循环和神经系统的解剖和观察,掌握两栖动物心脏构造、血液循环途径和神经系统的特点。

2. 进一步掌握两栖动物的解剖方法,初步学会分离血管的技术方法。

二、材料与用具

蟾蜍,解剖器,蜡盘,大头针等。

三、操作与观察

(一)循环系统

按实验 13 的方法把蟾蜍处死,剪开腹壁。注意不要把腹静脉剪断,除去肩带腹面的部分骨骼和肌肉,使腹腔与围心腔露出。细心地从心脏出发,向前沿血管分布的方向用镊子轻轻拨开肌肉和结缔组织找寻各条血管。寻找时注意不要把血管弄破,以便于观察。

蟾蜍的循环系统可分为心脏、动脉和静脉。

1. 心脏

心脏(图 187)位于体腔的前端,肝脏的腹面,被包围在具有两层囊壁的围心腔中,与体腔完全隔离,观察心脏及周围血管时需将围心腔膜剪开,并去除心脏腹面的脂肪等。心脏是蟾蜍血液循环的发动中枢,有下列几部分构成。

心室:圆锥形,心室尖而向后,心室壁较厚,淡红色。

心房:位于心室的前方,左右各 1 个,其壁甚薄,深红色。

动脉圆锥:由心室腹面右上角通出的 1 根斜向左方的白色管子。

静脉窦:位于心脏的背面,为三角形的腔,两前角各接受左、右前大静脉,后角接受 1 根后大静脉。静脉窦开口于右心房,其前缘有很细的肺静脉,注入左心房。静脉窦是心脏有节律跳动的起搏点。

2. 动脉系

动脉系(图 188)起自动脉圆锥前方的动脉干,其前端分为左右两支,穿过围心腔后,每支

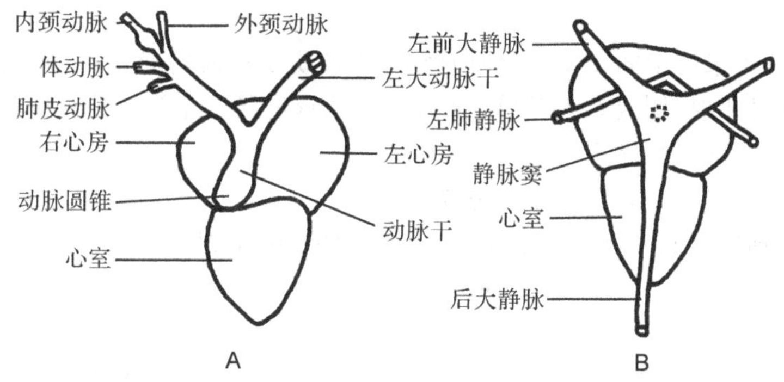

图 187　蟾蜍的心脏示意图(作者)

A. 腹面观；B. 背面观

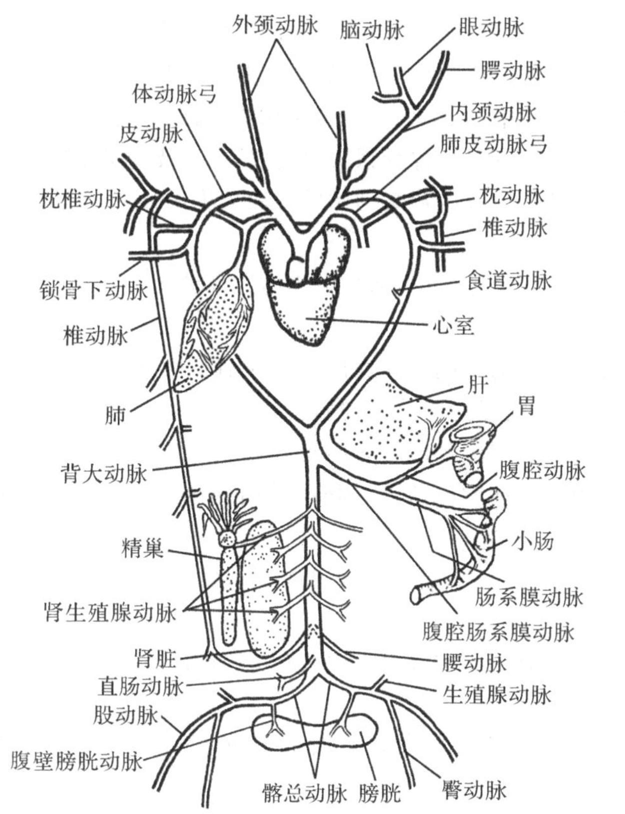

图 188　蟾蜍的动脉系腹面观(据冈村周谛改绘)

又分为 3 支，从上到下分别为**颈动脉弓**、**体动脉弓**和**肺皮动脉弓**。

(1)颈动脉弓

为动脉干中分出来最上面的 1 支，前行不远又分为 2 支，通至舌部和上颌底部。

外颈动脉：又称舌动脉，为内侧直伸向前的 1 条血管，向前通至舌和下颌肌肉。

内颈动脉：位于外颈动脉的外侧，其基部管壁膨大成椭圆形，为**颈动脉腺**。该动脉继续向外侧伸展，达脑及腭与眼。

(2)体动脉弓

为动脉干分出来的中间1支,先伸向外方,再环绕食道而转向背面,伸展至肾脏的前端,左、右两体动脉弓相遇,构成背大动脉,该动脉向后越过肾脏不远,又分为两支,分别进入蟾蜍后肢。实验中按下列顺序观察。

左右两体动脉弓会合以前的主要分支有:

喉动脉:从动脉弓起始部分出的1支小血管,伸向喉头腹面。

枕椎动脉:为体动脉弓背侧分出的第1条较大分支血管。分出不远又分为2支,向前1支为**枕动脉**,向后1支**椎动脉**。

锁骨下动脉:位于枕椎动脉稍后的1条分支血管,较为粗大,通向肩带进入前肢。

食道动脉:在食道附近分出的1支(偶尔有2支)细小分支血管,通向食道。注意通常仅左侧体动脉弓具有。

左、右两体动脉弓会合后,从背大动脉分出的主要分支有:

腹腔肠系膜动脉:为靠近会合处下方从背大动脉分出的1条大动脉。该动脉从背大动脉分出不久又分为2支,其中一支向前,称**腹腔动脉**,由此又分出许多小分支到胃的两侧、胰脏、肝脏及胆囊等处;另1支向后,称**肠系膜动脉**,发出分支至脾、小肠和大肠等处。

肾生殖腺动脉:从肾脏附近的背大动脉的腹面分出的4～6根小动脉,进入肾脏、脂肪体和生殖器官等。

腰动脉:位于肾生殖腺动脉之后,从背大动脉背面分出的1～4对细小血管,分布于体腔的背壁。

直肠动脉:自背大动脉的末端腹面通出的1支细小动脉,分布于直肠后部。

背大动脉分成左右两支以后的分支动脉:

髂总动脉:即背大动脉末端分成左右两支后,分别称作左、右髂总动脉。

腹壁膀胱动脉:为髂总动脉在通入大腿以前向外侧发出的1条血管,分布于腹壁、膀胱及直肠等处。

股动脉:腹壁膀胱动脉之后,向外侧分出的1条较细的血管,分布于腰部及大腿前部的肌肉和皮肤。

臀动脉(坐骨动脉):分出股动脉后,原髂总动脉末端伸入后肢的1条血管。

(3)肺皮动脉弓

肺皮动脉弓为从动脉干分出来的最下面1支,分出后先向背外侧斜行,不久分为两支。

肺动脉:弯向后方,从背面通入肺部。

皮动脉:先伸向前,折向背外侧通入皮肤。

3.静脉系

静脉系为收集身体各部的血液流回心脏的血管。静脉血管壁薄,易破,在追踪过程中应仔细。

(1)**肺静脉**(图189):位于心脏的背面,观察时将心尖转向前方。从左右两肺内侧通出的比较细小的静脉,在接近左心房处左、右两肺静脉合并成总肺静脉,直接通入左心房的背面。

(2)**体静脉**(图189):由2支前大静脉、1支后大静脉收集血液进入静脉窦,再进入右心房。

前大静脉的重要分支血管:

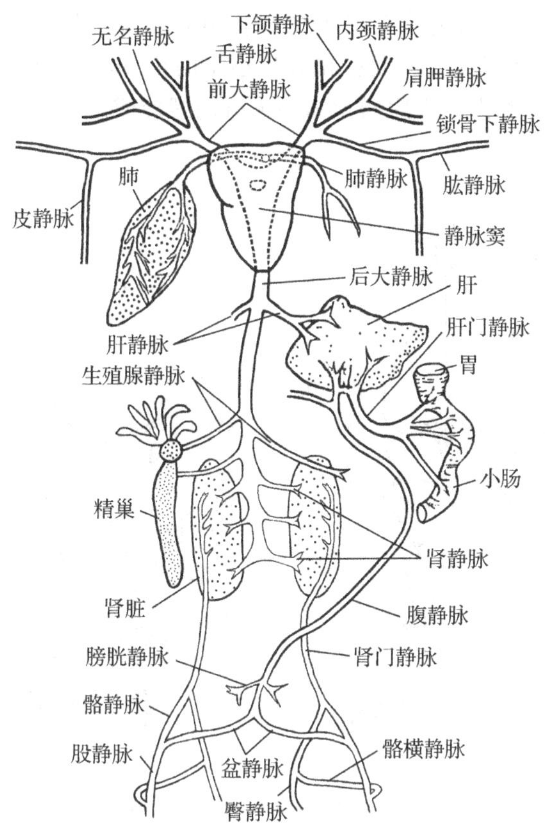

图 189　蟾蜍的静脉系统腹面观(据冈村周谛改绘)

外颈静脉:收集来自舌部、下颌的静脉血,通入前大静脉。

无名静脉:从外侧伸向前大静脉,收集来自脑、肩的静脉血,通入前大静脉。

锁骨下静脉:无名静脉下方的 1 条血管,收集前肢的静脉血等,通入前大静脉。

后大静脉的重要分支血管:

将肠翻向一侧就可看见后大静脉,它是最粗大的静脉,后端起自两肾之间,向前通至静脉窦的后角,沿途接受下列静脉。

肝静脉:左右各 1 根,从肝脏中通出的一对粗短的血管,在接近静脉窦处通入后大静脉。

肾静脉:4～6 对来自肾脏的静脉,各自通入后大静脉。

生殖腺静脉:2～4 对,来自生殖腺的静脉,直接或经肾静脉通入后大静脉。

门静脉: 包括肝门静脉和肾门静脉。

肝门静脉:将肝翻向前方,在肝的后背面有 1 条粗大的静脉通入肝脏,即为肝门静脉。它收集消化器官的血液。前端与腹静脉相连,进入肝脏。

肾门静脉:位于左、右肾脏外侧的 1 对静脉。观察时沿一侧的肾门静脉向后追踪,它由两条来自后肢的股静脉和臀静脉会合而成,收集腿部的血液进入肾脏。

腹静脉:位于腹中线上的 1 条血管,它由后肢股部腹面的盆静脉会合而成,紧贴腹侧体壁前行至胸骨附近折向背方,与肝门静脉会合后进入肝脏,沿途收集来自膀胱及体壁的血液。

解剖观察血管后,有时间的话可进一步解剖心脏内部结构。先用剪刀将心脏(连同一段出入心脏的血管)剪下,用水将离体心脏冲洗干净,在解剖镜下切开心室、心房及动脉圆锥的腹壁。可观察到房室孔周围具2片大型和2片小型的房室瓣;心室和动脉圆锥之间1对半月形的半月瓣;在动脉圆锥内具1腹面游离的纵行的螺旋瓣。

(二)神经系统

1. 脑

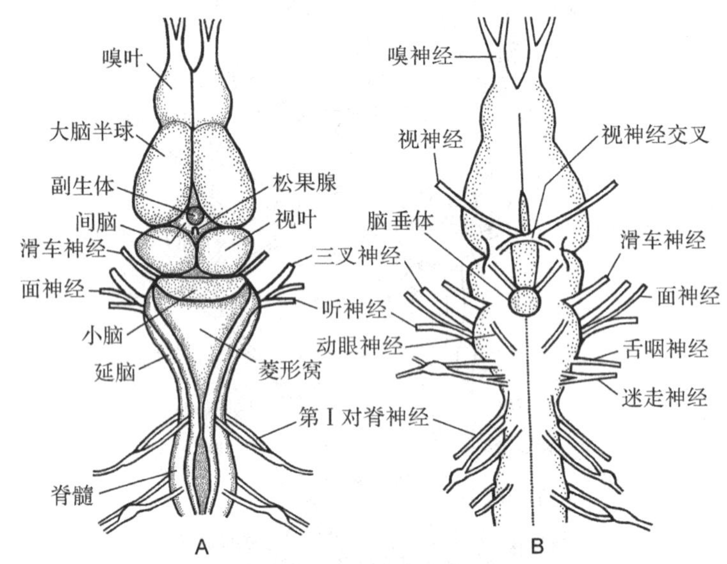

图190 蟾蜍的脑(据各家修改)

A. 背面观;B. 腹面观

剪去下颌,除去眼球及脑颅腹面的黏膜,用剪刀从枕骨大孔插入并向前伸向右侧顶骨的外缘,沿着这一方向把骨片剪开,然后把骨片逐步除去,暴露出脑的背面,蟾蜍脑(图190)的最前端为两个并列的锥形体,即**嗅叶**,它向前分出1对短的**嗅神经**,通至鼻腔。嗅叶之后为扩大的**大脑半球**。大脑后方的菱形区域为**间脑**,其正中部分大的圆形突起为**副生体**,它的后方有1个细小突起,称**松果腺**(**脑上腺**),此腺体在剥额顶骨时往往被一起剥去而不易见到。间脑之后有1对椭圆形的**中脑视叶**。中脑之后有1条横褶为小脑,**小脑**在蟾蜍中不发达。小脑之后为呈三角形的延脑,背面具1凹陷为**菱形窝**,即**第四脑室**的位置。延脑之后为**脊髓**,一直向后通至脊柱末端。脑的腹面可见间脑前方有**视神经交叉**,视交叉后方为**脑漏斗**,紧接脑漏斗的圆形部分为**脑垂体**。间脑的两侧为**视叶**,最后为**延脑**。

2. 交感神经干

观察时轻轻将内脏移到体腔的一侧,小心地将腹腔背壁透明的腹膜撕去。在脊柱两侧可见各有1条很细、无色透明的纵索,这就是**交感神经干**(图191)。由前向后分布有10个稍膨大的**交感神经节**,用镊子轻轻提起内脏,可见从这些神经节上分出许多交感神经进入内脏各器官。

3. 脊神经

在交感神经的背方,由脊柱两侧的椎孔向体壁发出的白色神经,这是脊神经的腹支,由前向后共有10对**脊神经**(图191)。注意观察第7、8、9对末端互相靠近,愈合成**坐骨神经**,通至大腿外侧,向后一直到小腿。

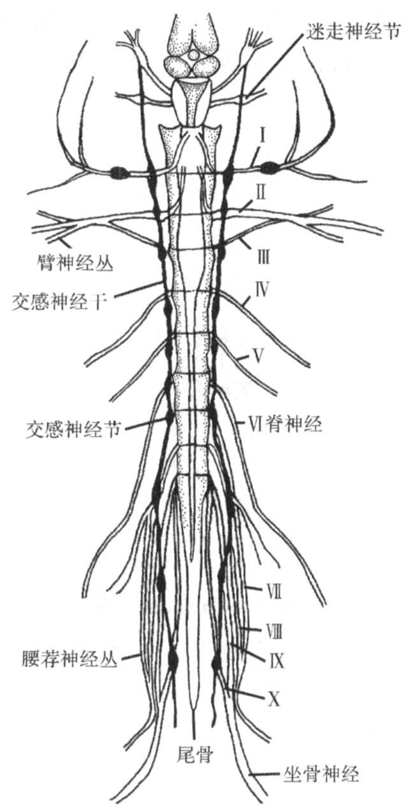

图 191　蟾蜍的脊神经和交感神经干(据各家修改)

四、作业和思考题

1. 根据实验解剖观察结果填动脉血管图(提示：会有“动脉圆锥、内颈动脉、外颈动脉、肺皮动脉弓、锁骨下动脉、体动脉弓、背大动脉、腹腔肠系膜动脉、肠系膜动脉、肾动脉、腰动脉、髂动脉、右心房、心室”等内容)。

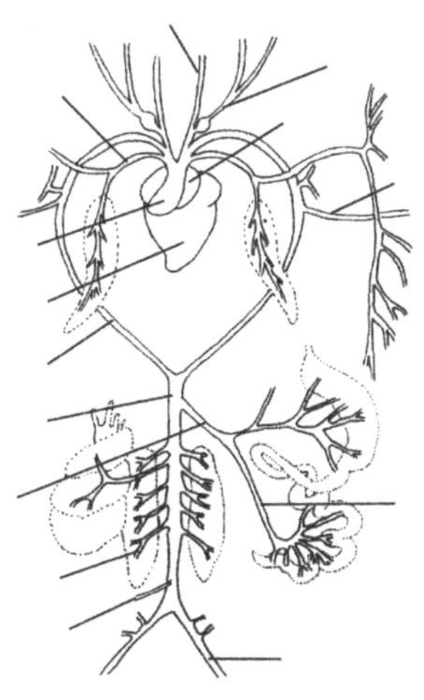

蟾蜍动脉系统(腹面观)

2. 根据实验解剖观察结果填静脉血管图（提示：会有“静脉窦、前大静脉、无名静脉、锁骨下静脉、肺静脉、肝静脉、后大静脉、生殖腺静脉、肾静脉、肾门静脉、腹静脉、肝门静脉、盆静脉、股静脉、臀静脉”等内容）。

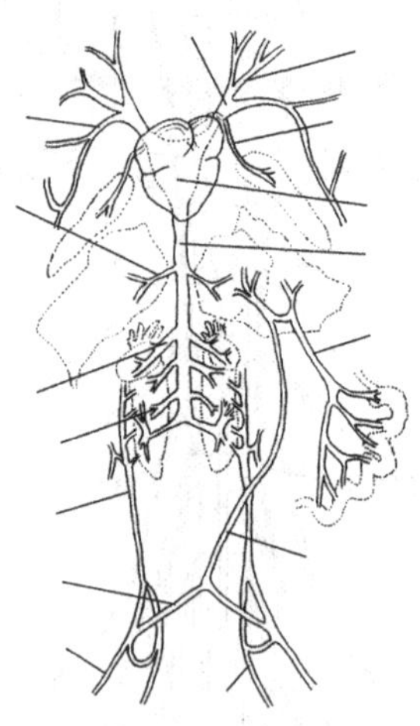

蟾蜍静脉系统（腹面观）

3. 观察解剖心脏时，需首先做好哪些准备才能将心脏周围的血管很好地观察到，较难处理的在什么地方？

4. 解剖血管系统时你觉得较困难的是哪些问题？通过解剖实践你有哪些体会？

实验 17　鳖的形态与结构

一、目的与要求

通过鳖的外形观察和内部解剖，了解爬行动物的基本特征和内部主要结构，并掌握爬行动物进一步适应陆生生活的特征。

二、材料与用具

中华鳖，解剖器，解剖盘等。

三、操作与观察

(一)外部形态

鳖(图 192)体扁平，呈椭圆形，背腹有骨质合成的硬甲。全体可分为头、颈、躯干、尾和四肢五部分。头、尾和四肢可自由地缩入骨甲内。

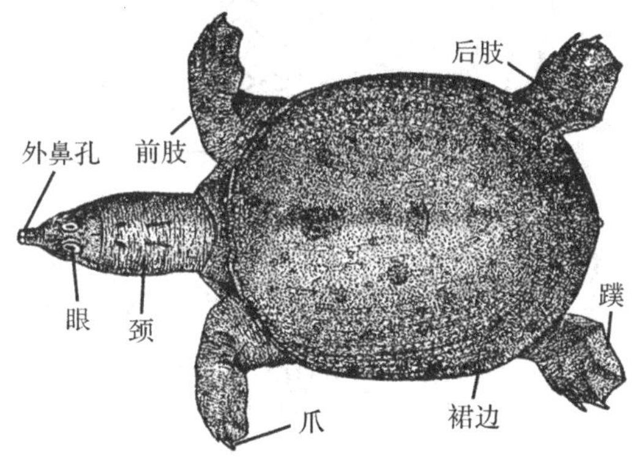

图 192　中华鳖外形

1. 头部：略呈三角形，吻长而突出，外鼻孔 1 对位于头最前面的吻端。眼在头两侧，小而圆，具上下眼睑和瞬膜。口在头前端腹面，横裂状，上下颌具角质鞘，口内无齿。鼓膜在口后方，圆形，平滑，有明显轮廓。

2. 颈部：长，基部无颗粒状疣，转动、伸缩灵活，受惊时能迅速缩入躯壳。

3. 躯干部：躯干宽短扁平，背面椭圆形，皮肤革质，整个躯体包被在背腹两片骨质硬壳中。背面稍隆起,灰黑色或灰黄色,四周有稍延伸的褶皱形成的肥厚柔软的结缔组织,俗称鳖的裙边。腹面稍平,乳白色或淡黄色。皮肤表面有微小疣状突起,缺乏腺体,亦无呼吸功能。

4.尾:尾短小,扁锥形。其长短因雌雄而异。雄性长,能露出于裙边外,泄殖孔纵裂于尾基部腹面。

5.四肢:四肢粗短,均为5趾型,趾间具蹼,内侧3趾具爪。

(二)内部结构

处死鳖可采用以乙醚或氯仿在密闭的容器中麻醉,也可将鳖腹面向上平放在木板上,鳖便会伸长颈部,并使头颈弯曲,试图翻身,在鳖伸颈时从颈部用解剖刀迅速用力横割一刀。致死后,沿鳖体的背腹面之间的侧缘剪开皮肤并揭开腹甲,暴露内脏(图193)。

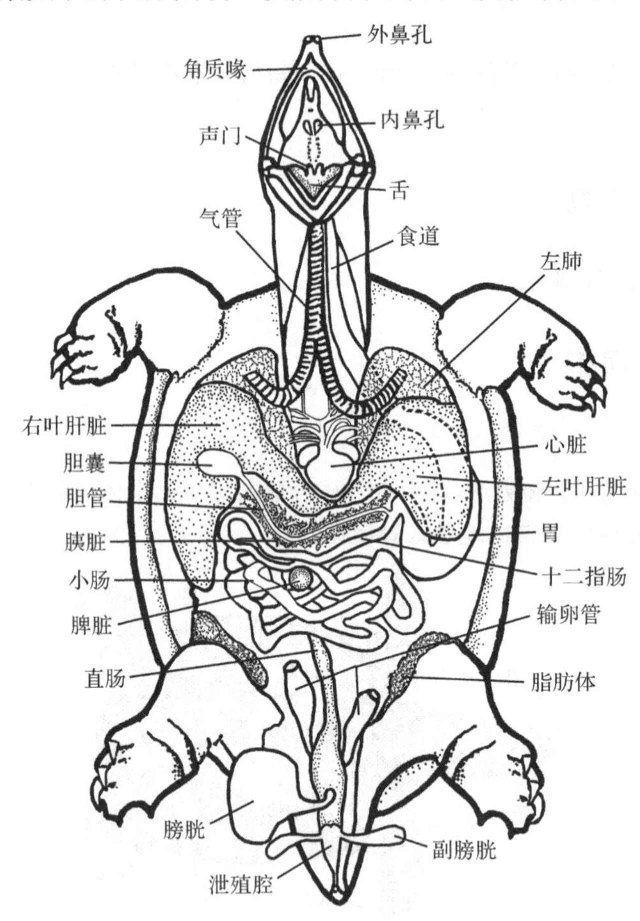

图193 中华鳖的内部结构(作者)

1.消化系统

鳖上、下颌具**角质鞘**,但无齿,口腔底部有肌肉质舌。口腔颌角之后为**咽**,咽后接较长的**食道**,下接**胃**,食道与胃的交界处称为**贲门**,胃与十二指肠相交处称**幽门**。**十二指肠**具降支和升支,其后为盘曲的小肠,在与较粗大的大肠连接处分出膨大的**盲肠**。大肠后为短的**直肠**,与泄殖腔相通。**胰脏**位于十二指肠"U"形弯曲中,**肝脏**在胃的腹面,体腔前部,分两叶,在中间相连。**胆囊**位于肝右叶的背面，有**胆管**开口于十二指肠。在十二指肠与直肠的肠系膜上，可见一暗红色椭圆形的**脾脏**，属淋巴器官。

2. 呼吸系统

剪开两口角，打开口腔，在顶壁的前部可见 1 对**内鼻孔**。在口腔深部咽的腹面为**喉**。其后连接**气管**，后又接两**支气管**通入肺。**肺**为海绵状，左右两叶紧靠在背壁上。

3. 循环系统

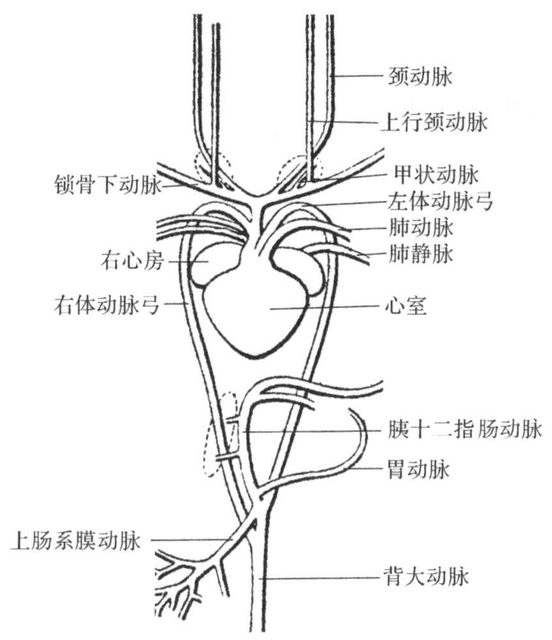

图 194　鳖的心脏和主要的动脉示意图

(1) 心脏

心脏位于体腔前方，近似扁三角形，有围心膜包围。心脏前部为**左、右心房**，壁薄。左、右心房后为三角形的肌肉较厚的**心室**。室内具不完整的隔壁把心室分成左侧和右侧两部分。**静脉窦**位于心脏背面中央，薄壁，连接右心房(图 194)。

(2)主要血管

肺动脉：发自心室腹面前方偏右侧，随即分成两支入肺(图 194)。

左体动脉弓：心室前中央 1 支经心脏左前方，呈弓状，折向心脏背后方的血管，紧靠体背中央往后延伸，并与右大动脉会合(图 194)。

右体动脉弓：心室右侧的 1 支较粗的血管，并在右心房的前方分出 1 支**总颈动脉**，右体动脉弓和左体动脉弓在后方会合后，向体后延伸的一条粗大血管，即为**背大动脉**(图 194)。

4. 泄殖系统

肾脏 1 对，暗紫色，位于体腔背方中线左右，从肾脏发出**输尿管**通至**泄殖腔**。**膀胱**位于泄殖腔前腹面，另有 1 对**副膀胱**位于泄殖腔的左右，分别开口于泄殖腔。

雄性生殖器官由白色的睾丸、附睾和输精管组成，外生殖器为单个阴茎，内有阴茎海绵体。

雌性生殖器官由黄色的卵巢与输卵管构成，卵巢上可见许多卵泡，雌、雄生殖孔开口于泄殖腔内。

雌、雄在外形上有所区别，主要为：

雄鳖体较薄呈椭圆形，前部小，后部大，尾粗大，长度超过裙边之外。雌鳖体较厚，前部较宽，后部较窄，尾细小，很少能超露于裙边外。

四、作业和思考题

1. 比较爬行类和两栖类血液循环系统的不同点。
2. 通过中华鳖的解剖，总结爬行动物适应陆生生活的特征。

实验 18　鸟类(鸽和鸡)的形态与结构

一、目的与要求

1. 通过对以家鸽为代表的鸟类骨骼系统的观察，了解鸟类骨骼系统的基本结构和鸟类骨骼系统适应飞翔生活的特征。

2. 通过家鸡的内脏解剖，掌握鸟类消化、呼吸、循环和泌尿生殖系统的基本特征，及鸟类的解剖方法。

二、材料与用具

鸽的整体骨骼标本和颈椎骨标本，活鸡；解剖盘，解剖器，骨剪等。

三、操作与观察

(一)鸽的骨骼系统

鸽的骨骼系统由头骨、脊柱、胸骨与肋骨、带骨与附肢骨几部分所组成。观察时特别注意骨骼系统适应飞翔生活的主要特点。

1. 头骨

鸽头骨(图 195)的骨片几乎无缝可寻。头骨的前面部为颜面部，后部为枕顶部。枕骨大孔不在头骨的后壁而在头骨的底部。颅腔大，颌骨延伸成喙，上喙由前颌骨、上颌骨构成；下喙由关节骨、齿骨、隅骨、上隅骨等愈合而成。

2. 脊柱

鸽的脊柱可分为颈椎、胸椎、荐椎和尾椎 4 部分，其中腰椎包括在荐椎之中(图 196、197)。

颈椎：鸽的颈椎一般 13～14 枚。其中第 1 颈椎称为**寰椎(环椎)**，第 2 颈椎为**枢椎**，是两枚特化的颈椎。其他颈椎的椎体呈马鞍型，即椎体的水平切面为前凹型，矢状切面为后凹型，故亦称**异凹型椎体**。这种椎体可使颈部关节活动性增大，弯曲自如。椎体的背面具椎弓和棘突，两侧有横突。由于不发达的颈肋与颈椎椎体及其横突的愈合，因此颈椎两侧形成了椎动脉管(椎动脉由此管上升并进入颅腔)。最后两枚颈椎上附着 1 对游离的肋骨，但并不连于胸骨。

胸椎：鸽的胸椎 5 枚，最大特点是各胸椎彼此愈合。另外，最后 1 枚胸椎与腰荐椎愈合

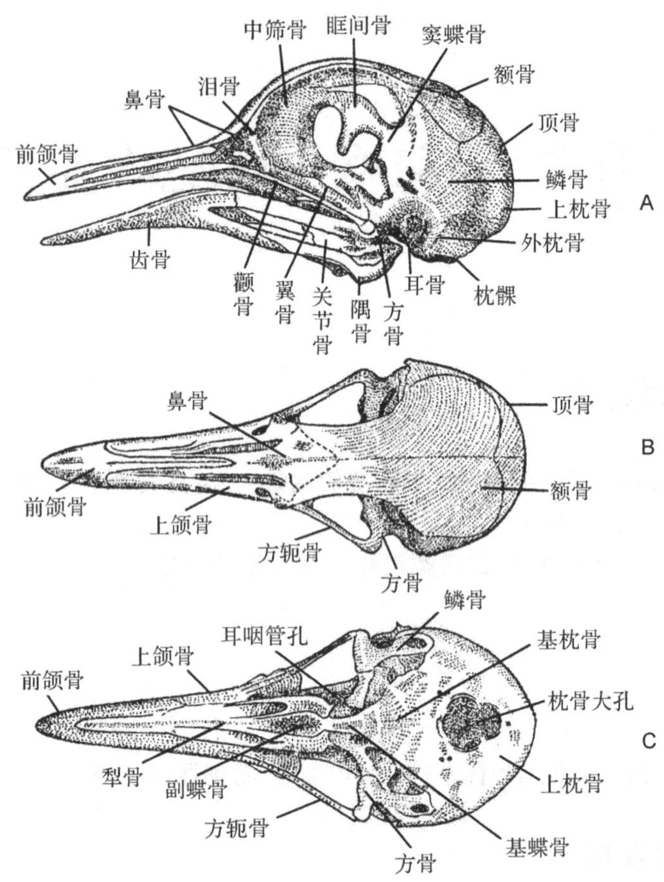

图 195 鸽的头骨(仿王所安)

A. 侧面观;B. 背面观;C. 腹面观

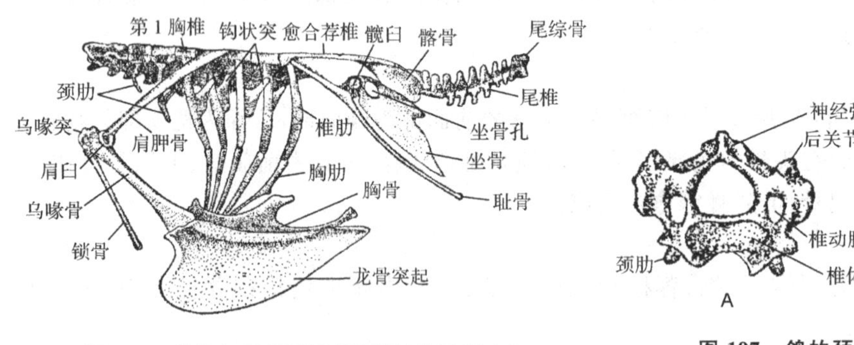

图 196 鸽的躯干部骨骼侧面观(仿王所安)

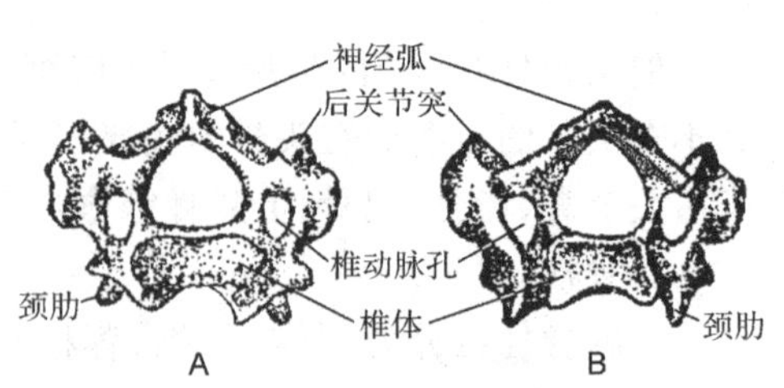

图 197 鸽的颈椎(仿王所安)

A. 背面观;B. 腹面观

在一起。

荐椎:由胸椎(1 枚)、腰椎(5～6 枚)、荐椎(2 枚)和尾椎(5 枚)愈合而成,故亦称作**愈合荐椎**,为鸟类所特有。

尾椎:鸽有 6 枚能活动的尾椎,其后第 4～6 枚退化的尾椎骨愈合而成**尾综骨**,为尾羽的支持物。

3. 胸骨和肋骨

鸽的胸骨(图 196)很发达,为一宽大的骨片,呈扁平状。胸骨有三角形片状突起部,叫**龙骨突起**。此突起增加了强大胸肌的附着面积。在胸椎的两侧各附着有 1 条肋骨伸至胸骨,并与其形成可动关节。生活时由于肌肉的收缩,胸骨能接近或远离脊椎,使胸廓扩大或缩小,以增强呼吸动作。鸽的肋骨(图 196)的后缘具 1 个钩状突,每一钩状突都搭在后一条肋骨上,从而增强了胸廓的坚固性。肋骨的腹端部和胸骨相连。

4. 带骨与附肢骨

肩带与前肢骨(图 196、198A):鸽的肩带非常健壮,分为左右两部,在腹面与胸骨连接。肩带由以下 3 对骨头组成:**肩胛骨**细长,位于肋骨背方、胸椎的两侧;**乌喙骨**粗短,居于直立的位置,其上端与肱骨、肩胛骨和锁骨相关节,下端与胸骨的前缘相连接;**锁骨**细长,在乌喙骨之前,左右锁骨的下端左右愈合成"V"字形,称为**叉骨**,为鸟类所特有。此骨在飞翔时起着横木的作用,这样更能增强肩带的弹性。鸽的前肢骨由以下骨片组成:**肱骨**大而坚硬,**桡骨**细,**尺骨**粗,**腕骨**只存两个独立的小骨,即**桡侧腕骨**与**尺侧腕骨**,其余均与掌骨愈合。**掌骨**是两根细长的小骨,由部分掌骨和腕骨愈合而成,故也称**腕掌骨**。**指骨** 3 个,相当于典型前肢的 2、3、4 指骨。前肢所有骨骼间都有能动的关节,但只能向一个方向运动,即在水平面上褶翼和展翼。

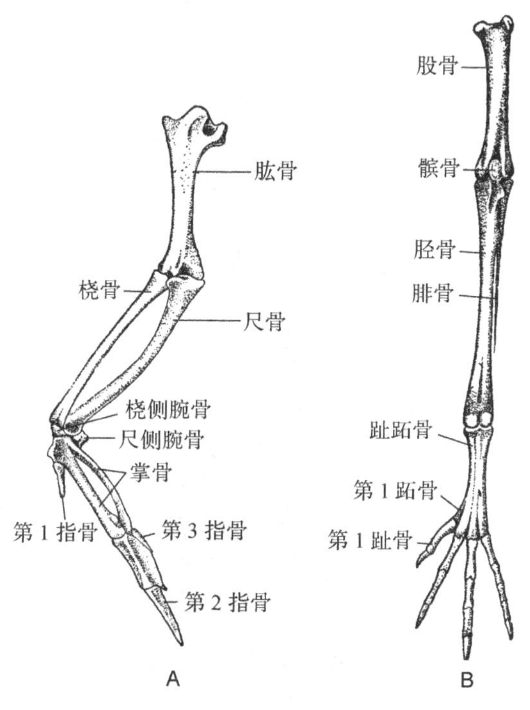

图 198　鸽的肢骨(仿王所安)

A. 前肢;B. 后肢

腰带与后肢骨(图 196、198B):鸽的腰带由宽而长的**髂骨**,面积较小的**坐骨**和细长的**耻骨**所构成。这 3 块骨头相互愈合形成**无名骨**,左右耻骨腹面并不愈合,所形成的骨盆腹面分开,称**开放型骨盆**,为鸟类所特有。无名骨与愈合荐椎又愈合在一起,这样增加了腰带的坚固性,而且成了后肢坚强的支持者,而开放型骨盆与鸟类产硬壳、大型卵相关。鸽的后肢骨由以下骨片组成:**股骨** 1 根,较短,生活时埋藏在腹侧肌肉中,外部不能见到。**胫骨**为发达的长骨,**腓骨**退化,附在胫骨的外侧。跗跖部由一列跗骨与完全愈合的跖骨愈合在一起,故又称**跗跖骨**,趾部有 4 趾,概无第 5 趾。第 1 趾向后,其余 3 趾向前。

(二)家鸡的外形及内部解剖

1. 外形

家鸡的躯体呈纺锤形,全身分头、颈、躯干、尾和附肢 5 部分。除喙及跗跖部具角质覆盖外,全身被有羽毛。羽毛分为**正羽**、**绒羽**和**纤羽**,注意这三者的区别。头部背面正中有栉齿状的**肉冠**。与肉冠相对,喉下有**喉肉垂**。耳孔下面还有**颊肉垂**,雄性大,雌性小。眼具活动的上下**眼睑**,其中以下眼睑发达,活动性亦较强。**瞬膜**很大,以至于可以遮盖整个眼球的前表面。眼后具**外耳孔**,此孔被羽毛遮盖。

2. 内部器官

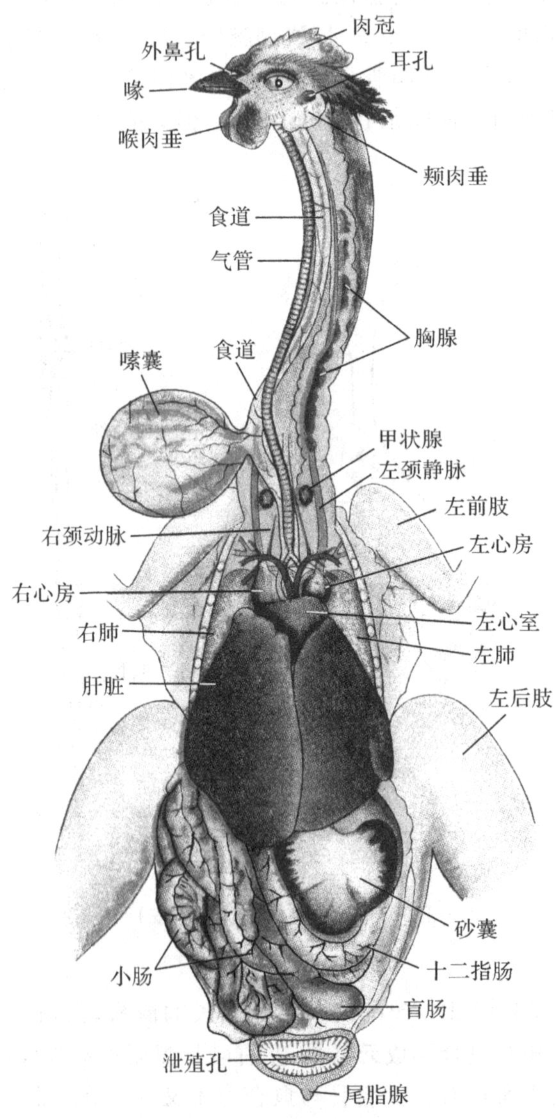

图 199 鸡的内部器官(据冈村周谛稍改)

用左手握住鸡颈,并堵住两鼻孔和上下喙,右手握住鸡躯干部,压迫胸部,使之不能隆起呼吸,数分钟后便窒息而死。处死后,用水稍浸湿羽毛,并顺着羽毛着生的方向拔除羽毛,注意每次不要超过2~3枚,将拔下的羽毛放在盛有水的塑料桶中,以免飞扬。拔颈部羽毛时,注意用手按住颈部薄皮肤,以免撕破。拔除羽毛后,把鸡放在解剖盘中,观察皮肤上着生羽毛的羽区和不着生羽毛的裸区。羽毛按一定区域分布有何意义?

观察内脏前,沿龙骨突起切开皮肤,切口前至嘴基,后至泄殖孔,用解剖刀钝端分开皮肤,当剥离至嗉囊处应特别小心,以免造成破损。将皮肤翻向外侧,即可看到气管、食道。然后切开胸大肌和胸小肌,沿着胸骨和肋骨相连处,用剪刀剪断肋骨,并将乌喙骨与叉骨联合处用骨剪剪断,将胸骨、乌喙骨等一同揭去。为了防止气囊破裂,在拉开体壁时不宜用力过猛。

(1) 呼吸系统

剪开两喙角,打开口腔,口腔顶部有一纵裂,**内鼻孔**开口于此缝中。拉出舌尖,舌端呈箭状,角质化。在舌根部可见纵缝状的**喉门**。用无橡胶头的滴管插入喉门,吹气即可见肺壁突出形成的成对**气囊**,分布在锁骨间和胸部、腹部等处。用镊子挑破气囊,可见喉门下接**气管**(图199),再分出**两支气管**到肺。气管与支气管分叉处形成膨大的腔是**鸣管**。**肺**两叶,淡红色海绵状,位于心脏背面,紧贴在胸腔背壁,脊柱的两侧。

(2) 循环系统

心脏:位于左右两叶肝之间的稍前方,包于薄膜质的**围心腔**内,体积较大,心脏表面有浅沟,分成2个心房和2个心室。心室构成心脏的大部分,心房壁薄,心室壁厚,具有丰富的肌肉组织,静脉窦退化。

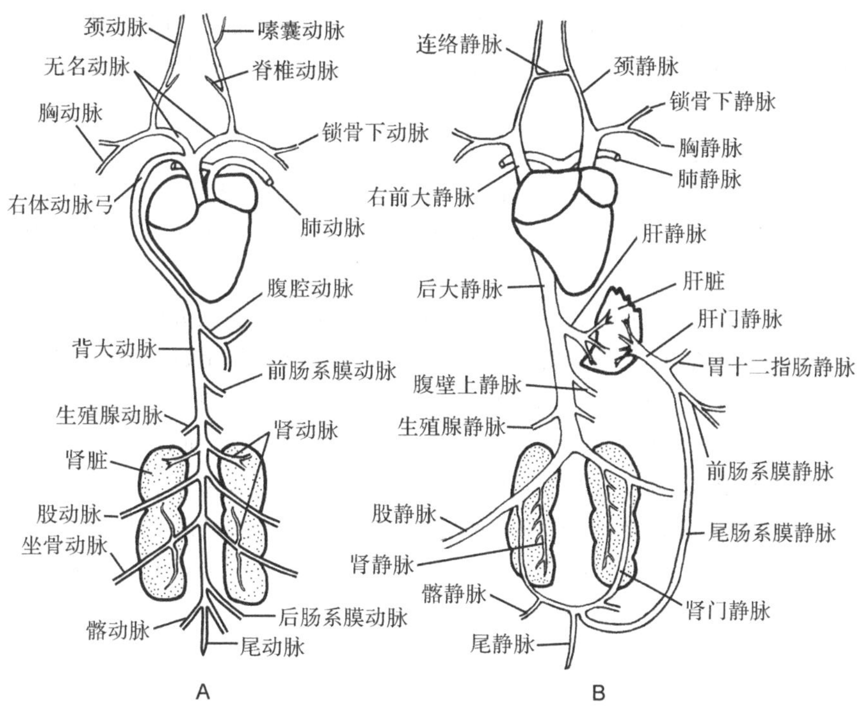

图200 鸡的循环系统模式图(作者)

A. 动脉系统(腹面观);B. 静脉系统(腹面观)

动脉系(图 200A):右体动脉弓由左心室发出向前偏右弯曲,折向心脏右背面后行。右体动脉离开心脏后,向前伸出不远,分离出直径比动脉弓还大的 1 对动脉,即为**无名动脉**。该动脉又分出**颈动脉**前行至头部,**锁骨下动脉**伸向前肢和**胸动脉**伸至胸肌。将左、右无名动脉用镊子略略提起,可见下面从右心室发出的**肺动脉**,离开心脏后分成 2 支绕向背后侧而到达肺部。

静脉系(图 200B):左、右心房前方两条粗短的静脉干,即为**前大静脉**,收集颈静脉、锁骨下静脉和胸静脉的血液。由肝脏的右叶前缘通至右心房的 1 条粗大的血管,即为**后大静脉**。来自肺部的两条血管进入左心房,即**肺静脉**。

(3) 消化系统

口腔无齿,舌三角形,外具**角质鞘**,口腔后部为**咽**,下通**食道**。注意食道位于气管的背面。鸡的食道较宽,具有较大的伸缩性,经颈部下行,进入胸腔。在食道的中部区域有明显的膨大部分,即为**嗉囊**,是鸡临时储存和软化食物的处所。将肝脏翻向一侧,食道进入体腔后通入**腺胃(前胃)**,腺胃下为**肌胃(砂囊)**,当中仅隔一道窄缩部分,肌胃扁平而圆,两侧都被闪光的腱组织所覆盖。肌胃胃壁硬厚,内壁覆有硬的角质膜,常呈黄色。腺胃及十二指肠出口彼此相邻,位于肌胃背侧,呈"U"形弯曲的一段小肠即为**十二指肠**,在 U 形部之间,不规则的腺体即为**胰脏**,有胰管通至小肠。十二指肠后,长而迂曲的为小肠的**空肠**,大约在其中部的位置上有 1 个突起的盲囊,这是残留的退化了的**卵黄(囊)蒂**,在消化上没有什么作用,其内壁含有淋巴组织。空肠之后的一小段小肠称为**回肠**,但两者没有明显的分界,可以将两盲肠系膜相连的一段小肠作为回肠。**大肠**极短,经直肠开口于泄殖腔。小肠与大肠之间是两条长 16~18cm 的灰色盲管,为**盲肠**。腺胃背面有 1 个深红色的椭圆形腺体,为脾脏,属淋巴器官。鸡的**肝脏**大,呈暗红色,分成左右两叶,其中右叶较大,右叶肝脏后缘的背侧有绿色的长条状**胆囊**(图 198)。

(4) 泌尿生殖系统

肾脏呈褐色,质地软,分 3 叶或 4 叶,紧贴于脊柱上,位于肺的后方,左右成对。观察时需将消化器官移到旁边。从两肾脏的内侧发出一条较直而细的管子,即为**输尿管**,开口于泄殖腔。注意鸡不具膀胱。

雄性生殖腺为**睾丸**,呈大豆状,位于肾脏前叶的腹侧。左侧睾丸常较右侧大。从睾丸下侧发出波浪状的**输精管**,位于输尿管的外侧,输精管开始部分较细,近泄殖腔处逐渐变粗。

雌性生殖腺只有单个**卵巢**,右侧退化,位于肾脏的前半部。发达的**输卵管**,前端呈喇叭口,后方弯曲处的内壁富有腺体,可分泌蛋白和卵壳,最后一段短而宽,开口于泄殖腔。实验最后用剪刀剪开泄殖腔,可见到腔内具两横褶,将泄殖腔分为 3 室,前面较大的为**粪道**,直肠开口于此;中间为**泄殖道**,输精管或输卵管及输尿管开口于此;最后是**肛道**。鸡的泄殖腔下部背壁向体腔外突出一个盲囊,称鸟类的**腔上囊(法氏囊)**,黏膜内含有大量淋巴小结。

四、作业和思考题

1. 将有关结构名称填入下图(提示:会有“肉冠、颊肉垂、喉肉垂、下眼睑、瞬膜、外鼻孔、喙、耳孔;食道、嗉囊、腺胃、肌胃、十二指肠、空肠、回肠、盲肠、直肠、泄殖腔、泄殖腔开口;肝脏、胆囊、胰脏、卵黄(囊)蒂、腔上囊”等内容)。

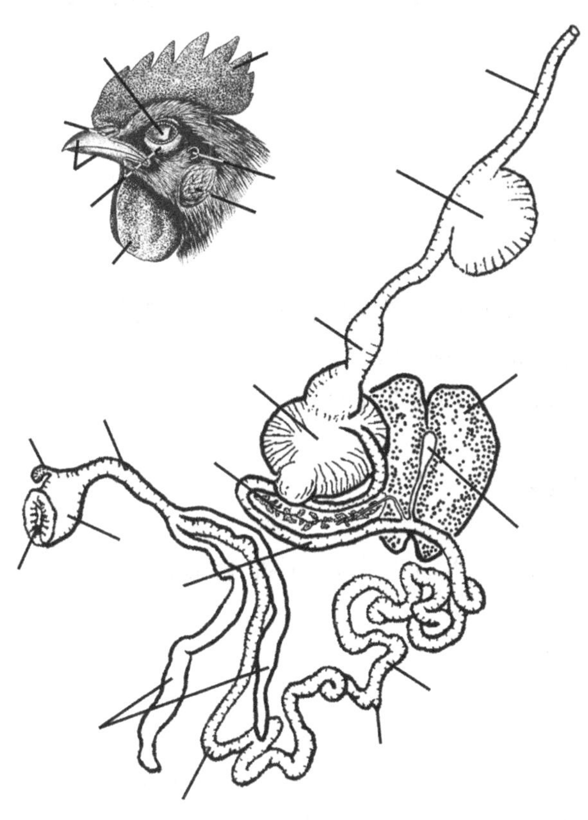

鸡的头部外形和消化道示意图(作者)

2. 通过实验观察和解剖,能从中发现哪些结构特征为鸟类所特有,并与其飞行生活相适应?

实验 19 家兔的形态与结构 (Ⅰ)消化、呼吸、泄殖和骨骼系统

一、目的与要求

1. 通过对以家兔为代表的哺乳类骨骼系统的观察和消化、呼吸、泄殖系统的解剖，了解和掌握哺乳动物上述系统的结构特点。

2. 初步掌握解剖哺乳动物的基本技能。

二、材料与用具

家兔的整体及分散骨骼标本，活家兔；解剖盘，解剖器，骨剪等。

三、操作与观察

(一)兔的骨骼系统

兔的骨骼系统共有 212 枚骨块(不包括槌骨和砧骨)，由中轴骨骼和附肢骨骼所组成。其中中轴骨骼包括头骨、脊柱、胸廓，附肢骨骼包括肩带、腰带和前后肢骨骼。

1. 头骨

头部骨块多是板状的扁骨，内有空腔，容纳、支持和保护脑、感觉器官及消化道的起始部分。观察时按头骨后部、上部、底部、侧部逐一进行（图 201～204)。

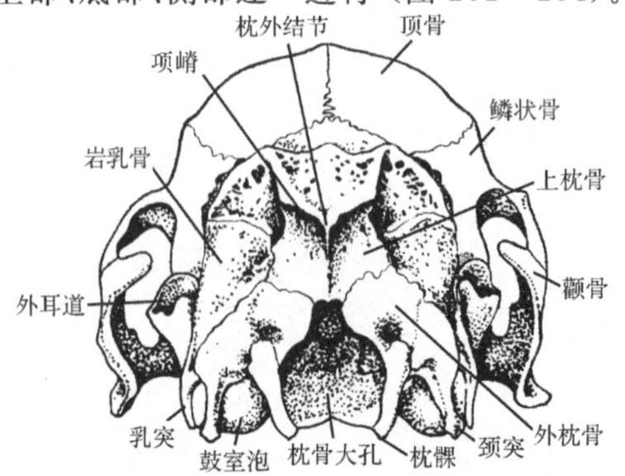

图 201 兔头骨后侧面观(仿杨安峰)

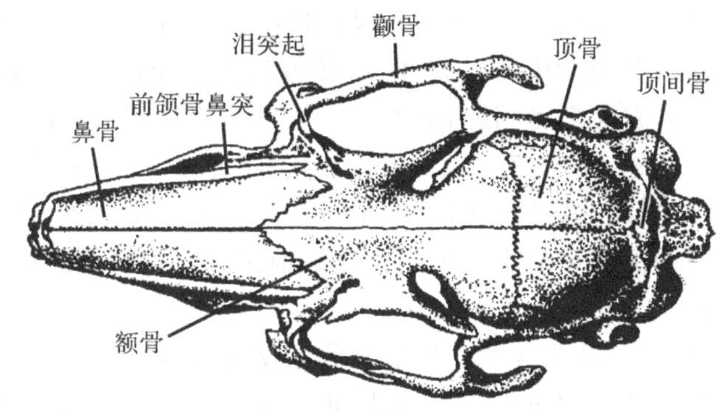

图 202　兔头骨背面观(仿杨安峰)

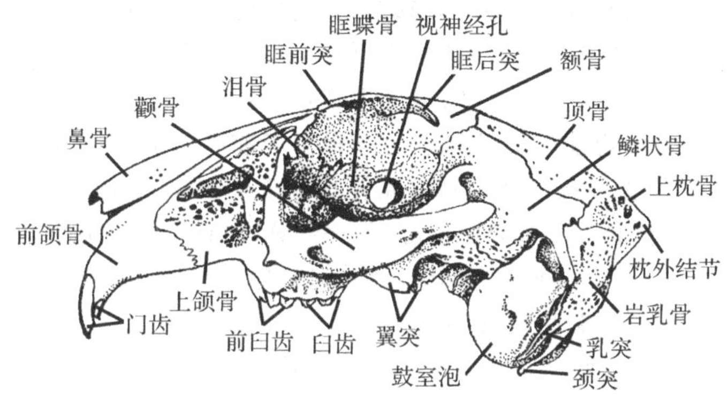

图 203　兔头骨左侧面观(仿杨安峰)

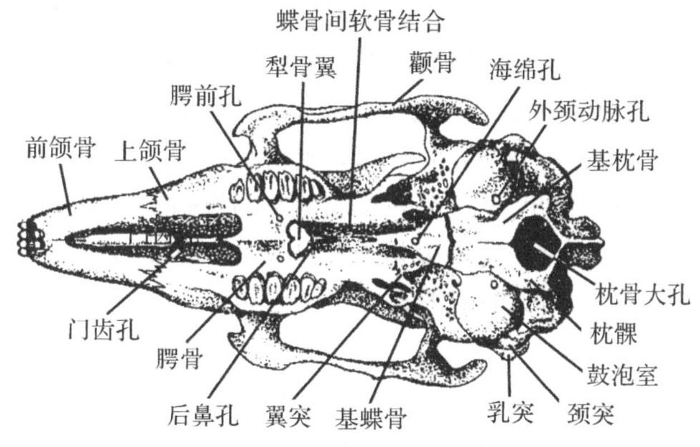

图 204　兔头骨腹面观(仿杨安峰)

(1)头骨后部:围绕枕骨大孔四周的骨块,为**枕骨**,它构成了颅腔后壁的最后部分。枕骨原为 4 块,即上枕骨、基枕骨和两块外枕骨,分布在枕骨大孔的四周,幼兔这 4 块骨片之间的骨缝仍很清楚,成兔则愈合成 1 块,骨缝界限不清,它们的相对位置是:**上枕骨**在背侧部分,有明显的“Y”形隆起,称**项嵴**,极易识别;**外枕骨**位于枕骨大孔的两侧;**基枕骨**位于腹面,其后缘形成枕骨大孔的下缘。枕骨大孔的侧后缘有 1 对关节状的**枕髁**,它与第 1 颈椎(寰椎)相关节。**枕骨大孔**为兔延脑与脊髓的通道。

(2)头骨上部：由后向前依次观察，可见：**顶间骨**，它是嵌在枕骨与两侧顶骨之间的1块小骨，顶间骨四周的骨缝在兔子中终生存在，此骨前与顶骨相连，后与枕骨连接。**顶骨**为1对略呈长方形的骨片，前方与额骨相连，后方与顶间骨和枕骨相连。**额骨**位于顶骨的前方，左右两块，前缘与鼻骨相连。额骨有几个突起，与鼻骨相连接的突起称**额突**；额骨前方插入上颌骨和前颌骨之间的突起称**颌突**；额骨在眼眶上方的隆起为**眶上嵴**，眶上嵴前端突出构成眼眶的上缘，而眶上嵴的前突和后突可分别称作**眶前突**、**眶后突**。**鼻骨**位于额骨的前方，构成鼻腔的顶壁，呈长板状。

(3)头骨底部：由后向前依次观察，可见：**枕骨的基底部**(即**基枕骨**)。位于基枕骨前方，呈长三角形的是**基蝶骨**，该骨中央有1卵圆孔，也叫**海绵孔**，与脑下垂体相通。在基蝶骨背方两侧发出翼状薄骨，此为**翼蝶骨**，它构成眼眶的后壁。翼蝶骨向腹前方伸出1对突起，称为**翼突**。位于基蝶骨前方的细长骨片称**前蝶骨**。前蝶骨向背方(即在眼窝内)延伸的部分，称为**眶蝶骨**，其中间有一大孔，即为**视神经孔**(侧面观察更清楚)。位于内鼻孔两侧、上颌骨腭突的后方即为**腭骨**，此骨可分为水平、垂直两部分。上额骨腭突与腭骨交界的骨缝处可见1小圆孔，即**腭前孔**，为腭管前端的开口。**上颌骨**位于前颌骨的后方，腹后方有前臼齿和臼齿(各3个)齿槽。上颌骨多孔，呈海绵状，此骨具有3个突起：在前2个前臼齿的基部向内侧突起为**腭突**，左右两侧腭突相连，构成**硬腭**的一部分，注意腭突前后具1对狭长的**门齿孔**；位于上颌骨后部向外侧延伸的突起为**颧突**，此突起参与形成颧弓的前部；上颌骨后部斜向后上方的突起为**眶突**，其后上端和额骨的颌突相接，内侧缘接**泪骨**。**前颌骨**位于头骨的最前端，此骨最前端具上门齿槽两个，一大一小，一前一后。

(4)头骨侧部：由后向前依次观察，可见：**岩乳骨**，位于上枕骨的外侧。**鼓骨**位于鳞骨下方，包括鼓泡和外耳道两部分，鼓泡呈泡状，非常明显，构成中耳腔的外壁，外耳道开口在鼓泡上方。**鳞(状)骨**，位于顶骨两侧，眼窝后方，鳞骨向前伸出的突起(颧突)与颧骨相接，构成颧弓的后部。颧突基部腹面和下颌骨形成可动的关节。上述3块骨头在兔子中尚未完全愈合，愈合后则称为**颞骨**。**颧骨**位于上颌颧突和鳞骨颧突之间，为一长形的骨片。上颌骨、颧骨以及鳞骨构成哺乳动物特有的**颧弓**。另外，在眼窝前壁有一小骨片，和周围的骨片结合不紧密，此即为**泪骨**，其外侧缘伸出一突起，在突起的基部腹侧有鼻泪管的开口。兔的下颌由1对**齿骨**组成，其升支的关节面与鳞骨颧突相关节，1对下门齿着生在前端的齿槽中，2个前臼齿和3个臼齿着生在下颌中部的齿槽中(图205)。

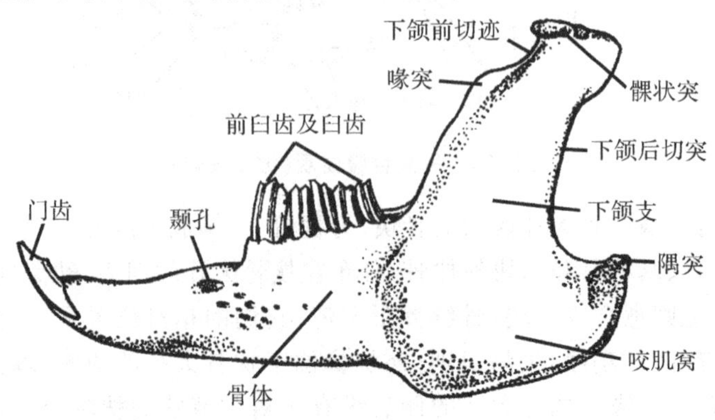

图205 兔下颌骨外侧面观(仿杨安峰)

2. 脊柱

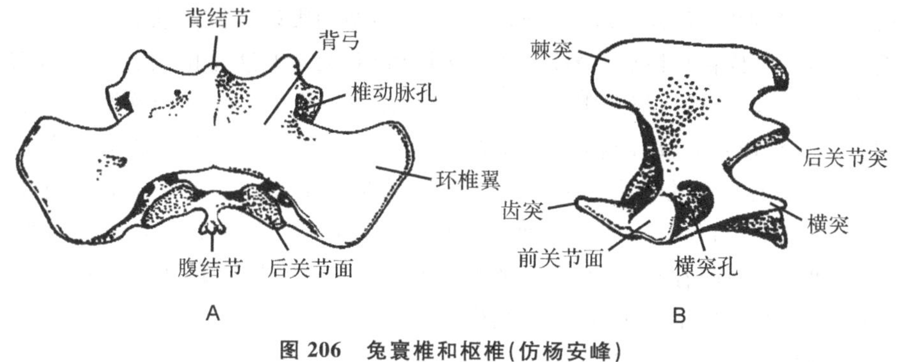

图 206 兔寰椎和枢椎(仿杨安峰)

A. 寰椎;B. 枢椎

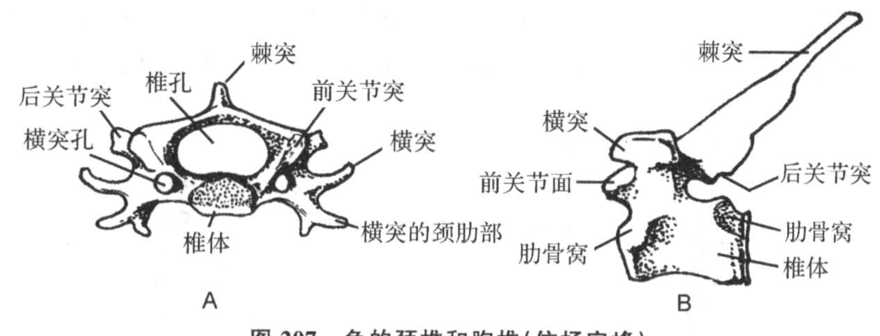

图 207 兔的颈椎和胸椎(仿杨安峰)

A. 第 5 颈椎;B. 胸椎

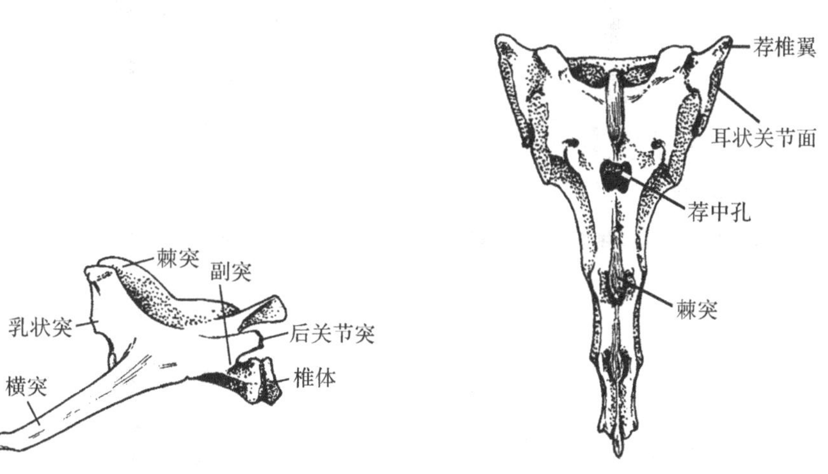

图 208 兔的腰椎(左)和荐椎(右)(仿杨安峰)

兔的脊柱(图 206～208)由 5 部分组成:**颈椎**共 7 枚,其中第 1、2 颈椎因支持头颅并适应头部的转动,其形态也有明显的改变。第 1 枚称**寰椎**,无椎体和棘突,形成 1 个扁骨环,前面有两个关节面,与枕髁相关节,后方的 2 个关节面较小,与枢椎相关节。第 2 枚称**枢椎**,最大特点是椎体前端有锥状突起(齿突),向前伸入寰椎内,成为旋转头骨的轴。其他 5 枚颈椎形态结构相近。**胸椎**共 12 枚,特点是椎体短小,椎弓小,横突短而厚,棘突高大而窄细并倾向上后方。各胸椎均与肋骨相关节。**肋骨**为长而弯曲的弓状骨,左右成对并与胸椎数目一致,一般为12对。其中前7对分别直接与胸骨相连，称为**真肋**；后5对不与胸骨直接相连，称为**假肋**。第8、9对肋骨的腹端与真肋相连，最后3对假肋的腹端呈游离状态，称为**浮肋**。**胸骨**位于腹面正中，由6枚骨片组成，最前的1枚为**胸骨柄**，第1对肋骨的软骨直接与它成关节；最后1枚为**剑突**，呈圆桃形，位于中间的4枚胸骨称作**胸骨体**。兔子的**胸廓**由胸椎、肋骨和胸骨共同组成。**腰椎**共7枚，腰椎椎体长大而粗壮，横突强大，伸向外侧下前方，无肋骨附着，棘突两侧着生粗大的乳状突。前关节面位于乳状突基部。横突基部后方有小的副突。前3枚腰椎的椎体腹面各具一腹正中突。**荐椎**4枚，成体愈合成1块**荐骨**。其背正中有4个椎棘，腹面可见4对腹荐孔，为荐神经通出孔道。荐骨与腰带形成**骨盆**。**尾椎**通常16枚，愈向后愈小，最后数枚尾椎呈圆锥状，仅具椎体。

3. 附肢骨骼（图209～212）

兔的**肩带**仅保留发达的**肩胛骨**，呈扁平三角形，其前端有一凹陷，称为**肩臼**，与前肢的肱骨相关节；**乌喙骨**退化为一突起，称为**喙突**，位于肩臼前侧方；**锁骨**退化为细长的棒状骨，埋在肌肉中（干制标本易失落）。**前肢骨**包括**肱骨**、**桡尺骨**、**腕骨**（9枚）、**掌骨**（5枚）和**指骨**（5枚）。

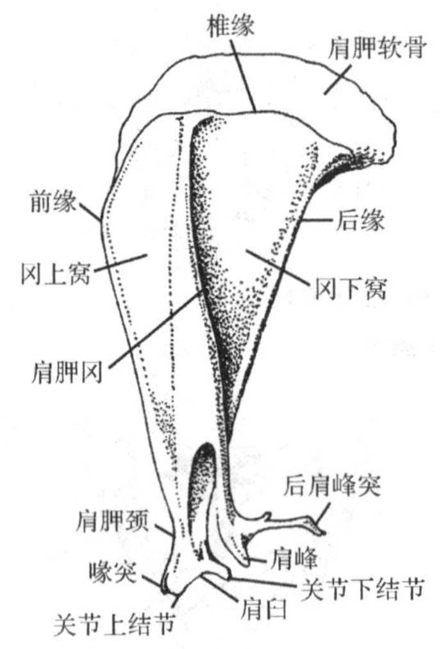

图209　兔的肩胛骨（仿杨安峰）

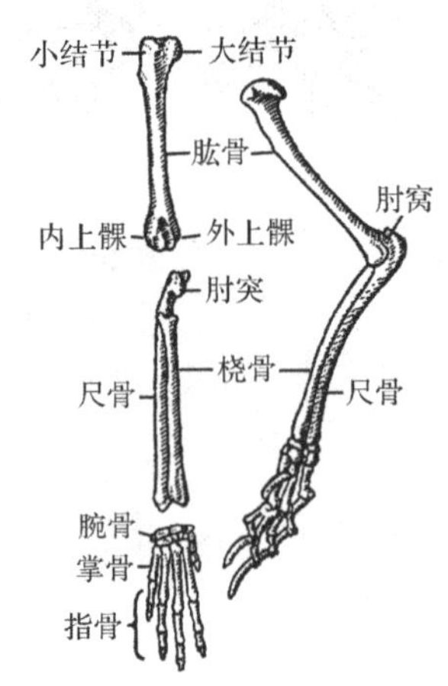

图210　兔的前肢骨（仿丁汉波）

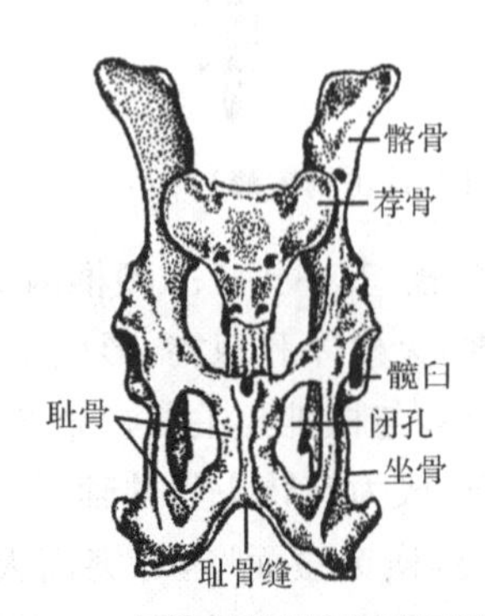

图211　兔的腰带骨（仿丁汉波）

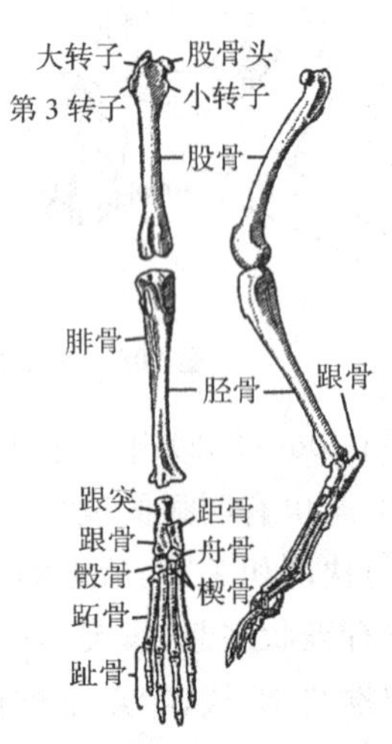

图212　兔的后肢骨（仿丁汉波）

兔的**腰带**由髂骨、坐骨和耻骨愈合而成，有髋臼与股骨相关节。**髂骨**有粗大的关节面与荐椎相连接。左右耻骨在腹中线处联合，称**耻骨联合**。坐骨与耻骨中间的圆孔称为**闭孔**。耻骨、坐骨及髂骨构成**盆腔**。消化、泌尿、生殖等管道均从盆腔穿过而通体外。**后肢骨**包括**股骨**、**胫腓骨**、**膝盖骨**(**髌骨**)、**跗骨**(6 枚)、**跖骨**(4 枚)、**趾骨**(4 枚)。

(二)兔的外形及内部解剖

1. 外形

家兔全体被毛，用镊子分开毛被，可区别出长短两种，长毛较粗，为**针毛**，具保护作用。短而密的毛为**绒毛**，具保暖作用。在口周围长而粗的毛为**刚毛**，有触觉作用。

兔全身可分为头、颈、躯干、尾以及四肢等部。头部眼之前为颜面部，口围以肌肉质的唇，上唇中央有纵裂。鼻孔内缘与上唇纵裂相接。眼具上下眼睑及退化的瞬膜。瞬膜位于眼的内角下方。耳具很长的外耳壳。颈短，但活动灵活。躯干长。在胸腹正中线的两侧，雌兔有 4～5 对乳头。幼兔和雄兔的乳头不显著。尾短，肛门位于尾的基部腹面，其下方的外生殖器，雄性为阴茎，并有 1 对阴囊，雌性则为阴门。兔的前肢为 5 指，后肢 4 趾，指、趾端具爪。

2. 解剖方法

将兔放在解剖盘中，1 人用手从前至后轻摸躯干部，使兔子安静地停留在解剖盘上。另一人在兔耳背面后缘根部，用拇指和食指压迫**耳廓后静脉**(图 213)，回心血受阻使静脉膨胀起来，用注射器吸足 5～6mL 空气后，从耳后静脉的较远端，向着兔体方向穿入静脉，把空气徐徐注入静脉(图 213)。如果不小心静脉被穿透，或注入空气失败，可选更靠近兔体一端的耳廓后静脉或换另一耳朵的耳廓后静脉重复上述方法向静脉注射空气。注射成功，兔鼻会立即急速抽动，很快全身松弛而死去。此外，尚可用氯仿或乙醚麻醉致死或倒提兔子，击打脑后延脑部位致死。把已死兔子腹面向上平放在解剖盘上，四肢向左右展开。用沾湿的药棉将体中线的毛润湿，以免解剖兔子时兔毛落入体腔。用手将毛左右分开，露出皮肤，用解剖刀从颌下直至下腹部把皮肤切开(图 214)。用解剖刀柄和手剥离皮肤和皮下肌肉，用镊子提起腹部肌肉，先从下腹部向前沿中线剪至胸、腹腔之间的横膈，观察腹腔内脏的自然位置(图 215)和肠道的蠕动情况。然后再打开胸腔，观察胸部脏器的情况(图 216)。向前剪至

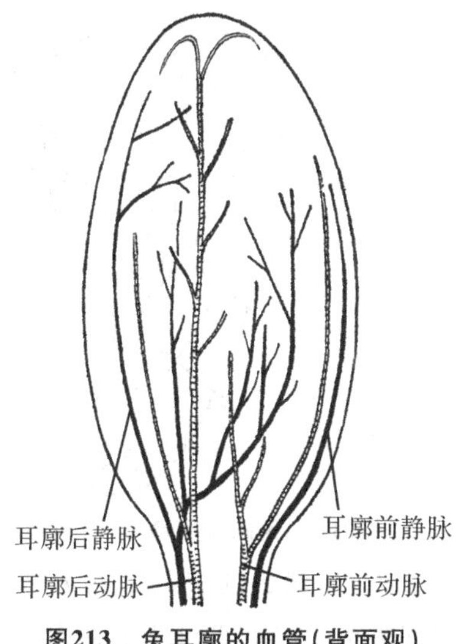

图213　兔耳廓的血管(背面观)

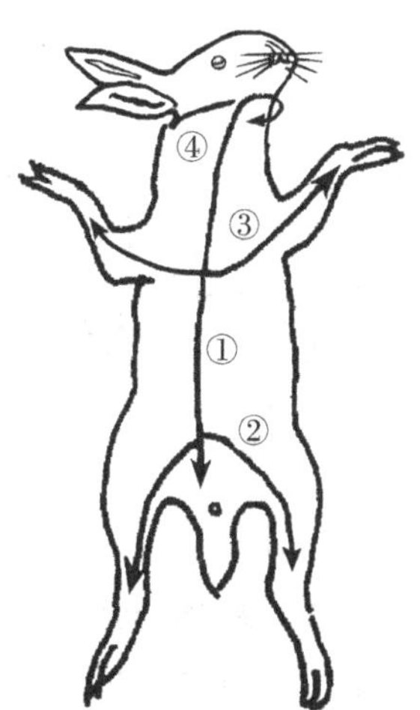

图214　切开兔皮肤示意

颈基部,使内脏暴露出来,依次观察内脏器官。

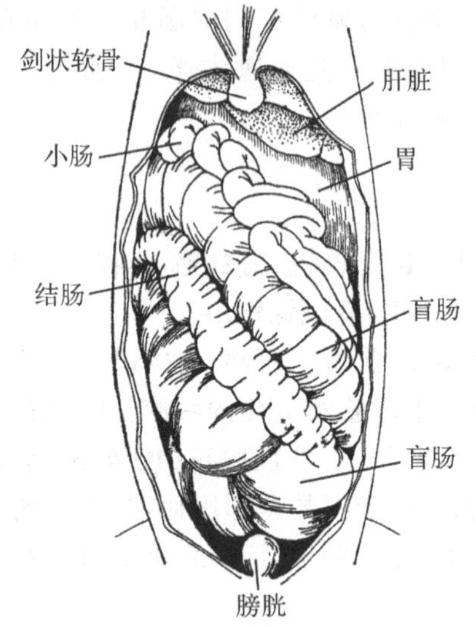

图215 兔腹腔内脏的原位观(仿杨安峰)

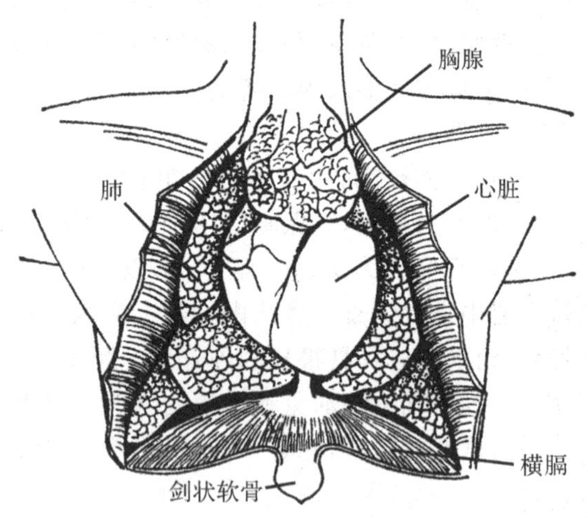

图216 兔胸部脏器(仿杨安峰)

3. 内部结构

(1) 消化系统

唾液腺:兔有4对唾液腺,实验时以左手持镊子夹起颈部剪开的皮肤边缘,右手用解剖刀小心地清除皮下结缔组织,顺次观察4对唾液腺。

腮腺(图217),也称**耳下腺**,位于耳壳基部的腹前方,紧贴皮下,剥开皮肤即可看到,其特征为不规则的淡红色腺体,有管开口于口腔底部(不必寻找);**颌下腺**(图218),位于下颌后部腹面两侧,外观椭圆形,也有管开口于口腔底部(亦不必寻找);**舌下腺**(图218),位于左右颌下腺的外上方,颌中央1对肌肉下面,形小,淡黄色,其内侧伸出一对舌下腺管,开口于口腔底部;**眶下腺**(图217),位于眼窝底部前下方,呈粉红色,实验时用尖镊子剥开眼眶腹侧结缔组织就能见到。

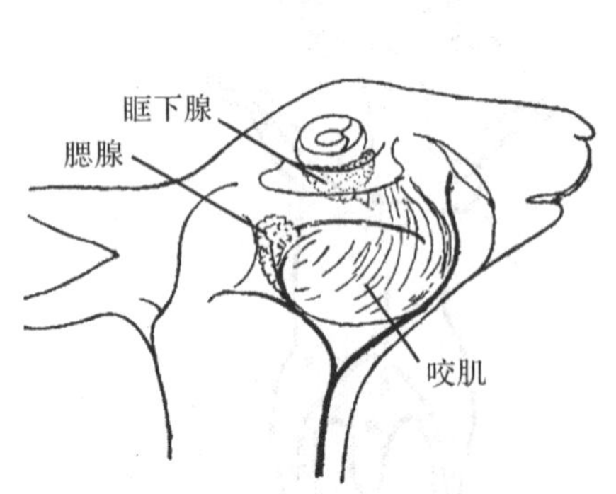

图217 兔的腮腺和眶下腺(仿杨安峰)

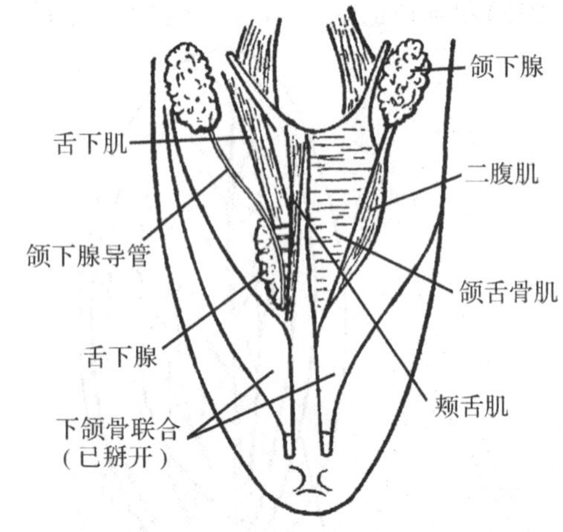

图218 兔的颌下腺和舌下腺(仿杨安峰)

口腔:沿口角将兔颊部剪开,清除一侧的咀嚼肌,并用骨剪剪开该侧的下颌骨与头骨的关节,即可将口腔全部揭开(图219)。口腔的前壁为上、下唇,两侧壁是颊部,上壁是腭,腭由前部的硬腭和后部的软腭组成,并构成鼻的通路。口腔前面牙齿与唇之间为前庭。位于最前端的2对长而呈凿状的门牙,侧后各有3对前臼齿和臼齿,齿式为$\frac{2\cdot0\cdot3\cdot3}{1\cdot0\cdot2\cdot3}\times=28$,下壁为口腔底,具发达的肉质舌。舌上有很多小乳头,其上有味蕾。

咽部:为软腭后方的腔。咽是消化与呼吸的共同通道,咽的上部向前有内鼻孔通入鼻腔,中部向前是口腔,向下与食道相连。咽的腹面是喉头,形成咽交叉。鼻咽的前侧壁上有1对斜的裂缝,为耳咽管的开口。将软腭沿中线切开,即可露出鼻咽腔。

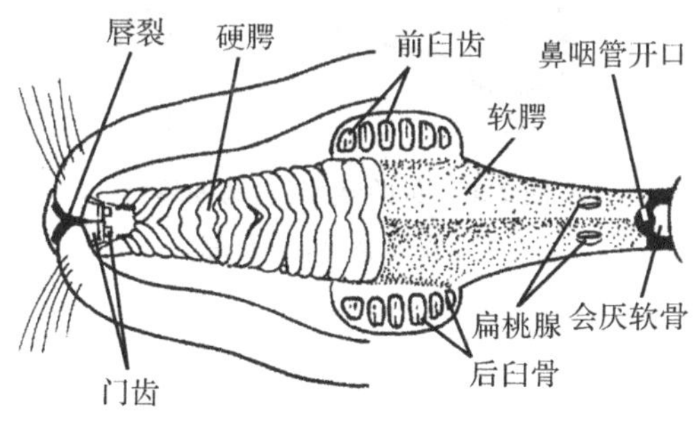

图219　兔口腔顶面观

食道:位于气管的背方,与咽相连,伸入胸腔穿过横膈膜进入腹腔与胃连接。

胃:为一扩大的囊,一部分被肝脏所覆盖。食道开口于胃的中部,此连接处称贲门,胃后端与十二指肠相连处为幽门,向外侧的凸面叫胃大弯,内侧凹面叫胃小弯。胃可分为两部分,左侧胃壁薄而透明,呈灰白色,右侧胃壁的肌肉较厚,且有较多的血管,故呈红灰色。胃左下方有一深红色的条状腺体为脾脏,属淋巴腺体。

肠道:肠道由**十二指肠**、**空肠**、**回肠**、**结肠**和**直肠**组成,最后由肛门通体外。其中十二指肠、空肠和回肠都属于小肠,结肠、直肠属于大肠。在小肠和大肠相接处发出一扩大的肠管叫**盲肠**,盲肠末段一段较细,称**蚓突**。小肠与盲肠相接处膨大形成一厚壁的圆囊,这是兔所特有的**圆小囊**。

肝脏:是体内最大的消化腺体,呈深红色,位于腹腔的前部,分为左、中、右3叶,肝之间有一深绿色的**胆囊**,有胆管通到十二指肠。

胰脏:分散在十二指肠的弯曲处,为不规则的淡黄色或淡粉红色腺体。

(2) 呼吸系统

喉头:咽后部会厌软骨之下,由软骨围成,喉头顶端有一大的开口为声门。喉头(图220)腹面的大形盾状软骨为**甲状软骨**,其下围绕喉部的是**环状软骨**,甲状软骨背面有一对小的杓状软骨,喉头腔的内壁有皮褶状的声带,环状软骨外的两侧有一深红色、扁平椭圆形的**甲状腺**。

气管:由喉头向后延伸,由软骨环所支持的管,向后分成两个支气管。注意观察软骨环的特征。

肺:肺为海绵状器官,位于心脏两侧的胸腔内。气管进入胸腔后,分2支入肺,每一支气管与肺的基部相连。

(3) 排泄系统

肾脏位于腹腔背面,以系膜紧紧地连在体壁上。外观成紫红色豆状结构。两侧肾脏以右侧偏高。肾脏前方有一小圆形的肾上腺(内分泌腺)。**输尿管**由肾脏通出,呈白色,细长,

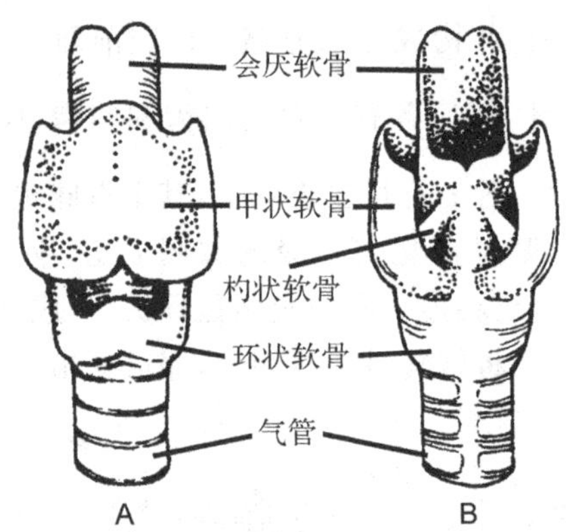

图 220 兔的喉部(仿杨安峰)

A. 腹面观;B. 背面观

通至膀胱,膀胱连通尿道,开口于体外。

(4) 生殖系统

雄性:睾丸 1 对,呈白色豆状体,在繁殖期内下降至阴囊中,非繁殖期缩入腹腔内。睾丸上端部有盘旋管状构造,为附睾,由附睾伸出的白色细管为输精管,此管经阴茎中的尿道通出体外(图 221A)。

雌性:卵巢 1 对,位于肾脏下方,呈紫黄色,有颗粒状突起的腺体。卵巢外侧各有 1 条细的输卵管,输卵管的上端部呈喇叭口,开口于腹腔,输卵管的下端膨大部分即为子宫。兔为双子宫型,子宫后端会合成阴道,开口于尿道的前方(图 221B)。

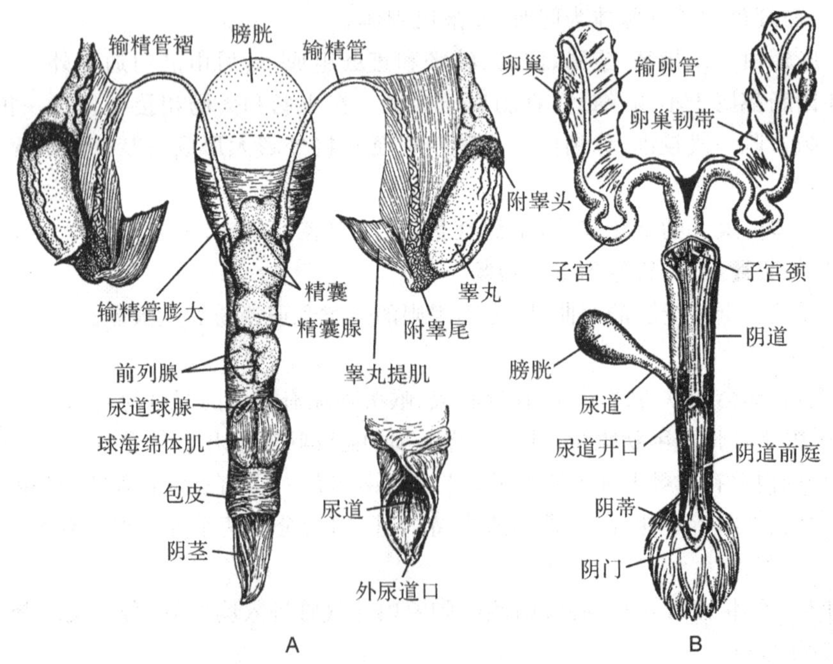

图 221 兔的生殖系统(仿杨安峰稍改)

A. 雄性背面观;B. 雌性背面观

四、作业和思考题

1. 将有关结构名称填入下图(提示:会有"颌下腺、食道、胃、十二指肠、结肠、盲肠、直肠、蚓突、肛门、肝脏、胆囊、胆管、胰脏、胰管、横膈、气管、肺、肾脏、输尿管、膀胱、肾上腺、脾脏、卵巢、输卵管、子宫;心脏、颈静脉、锁骨下静脉、动脉弓、无名动脉、锁骨下动脉"等内容)。

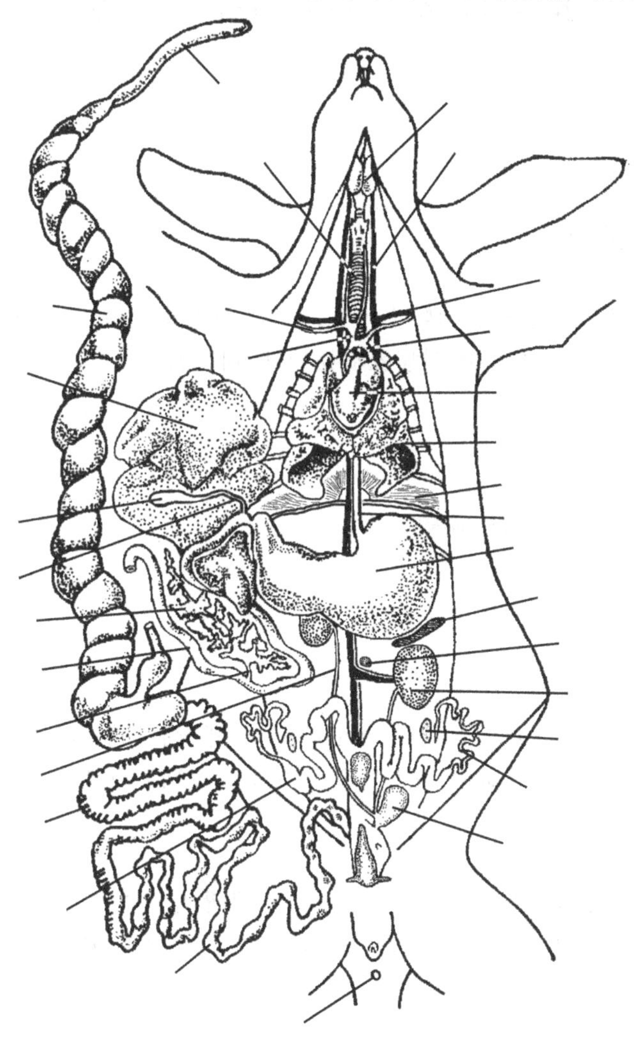

兔内脏器官(据Haladekvsky修改)

2. 通过实验,总结一下兔内部器官解剖中你做得较好的是哪些方面,存在的问题主要在哪里,以便为下一个实验做好准备。

实验 20 家兔的形态与结构 (Ⅱ)血液循环和神经系统

一、目的与要求

通过对以家兔为代表的哺乳动物血液循环和神经系统的解剖,了解和掌握哺乳动物上述系统的结构特点,进一步提高解剖哺乳动物的基本技能。

二、材料与用具

活家兔,解剖盘,解剖器,骨剪等。

三、操作与观察

(一)血液循环系统

按前一实验的方法,将兔子处死后,腹面朝上,打开胸腔和腹腔,先将心脏周围的脂肪及其胸腺等除去,小心不要损伤血管,按以下顺序观察血液循环系统(图 222)。

1. 静脉

(1) 前大静脉

此静脉也称**前腔静脉**,前大静脉分左、右两支,收集兔子头、颈、前肢及胸腔内部分脏器的静脉血,左、右前大静脉会合后,进入右心房,前大静脉(图 224)主要由以下血管会合而成。

锁骨下静脉:主要聚集前肢静脉的血液,流入前大静脉。

总颈静脉:此血管粗短,它由内颈静脉(颈内静脉)、外颈静脉(颈外静脉)及肩静脉在第 1 肋骨前缘两侧会合而成,并通入前大静脉。其中**内颈静脉**的血管处于深层,细小,收集颅腔、舌及颈部的血液;**外颈静脉**处于表层,较粗大,靠内颈静脉外侧后行;**肩静脉**收集从肩部回来的血液,在锁骨下静脉略前方处汇入总颈静脉。有些兔子在左、右外颈静脉基部还有 1 条横静脉相连。

奇静脉:观察时将胸腔内的器官推向左侧,在胸腔的背面,紧贴背大动脉右侧的 1 条静脉。它收集来自第 4 对肋骨以后各肋间静脉的血液,汇入右前大静脉。注意奇静脉不成对,这是一条在比较解剖学中很重要的血管,它相当于鱼类的右后主静脉。

前肋间静脉:也称肋间前静脉。它收集左、右两侧前四对肋间静脉的血液。与奇静脉不

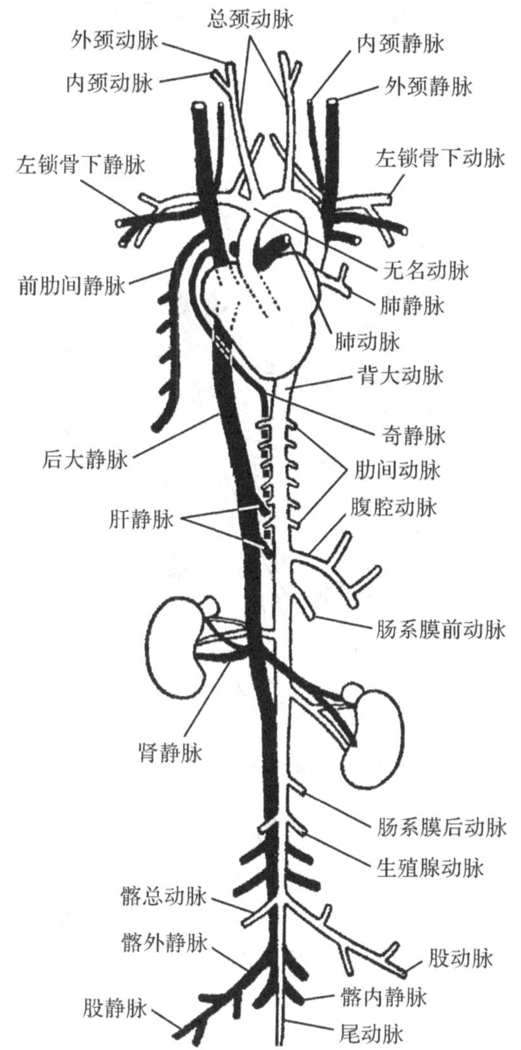

图 222 兔的主要血液循环系统腹面观示意图(据丁汉波修改)

同,它是成对的静脉。左、右前肋间静脉均在前大静脉靠基部处汇入前大静脉。注意右侧的前肋间静脉在奇静脉入口的略前方处。

(2) 后大静脉

后大静脉收集内脏和后肢的血液回心脏。在注入处与左、右前大静脉相会合,共同开口于右心房。后大静脉的主要分支血管有以下 7 条。

肝静脉:收集来自肝脏的血液,4～5 条,离开肝脏后立即进入后大静脉。

肾静脉:接受从肾出来的血液。注意右肾静脉高于左肾静脉。

生殖腺静脉:来自生殖器官,1 对,注意雄性来自睾丸,雌性来自卵巢。

腰静脉:共有 6 条,为一些较小的血管,位于肾静脉之后到生殖腺静脉之间。

髂腰静脉:1 对,较细,位于腹腔后端,在髂外静脉略前方处,进入后大静脉。注意有少数兔子左右髂腰静脉不对称。

髂外静脉:1 对,较粗,由膀胱静脉、股静脉会合而成。

髂内静脉:左、右两条髂内静脉约在第1荐椎腹面合成一条。髂内静脉接受来自小腿、尾部等血液进入后大静脉。

(3)肝门静脉

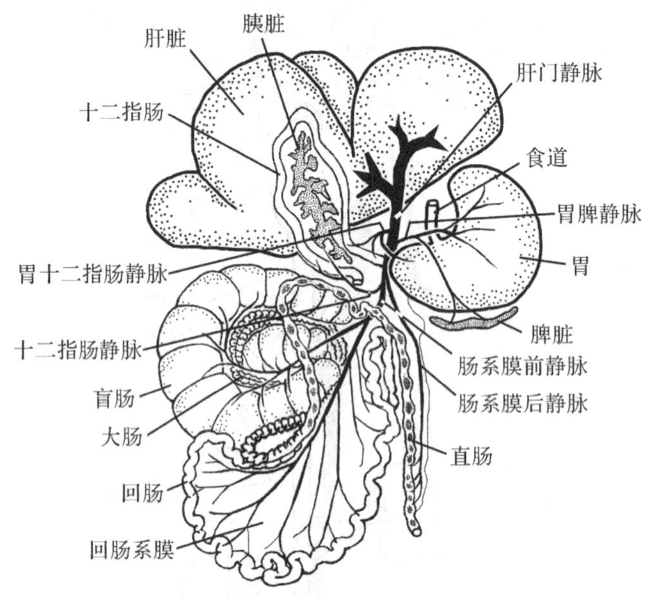

图 223　兔的肝门静脉示意图(作者)

观察时需将肝脏略往前推,将胃翻向左侧,使胃和肝分开一些,即可见到此血管。该血管位于肝、十二指肠韧带中、胆总管的背侧,收集来自腹部消化器官的血液,送入肝脏,是1条很粗大的血管。**肝门静脉**(图223)由以下5个支流汇集形成。

肠系膜前静脉:该血管与肠系膜前动脉伴行,是汇入肝门静脉最大的分支,收集肠各部的血液。

十二指肠静脉:紧靠肠系膜前静脉之前,收集十二指肠和胰的血液。

肠系膜后静脉:紧靠十二指肠静脉之前,收集直肠后部的血液。

胃脾静脉:位于肠系膜后静脉之前约1cm处,收集胃和脾的血液。

胃十二指肠静脉:位于胃脾静脉之前,收集胃及十二指肠前部的血液。

2. 动脉

参加体循环的动脉系,起始于左心室底部发出的1条呈白色的粗血管。该血管由左心室出来,稍前伸后即向左弯折,走向心脏的背面,于两肺之间并沿着脊柱腹侧向后行,并且穿过膈肌进入腹腔。从左心室出来向左弯折的这一段,称**左体动脉弓**。这是哺乳类动脉的一个重要特征。从心脏背面起一直通到胸、腹腔的这一条动脉,称**背大动脉**(图224)。

(1) 左体动脉弓的主要分支血管

一般情况下左体动脉弓分出2支大动脉,即左侧为左锁骨下动脉,右侧为无名动脉。

左锁骨下动脉:从左体动脉弓最左侧发出,沿左侧第1条肋骨前缘,进入左前肢。此动脉尚有不少分支血管。其中靠近锁骨下动脉基部向前发出1条**椎动脉**;在第1对肋骨附近向后发出1条**前肋间动脉**,供应血液到前4对肋间肌,该动脉位于奇静脉的外侧(图224)。

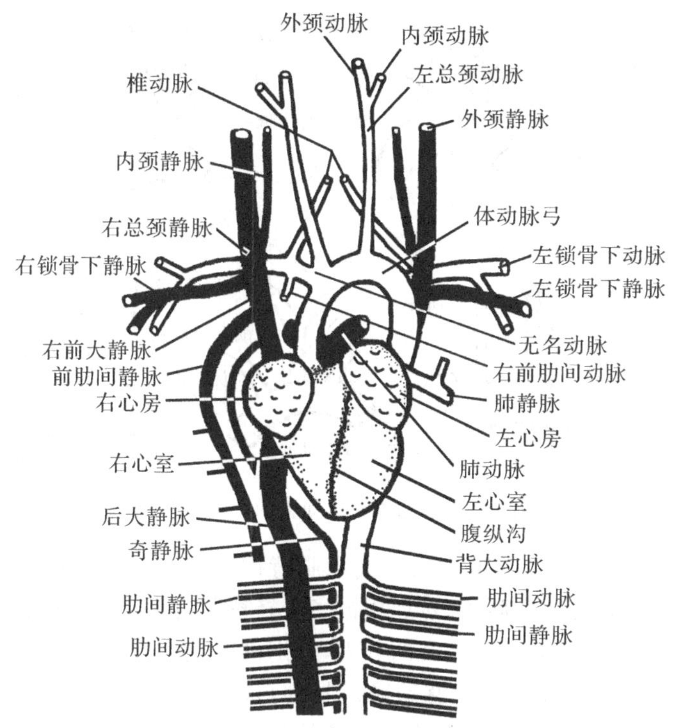

图 224　兔心脏周围动静脉腹面观示意图(作者)

无名动脉(图 224、225):从左体动脉弓右侧发出,为 1 条短而粗的血管。它有 3 条分支血管,从左至右依次是:**左总颈动脉**,沿气管左侧前行,至颌角处进而分为**内颈动脉**和**外颈动脉**。**右总颈动脉**,沿气管右侧前行,分支的情况同左总颈动脉。**右锁骨下动脉**,从无名动脉最右侧发出,进入右前肢。

实验中,有时可能发现左总颈动脉不从无名动脉分出,而是从左体动脉弓直接发出,位于无名动脉和左锁骨下动脉之间(图 224)。兔无名动脉从左体动脉弓发出后的变化除上述 2 种类型外,还有另外 3 种形式,见图 225。

(2) 背大动脉沿途分出的主要血管(图 222、224)

肋间动脉:为背大动脉经胸腔时分出的若干对小动脉,与肋骨平行,分布于肋间肌。

腹腔动脉:位于膈肌稍向后,从背大动脉分出的 1 支血管。该动脉进而又分为两支:**胃脾动脉**输送血液至胃和脾;**胃肝动脉**输送血液至胃、肝、胰等。

肠系膜前动脉:也称前肠系膜动脉或上肠系动脉。在腹腔动脉之后不远处由背大动脉发出,并有分支到肠的各部分及胰脏等处。

肾动脉:由背大动脉经过肾脏附近时发出的成对直达肾脏的血管。肾动脉还有小分支至肾上腺和体壁,其中去体壁的 1 支称**背腰动脉**。

生殖腺动脉:离肾动脉的距离较远,是腹腔后部、背大动脉向两侧分出的成对小血管,分布到睾丸或卵巢(图 222、226)。

肠系膜后动脉:也称后肠系膜动脉或下肠系膜动脉。为 1 条较小的动脉,分布到直肠。它从背大动脉分出的位置变异较大,有时从两条生殖腺动脉之间分出,有时则从两条生殖腺动脉之后分出。

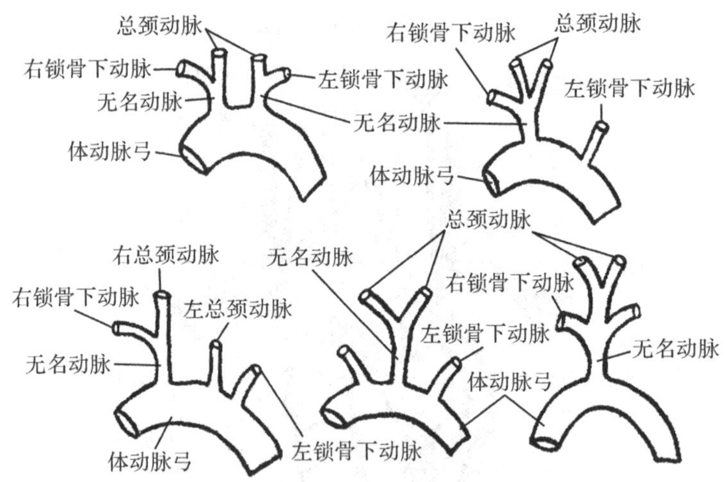

图 225 兔的体动脉弓发出的血管的变化示意(仿王所安)

腰动脉:从前至后每隔一定距离从背大动脉背侧发出,伸向背部两侧的腰肌,共 6 对。观察时应除去背大动脉旁边的脂肪,然后用镊子轻轻拉起背大动脉,即可清楚地看到。

髂总动脉:为背大动脉后端的左右两分支,分别供应左右后肢的血液。每侧的髂总动脉还有以下重要的分支:**髂内动脉(内髂动脉)**,较细,位于髂总动脉的内侧,分布血液至臀部等;**髂外动脉(外髂动脉)**,较粗,位于总髂动脉的外侧,主要供应后肢的血液;**脐动脉**,从髂内、外动脉的腹面分出(图 226)。

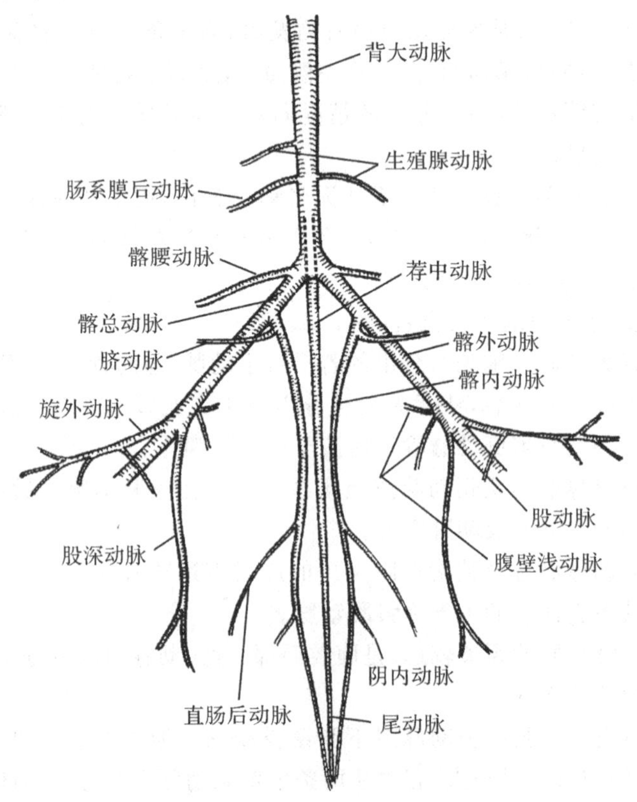

图 226 兔的腹腔后部动脉腹面观(据杨安峰稍改)

尾动脉:位于背大动脉的最后端,从背侧分出的一细小动脉,伸至尾部,其出发位置在左、右总髂动脉稍前处(图 222、226)。

3. 肺动脉及肺静脉

肺动脉:自右心室的左前缘出发,伸向背侧,在体动脉弓的后面分为左、右两支,分别进入左、右肺。

肺静脉:起自肺泡壁的毛细血管,经在肺内多次会合而成小静脉,最后会合成两条肺静脉,从背侧进入左心房。

4. 心脏的构造

首先注意观察心脏的正常位置和外形,然后将心脏周围的血管剪断。在剪断血管时,务必留一段血管,使其连于心脏上,以便观察心脏与血管连接的情况。

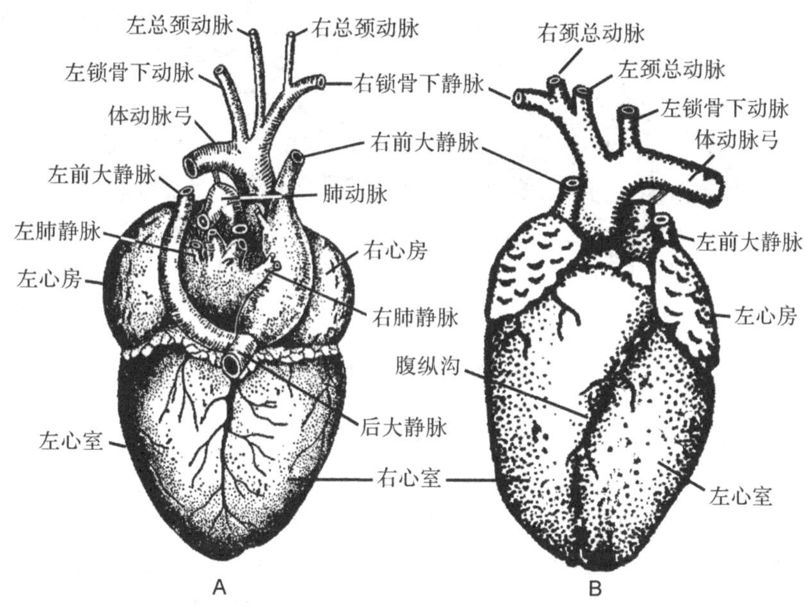

图 227　兔的心脏(仿杨安峰)

A. 背面观;B. 腹面观

心脏(图 227)位于胸腔内,它的两侧靠近左、右肺,背侧有气管、支气管和食道。后段靠近横膈膜。心脏外面包有一个**纤维性浆膜囊**,**称心包**。由此围成的腔叫**心包腔**,腔内有少量的**心包液**。心脏是有腔的肌性器官,心壁主要由厚层的心肌构成。心脏围有一横向的冠状沟,此沟将心脏分为前后两部,前部叫心房,后部叫心室。冠状沟内分布有脂肪和冠状动、静脉。**冠状动脉**是供应心脏本身营养的血管,由体大动脉基部发出,分成左右两支,分布于左、右心室外壁。观察时可将体大动脉的基部剪开,则可看到冠状动脉的开口。**冠状静脉**,由心壁静脉汇成,有若干条,与冠状动脉伴行,收集的血液分别注入左前大静脉和右心房。冠状静脉不易观察,本次实验不作要求。

将离体心脏在水中洗净后,沿右心房中线偏外侧处纵向剪开,看到右心房的腔,沿右心房腔腹壁横向剪开右心房与右心室间的壁,纵向剪开右心室腹壁。用同样方法也剖开左心房和左心室。在右心室可见**三尖瓣**,左心室可见**二尖瓣**。注意观察左、右心室壁的厚薄情况。在肺动脉口周缘有 3 个半月形瓣膜叫**肺动脉瓣**,主动脉口周缘也有 3 个半月形瓣膜,叫主动脉瓣。

（二）神经系统

神经系统较为复杂，包括中枢神经、外周神经、植物性神经系统。本次实验重点观察以下几部分。

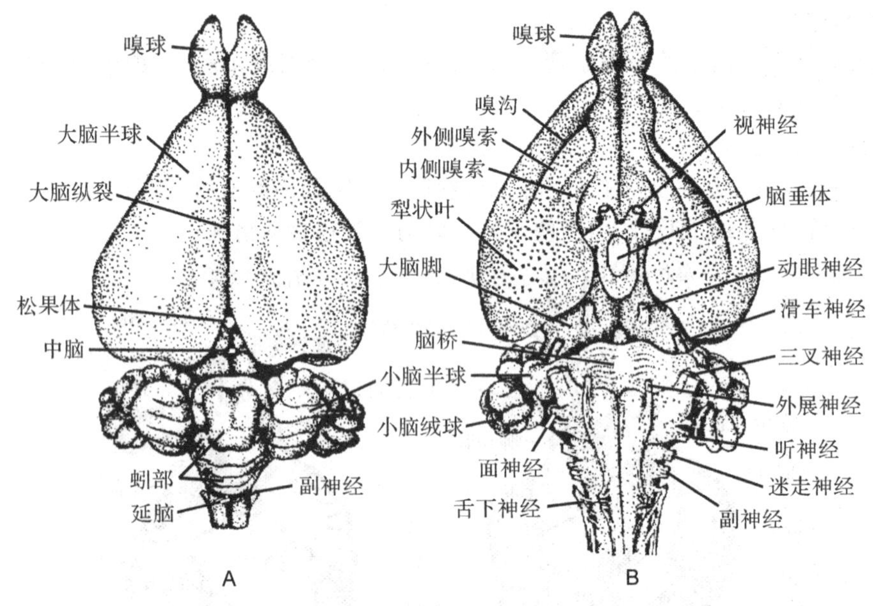

图 228 兔脑（仿杨安峰）

A. 背面观；B. 腹面观

1. 脑的背面观

脑的背面观（图 228A）观察以下几部分。

嗅叶：1 对，位于大脑的前方，由大脑发出。

大脑半球：占全脑大部分。大脑皮层不发达，比较薄，皮层表面光滑，缺乏沟与回。两大脑半球之间有 1 纵裂。稍分开纵裂，可见连于两者之间的**胼胝体**。

间脑：被大脑半球遮住，掀起大脑半球可见位于大脑纵裂后端的 1 小的**松果体**。

中脑：位于松果体之后，有四个丘状隆起，即中脑的**四叠体**。

小脑：在中脑之后，中间为**蚓突**，两侧为**小脑半球**，其外侧各有 1 个**小脑鬈**。

延脑：脑的最后部分，背侧有一明显的**菱形沟**，延脑向后穿出枕骨大孔与脊髓相连接。

2. 脑的腹面观

脑的腹面观（图 228B）观察以下几部分。

嗅神经（Ⅰ）：由鼻腔的嗅黏膜发出，连于嗅球上。

视神经交叉（Ⅱ）：位于间脑腹面，为 1 对粗大的神经。

间脑脑垂体：紧贴在视神经交叉后，为 1 圆形突起。

大脑脚：位于脑垂体后方，中脑的腹面。

动眼神经（Ⅲ）：位于脑垂体后方，分布于眼肌。

滑车神经（Ⅳ）：很细小，从中脑侧壁伸出，分布于眼肌。

脑桥：位于小脑腹面隆起部分。

三叉神经（Ⅴ）：从脑桥后缘两侧伸出，分布于眼眶壁和上下颌。

外展神经(Ⅵ):沿延脑腹面中线向前伸,分布于眼肌。

面神经(Ⅶ)和**听神经**(Ⅷ):位于三叉神经之后,每侧有 3 根神经发出,前 1 根为面神经,后 2 根为听神经。

舌咽神经(Ⅸ):位于听神经之后,分布到舌肌和咽部。

迷走神经(Ⅹ):紧接在舌咽神经之后,基部有数根,分布于咽、喉、气管及内脏器官。

副神经(Ⅺ):位于迷走神经之后,分布于咽、喉等肌肉处。

舌下神经(Ⅻ):位于延脑后端、腹面中线两侧,副神经的内后侧,分布于舌肌。

3. 植物性神经系统

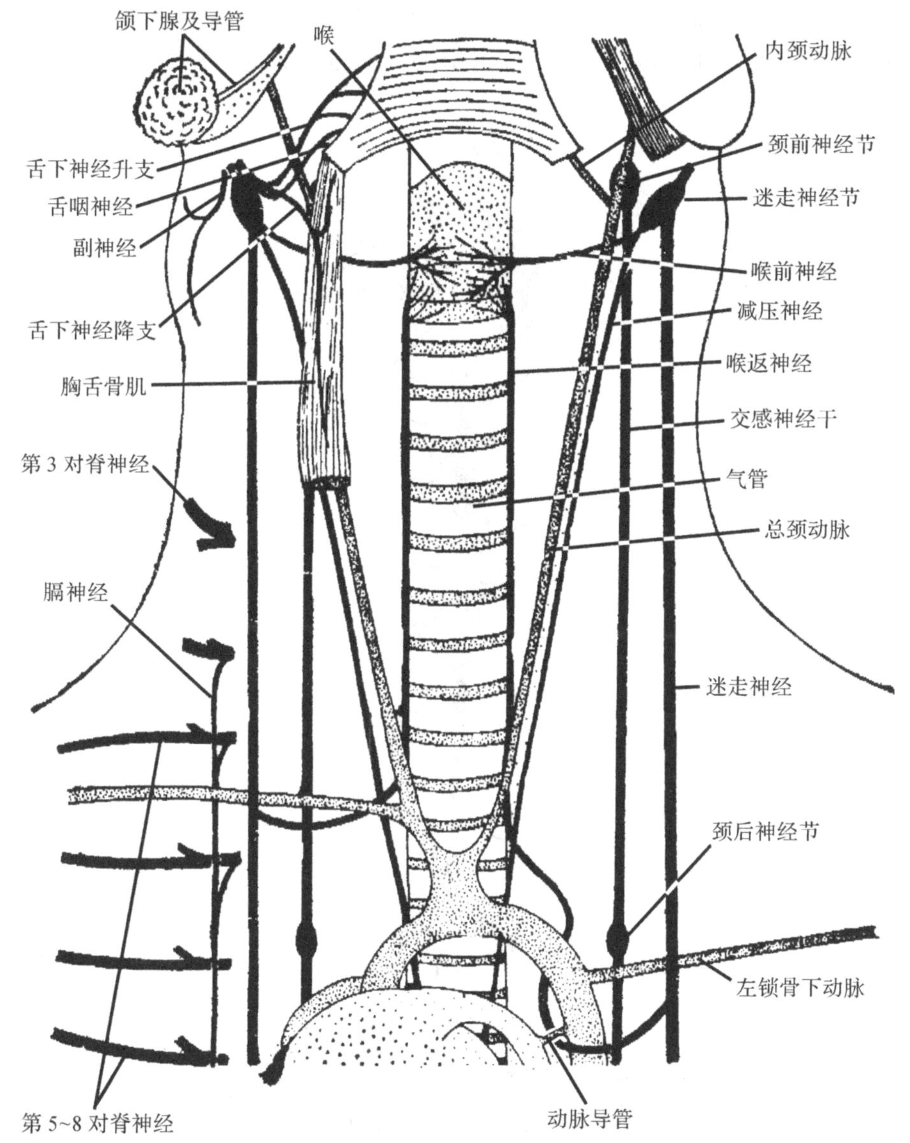

图 229　兔颈部植物性神经(仿杨安峰)

植物性神经系统(图 229)包括**交感神经**和**迷走神经**两部分,为支配内脏平滑肌、心肌和腺体的神经。本次实验,只对兔颈部腹面的植物性神经进行基本观察。先细心除去颈部腹面的肌肉，可发现颈动脉旁边有两条神经，其中内侧较细的为交感神经干，外侧较粗的为迷走神经。

四、作业和思考题

1. 把在实验中找到的(左)总颈动脉、外颈动脉、内颈动脉、(右)锁骨下动脉、椎动脉、肱动脉、肺动脉、体动脉弓、无名动脉、肋间动脉、背大动脉、腹腔动脉、前肠系膜动脉、(右)肾动脉、后肠系膜动脉、生殖腺动脉、髂外动脉、髂内动脉、尾动脉；外颈静脉、内颈静脉、(右)锁骨下静脉、右前大静脉、奇静脉、前肋间静脉、肋间静脉、肝静脉、后大静脉、(右)肾静脉、生殖腺静脉、髂腰静脉、髂内静脉、髂外静脉等填入下图中。要求在解剖过程中逐一填入。

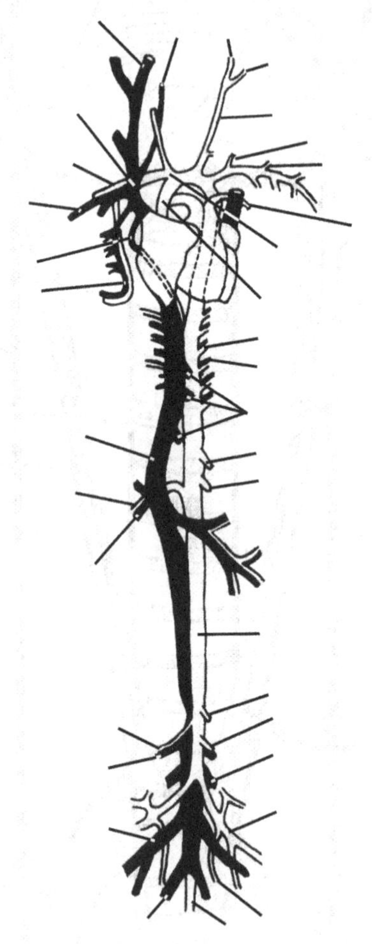

家兔循环系统模式图(据郑光美稍改)

2. 在解剖过程中往往会发生大的血管的破裂，是什么原因造成的？请总结你在兔子血管解剖过程中的经验教训。

3. 通过本次实验及蟾蜍、鸡的循环系统的解剖，总结、比较两栖类、鸟类及哺乳类循环系统的结构特征。

实验 21　鱼纲分类和代表种类

一、目的与要求

通过鱼纲代表种类的观察，认识常见鱼类的主要特征，初步掌握鱼类分类鉴定的方法和分类特征。

二、材料与用具

鱼类标本，解剖器、直尺和蜡盘等。

三、观察与检索

(一)鱼体外形、测量和常用术语（图 230）

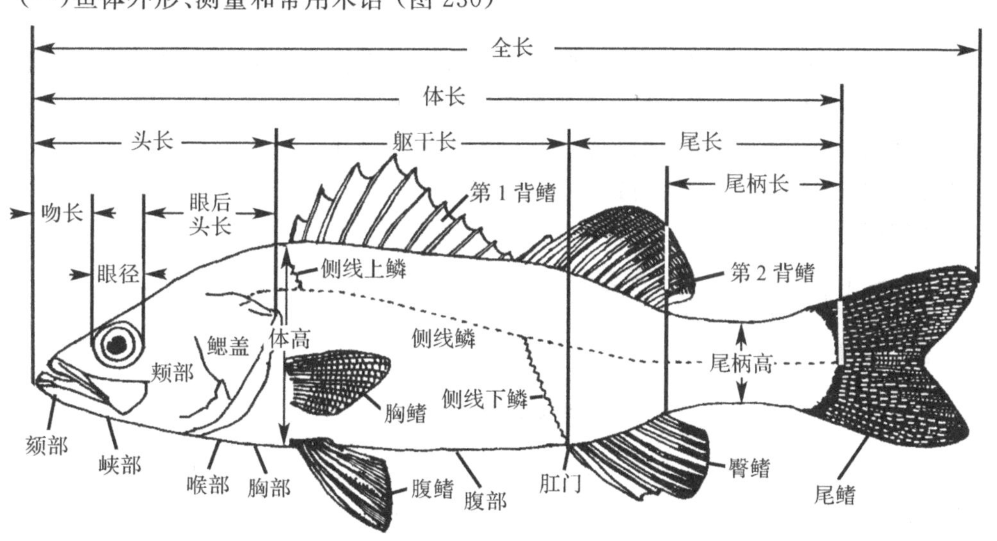

图 230　鱼外形图(据冯昭信稍改)

全长：自吻端到尾鳍末端的直线长度。

体长：自吻端到尾鳍基部的长度。

头长：自吻端到鳃盖骨后缘(不包括鳃盖膜)的长度。

体高:躯干部最高处的垂直高度。

躯干长:由鳃盖后缘至尾鳍基部的长度。

尾长:由肛门至尾鳍基部的长度。

吻长:由上颌前端至眼前缘的长度。

眼径:眼的最大直径。

眼间距:两眼眶背缘的直线距离。

口裂长:吻端至口角的长度。

眼后头长:眼后缘至鳃盖骨后缘的长度。

尾柄长:臀鳍基部后端至尾鳍基部的长度。

尾柄高:尾柄最低处的垂直高度。

鳍条:柔软分节。其中末端分支的为分支鳍条,末端不分支的为不分支鳍条(图 231A)。

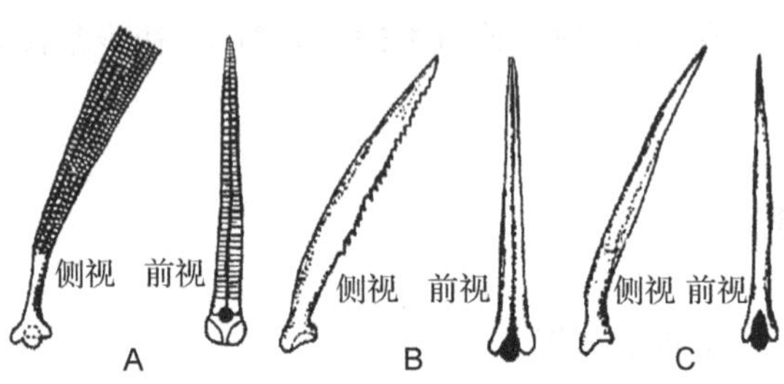

图 231 鱼类的鳍棘

A. 鳍条;B. 假棘;C. 真棘

鳍棘:坚硬,其中由左右两半组成的鳍棘为**假棘**;不能分支为左右两半的鳍棘为**真棘**(图 231B、C)。

鳍式:记录背鳍(D)、臀鳍(A)、胸鳍(P)和腹鳍(V)鳍条或鳍棘数量,通常用罗马数字表示鳍棘数,阿拉伯数字表示鳍条数。如鲤鱼背鳍公式为:D·Ⅲ—15～22。

侧线鳍数:从鳃盖上方直达尾部的一条带孔的鳞的数目。

侧线上鳞数:从背鳍起点斜列到侧线鳞的鳞数。

侧线下鳞数:从臀鳍起点斜列到侧线鳞的鳞数。

鳞式: $侧线鳞数目=\frac{侧线上鳞数目}{侧线下鳞数目}$

(二)鱼纲分类

鱼纲分亚纲检索表

1. 鳃裂 5～7 个,分别开口体外 ………………………………………… 板鳃亚纲(Elasmobranchii)
   鳃裂不直接开口于体外 ………………………………………………………… 2
2. 鳃裂外被一膜状鳃盖骨覆盖 ………………………………………… 全头亚纲(Holocephali)
   鳃裂外被一鳃盖骨覆盖 ………………………………………… 辐鳍亚纲(Actinopterygii)

板鳃亚纲分目检索表

1. 眼侧位,鳃裂开口于头的两侧;胸鳍正常,与体侧和头不愈合 ………………………… 2
   眼上位,鳃裂开口于头的腹面;胸鳍与头和体侧愈合 ………………………………… 7

2. 鳃裂6～7个；背鳍1个 ……………… 六鳃鲨目(Hexanchiformes)
　鳃裂5个，背鳍2个 ……………… 3
3. 具臀鳍 ……………… 4
　无臀鳍 ……………… 6
4. 两背鳍均具1硬棘 ……………… 虎鲨目(Heterodontiformes)
　两背鳍均无棘 ……………… 5
5. 眼无瞬膜或瞬褶 ……………… 鼠鲨目(Lamniformes)
　眼具瞬膜或瞬褶 ……………… 真鲨目(Carcharhiniformes)
6. 体不平扁；胸鳍正常；吻很长，呈剑状突出，两侧具锯齿 ……………… 锯鲨目(Pristiophoriformes)
　体平扁；胸鳍扩大；向头侧延伸；鳃裂扩大，下半部转入腹面 ……………… 扁鲨目(Squatiniformes)
7. 头与胸鳍之间具发电器官，体盘卵圆形，吻圆，不突出 ……………… 电鳐目(Torpediniformes)
　头与胸鳍之间无发电器官，体一般菱形，吻部前端形成一突起 ……………… 8
8. 吻突出，呈剑状，两侧具坚大吻齿，使吻呈锯状 ……………… 锯鳐目(Pristiformes)
　吻正常，两侧无吻齿 ……………… 9
9. 尾部粗，具尾鳍；背鳍2个 ……………… 10
　尾部细小，呈鞭状；背鳍只1个或缺少 ……………… 鲼目(Myliobatiformes)
10. 腹鳍前部分化为足趾状构造 ……………… 鳐目(Rajiformes)
　腹鳍正常，前部不分化为足趾状 ……………… 犁头鳐目(Rhinobatiformes)

板鳃亚纲(Elasmobrachii)的代表种类：

锤头双髻鲨(*Sphyrna zygaena*)(图232)：真鲨目。头部的额骨向左右两侧突出，似榔头。眼位于头侧突起的两端。喷水孔消失。鼻孔端位。体长可达3m，性甚凶猛，我国东海、南海及黄海有分布。

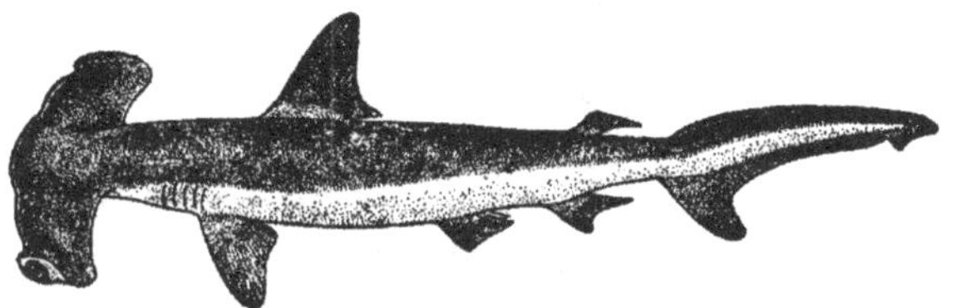

图232　锤头双髻鲨(仿张春霖)

许氏犁头鳐(*Rhinobatus schlegeli*)(图233)：犁头鳐目。体犁形，喷水孔较小，位于眼后。胸鳍前伸不达吻端，尾上有2背鳍，无棘，我国沿海有分布。

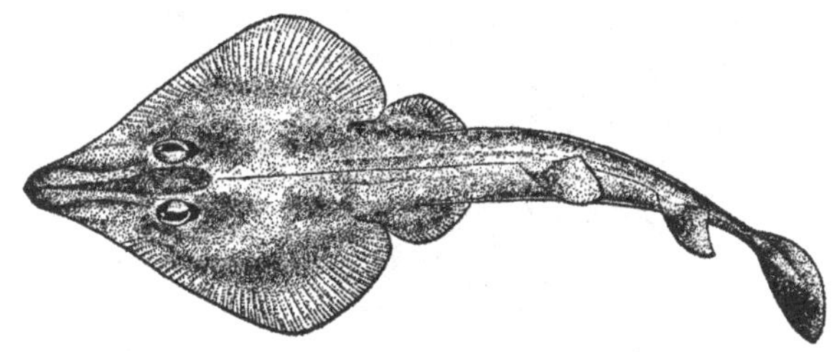

图233　许氏犁头鳐(仿张春霖)

中国团扇鳐(*Platyrhina sinensis*)(图234)：犁头鳐目。体团扇形，胸鳍前伸达吻端，背部正中有一行刺。我国沿海有分布。

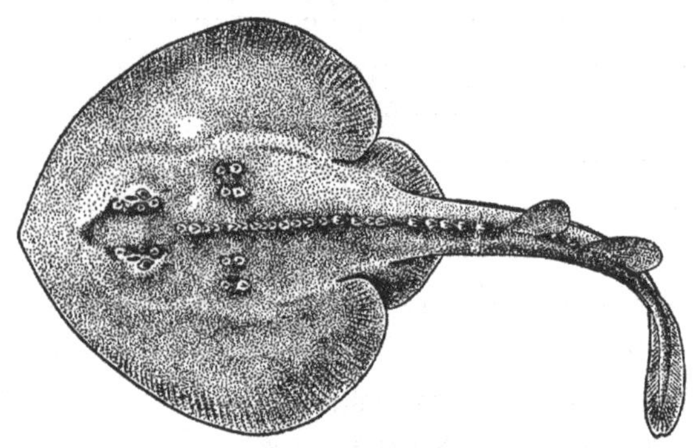

图 234 中国团扇鳐(仿张春霖)

孔鳐(*Raja porosa*)(图 235):鳐目。尾上具纵行棘刺,其中雄性 3 行,雌性 5 行,背面褐色,有时具不明显斑块。为近海底层小型鱼类,分布在我国黄海、东海。

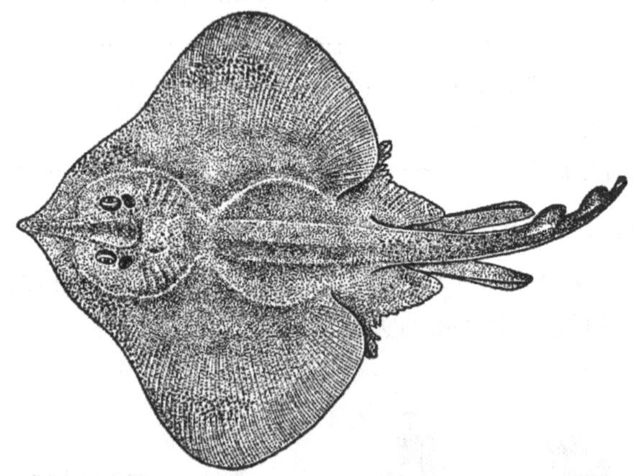

图 235 孔鳐(仿张春霖)

赤魟(*Dasyatis akajei*)(图 236):鲼目。体盘单而阔。吻宽而短,前端钝。无背鳍和臀鳍,腹鳍小。尾细长,呈鞭状,具尾刺,我国东海、南海有分布。

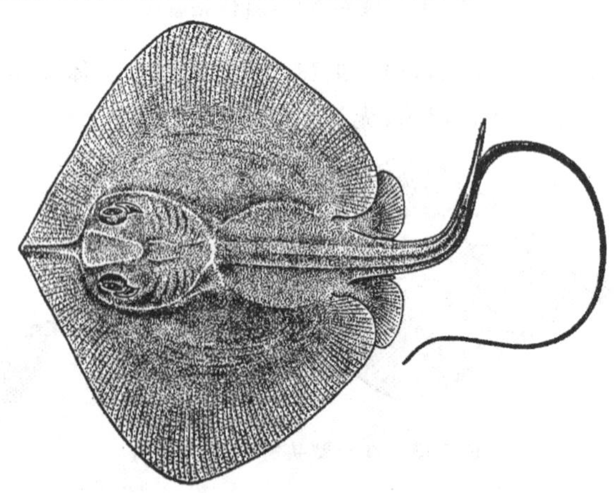

图 236 赤魟(仿张春霖)

全头亚纲(Holocephali)现仅存银鲛目(Chimaeriformes),代表种类如**黑线银鲛**

(*Chimaera phontasma*)(图237),体表光滑无鳞,背鳍2个,无喷水孔,胸鳍大,尾细长。分布于黄海和东海。

图237 黑线银鲛(仿张春霖)

辐鳍亚纲分目检索表

1. 体被5行骨板(鲟科),若裸露无鳞,则尾鳍上叶有硬鳞(白鲟科);歪型尾…… 鲟形目(Acipenseriformes)
   体被圆磷、栉鳞或裸露,一般为正型尾 …… 2
2. 成鱼体对称,眼位于头的两侧 …… 3
   成鱼体不对称,两眼位于头部的一侧 …… 鲽形目(Pleuronectiformes)
3. 上颌骨正常,不与前颌骨愈合 …… 4
   上颌骨与前颌骨愈合成骨喙;腹鳍一般不存在 …… 鲀形目(Tetrodontiformes)
4. 胸鳍正常,基部不呈柄状;鳃孔一般位于胸鳍基底前后 …… 5
   胸鳍基部呈柄状;鳃孔位于胸鳍基底后方 …… 鮟鱇目(Lophiiformes)
5. 体延长,呈蛇形 …… 6
   体形多样,不呈蛇形 …… 7
6. 左右鳃孔不相连 …… 鳗鲡目(Anguilliformes)
   左右鳃孔在喉部连合为一,无胸鳍 …… 合鳃目(Symbranchiformes)
7. 背鳍一般无鳍棘,一些种类背、臀鳍或胸鳍前有骨化的硬刺 …… 8
   背鳍一般具鳍棘 …… 15
8. 腹鳍腹位,背鳍1个 …… 9
   腹鳍胸位或喉位,背鳍1～3个 …… 鳕形目(Gadiformes)
9. 上颌口缘由前颌骨和上颌骨共同组成 …… 10
   上颌口缘仅由前颌骨组成 …… 11
10. 无脂鳍,无侧线 …… 鲱形目(Clupeiformes)
    通常有脂鳍,具侧线 …… 鲑形目(Salmoniformes)
11. 无侧线 …… 鳉形目(Cyprinodontiformes)
    具侧线 …… 12
12. 侧线位低,接近腹侧;背鳍与臀鳍相对 …… 颌针鱼目(Beloniformes)
    侧线正常 …… 13
13. 两颌无牙;无脂鳍,具韦伯氏器 …… 鲤形目(Cypriniformes)
    两颌具牙;通常具脂鳍 …… 14
14. 体被圆鳞;无口须 …… 灯笼鱼目(Myctophiformes)
    体裸露或被骨板;具1～4对口须 …… 鲶形目(Siluriformes)
15. 吻通常呈管状,背、臀、胸鳍鳍条大多不分支 …… 刺鱼目(Gasterosteiformes)
    吻不呈管状;背、臀和胸鳍鳍条大多分支 …… 16

16. 腹鳍存在时,具1～17枚鳍条,棘有或无 …………………………………………………… 17
腹鳍一般具1鳍棘,5鳍条 ……………………………………………………………………… 18
17. 尾鳍主鳍条18～19枚;臀鳍一般具3鳍棘 ………………………………… 金眼鲷目(Beryciformes)
尾鳍主鳍条10～13枚;臀鳍具1～4鳍棘……………………………………… 海鲂目(Zeiformes)
18. 腹鳍亚胸位或腹位;2个背鳍相离颇远 ……………………………… 鲻形目(Mugiliformes)
腹鳍腹位或喉位,背鳍2个,接近或连接 ………………………………………………………… 19
19. 第2眶下骨后延,横过颊部与前鳃盖骨相接,形成眶下骨架 ………………… 鲉形目(Scorpaeniformes)
第2眶下骨不后延成眶下骨架 ……………………………………………………… 鲈形目(Perciformes)

辐鳍亚纲(Actinopterygii)的代表种类:

中华鲟(*Acipenser sinensis*)(图238):鲟形目,体被5行骨板,左右鳃膜与颊部相连。分布于长江、钱塘江和沿海。

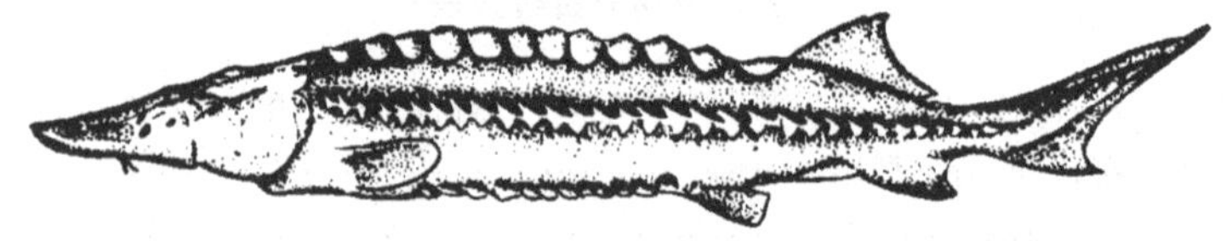

图238 中华鲟(仿张春霖)

鳗鲡(*Anguilla japonica*)(图239):鳗鲡目。体呈圆筒形。背、尾、臀鳍连在一起,鳞片小,埋于皮下,上颌短于下颌。两颌及犁骨具小齿。生活于淡水,性成熟及繁殖则在深海。

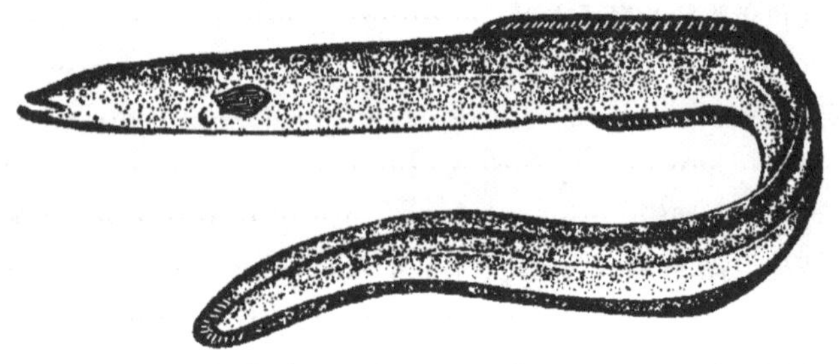

图239 鳗鲡(仿张春霖)

黄鳝(*Monopterus albus*)(图240):合鳃目。体圆筒形,无鳞,无偶鳍。左、右两鳃裂连在一起呈一道横缝。生活于淡水。

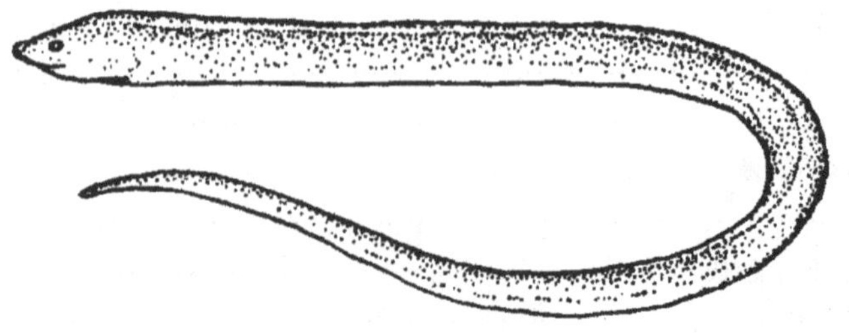

图240 黄鳝(仿张春霖)

鳓鱼(*Ilisha elongalta*)(图241):鲱形目。头小,体侧扁,圆形鳞易脱落,尾鳍叉形。胸与腹部的腹缘有锯齿状的棱鳞。无侧线。口上位,下颌突出。我国各海区均有分布。

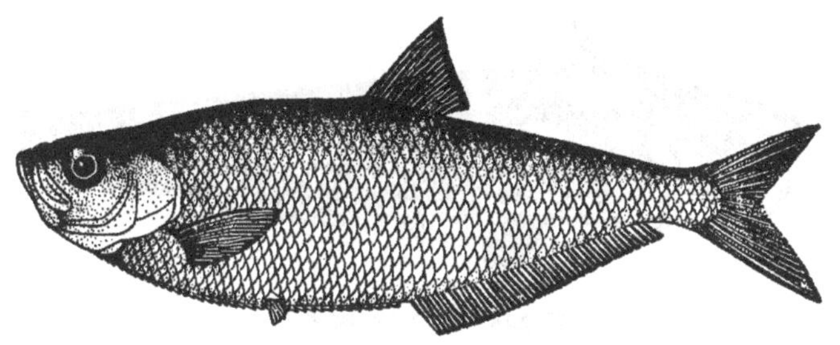

图 241　鳓鱼(仿张春霖)

鲥鱼(*Macrura reevesii*)(图 242):鲱形目。口前位,上颌边缘中央部有显著的缺刻。具脂眼睑,尾深叉形。腹鳍小,偶鳍基部具腋鳞。分布于沿海、长江、钱塘江及珠江水系。

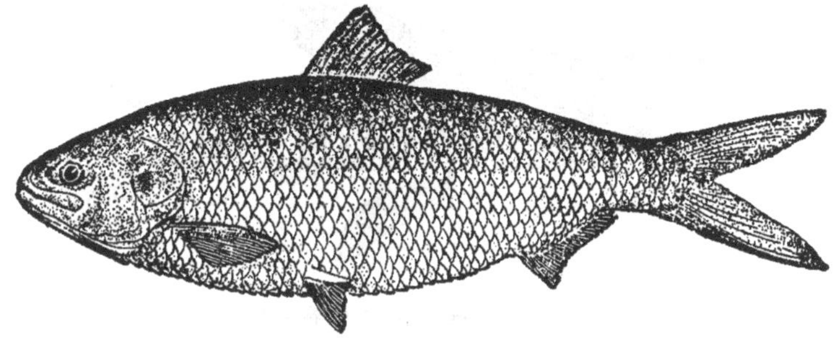

图 242　鲥鱼(仿张春霖)

刀鲚(*Coilia ectenes*)(图 243):鲱形目。体侧扁而长,向尾端逐渐变细。腹部棱鳞显著。上颌骨后延到胸鳍基部。臀鳍长并与尾鳍相连,胸鳍上部具 6 条游离的丝状鳍条。分布于黄海、渤海、东海和通海的江河湖泊。

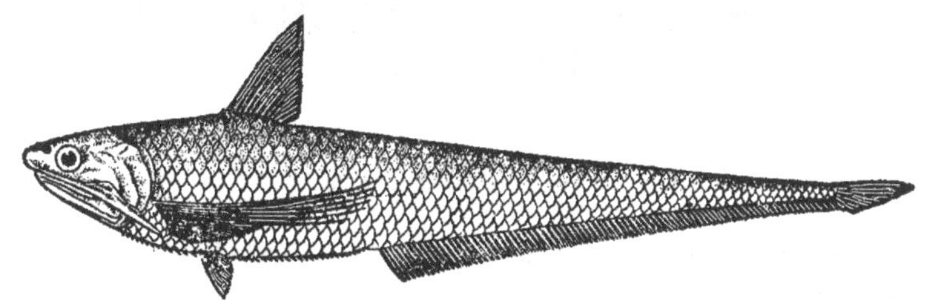

图 243　刀鲚(仿张春霖)

大银鱼(*Protosalanx hyalocranius*)(图 244):鲑形目。体透明,头长而平扁,具尖长扁平的吻,具脂鳍,体光滑,仅雄鱼臀鳍基部有 1 行鳞。分布于我国沿海、河口及湖泊。

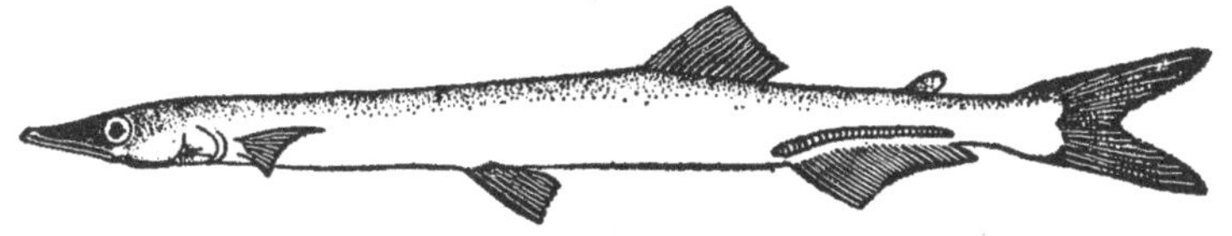

图 244　大银鱼(仿张春霖)

鲶鱼(*Parasilurus asotus*)(图 245):鲶形目。腹鳍前较圆胖,以后渐侧扁。口大而宽阔,须 2 对,其中上颌须较长,背鳍甚小,丛状,臀鳍长,后端与尾鳍相连。产于淡水。

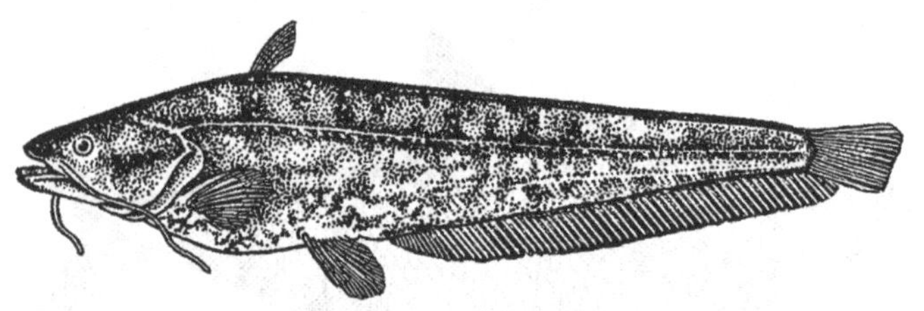

图 245 鲶鱼(仿张春霖)

燕鳐鱼(*Cypselurus rondeletii*)(图 246):颌针鱼目。体略呈梭形,吻短,眼大。圆鳍甚大,胸鳍发达,展开时可在水面上滑翔,俗称"飞鱼"。腹鳍大,尾鳍分叉,下叶较长。分布于东海及黄海、渤海。

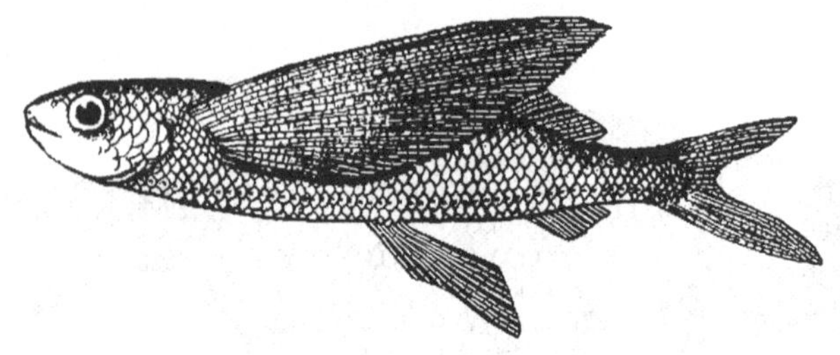

图 246 燕鳐鱼(仿张春霖)

鳕鱼(*Gadus macrocephalus*)(图 247):鳕形目。背鳍 3 个,臀鳍 2 个,颏部有 1 短须。分布于黄海、渤海。

图 247 鳕鱼(仿张春霖)

海马(*Hippocampus japonicus*)(图 248):刺鱼目。体侧扁,被环状骨片,头与体轴成直角。尾端卷曲,无尾鳍。沿海均有分布。

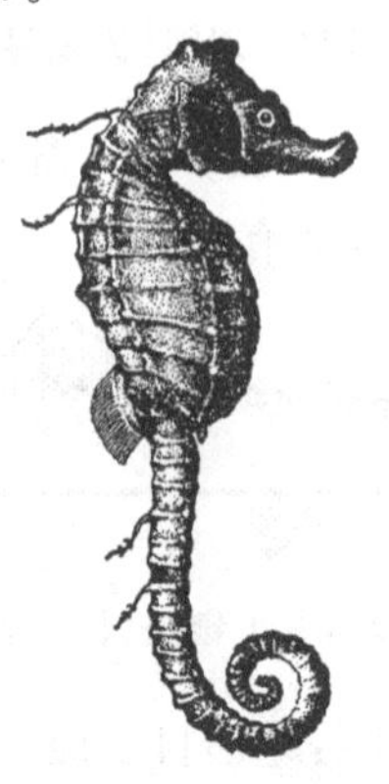

图 248 海马(仿张春霖)

鲻鱼(*Mugil cephalus*)(图 249):鲻形目。脂眼睑发达,体侧具 7 条黑色的纵纹。各海区分布。

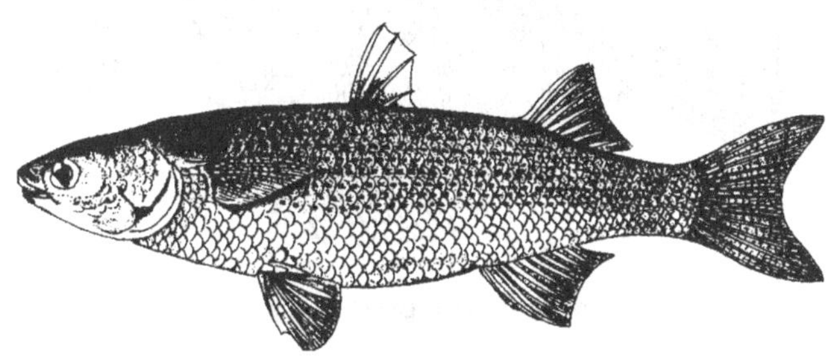

图 249　鲻鱼(仿张春霖)

半滑舌鳎(*Cynoglossus semilaevis*)(图 250):鲽形目。体侧扁呈舌状,眼位于头部左侧,有眼的一侧有 3 条侧线,被栉鳞。无眼一侧被圆鳞。无尾柄。海产。

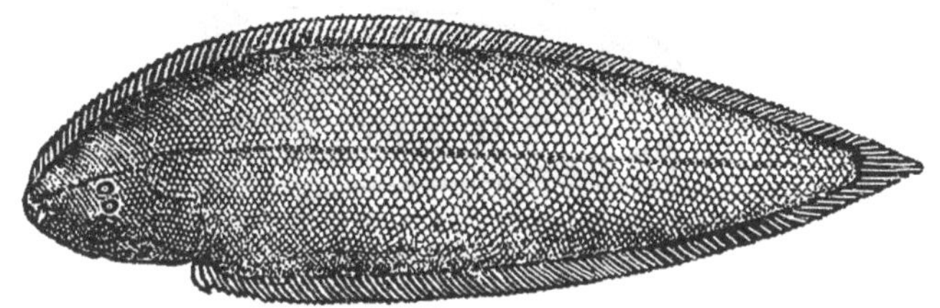

图 250　半滑舌鳎(仿张春霖)

牙鲆(*Paralichthys olivaceus*)(图 251):鲽形目。体卵圆形,侧扁,眼在头的左方,口大,前鳃盖骨边缘游离。有眼的一侧被栉鳞,鳞小,腹鳍不对称,背鳍始于上眼上方。我国南北沿海均有分布。

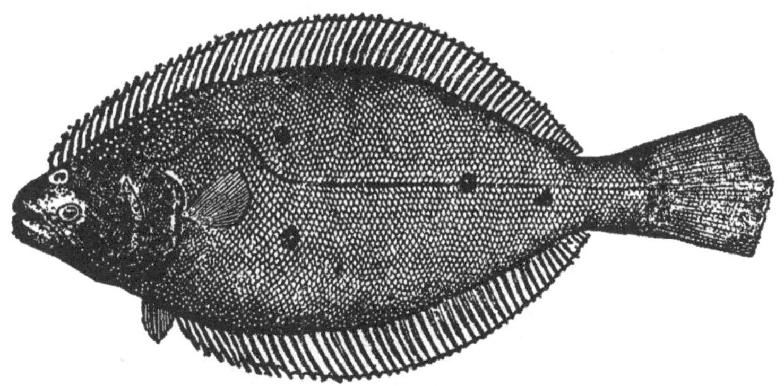

图 251　牙鲆(仿张春霖)

高眼鲽(*Cleisthenea herzensteini*)(图 252):鲽形目。体呈长卵圆形,眼与有颜色面均在体右侧,两眼位于头顶边缘上。冷水性低层海洋鱼类,产于我国黄海。

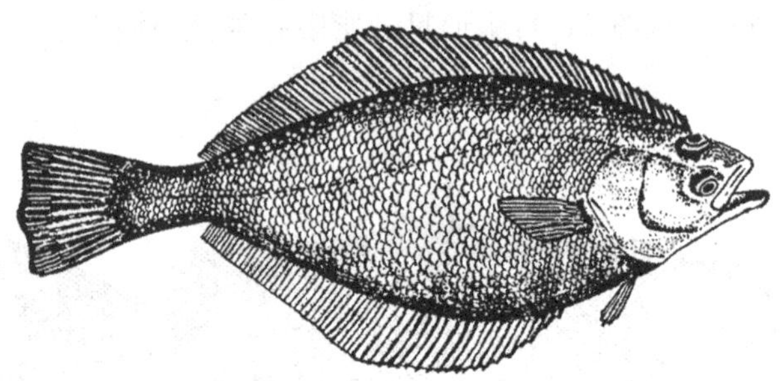

图 252 高眼鲽(仿张春霖)

带鱼(*Trichiurus haumela*)(图 253):鲈形目。体银白色,无鳞,体长,呈带状,尾部末端为细鞭状。口大,下颌长于上颌。背鳍甚长,腹鳍退化。沿海均有分布。

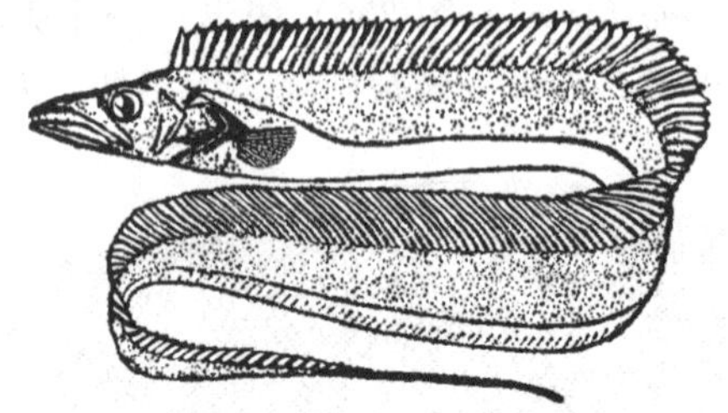

图 253 带鱼(仿张春霖)

大黄鱼(*Pseudosciaena crocea*)(图 254):鲈形目。体呈金黄色,尾柄长为高的 3 倍多,脊椎骨 25～26 枚,鳞片较小。黄海、渤海和东海重要经济海鱼,已在人工养殖。

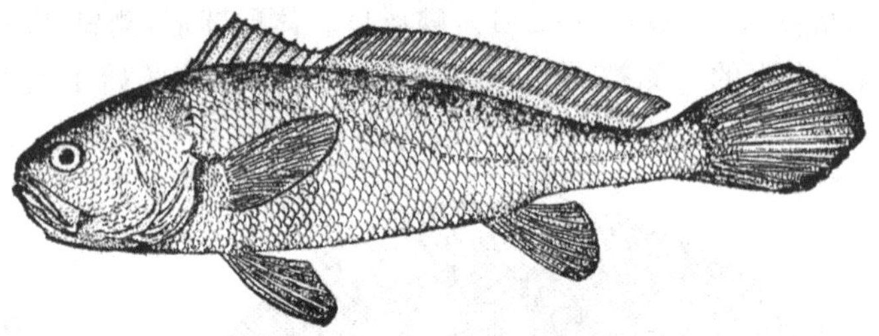

图 254 大黄鱼(仿张春霖)

小黄鱼(*Pseudosciaena polyactis*)(图 255):鲈形目。体形以大黄鱼,但尾柄稍粗短,长为高的 2 倍多,脊椎骨一般 29 枚,鳞较大。黄海、渤海和东海重要经济海鱼。

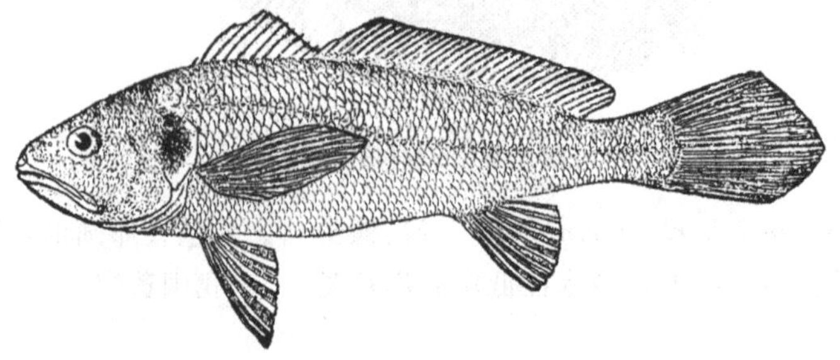

图 255 小黄鱼(仿张春霖)

银鲳(*Stromateoides argenteus*)(图256):鲈形目。体近卵圆形,侧扁;口小,吻圆;体被小圆鳞,极易脱落,背鳍长。我国沿海均有分布。

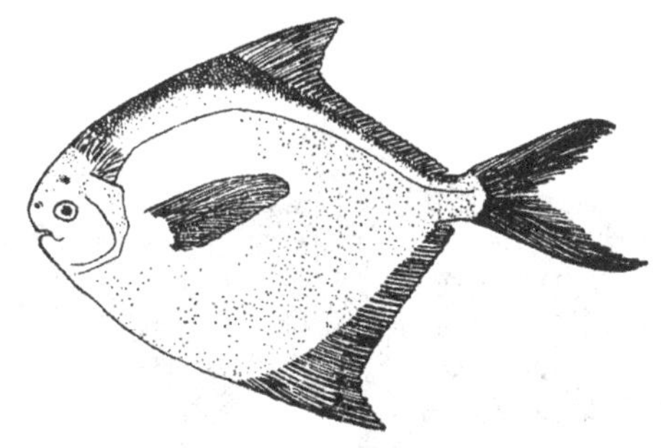

图256　银鲳(仿张春霖)

乌鳢(*Opiocephalus argus*)(图257):鲈形目。背、腹鳍长,无棘,可达尾鳍基部,腹鳍位于前腹位;圆鳞,鳔很长,向后伸入尾部,但无鳔管。副鳃腔及咽喉分布有很多微血管,具辅助呼吸作用。生活于淡水。

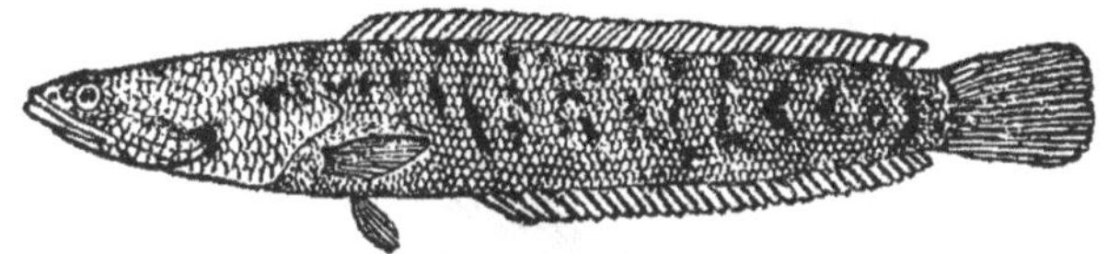

图257　乌鳢(仿张春霖)

青鱼(*Mylopharyngodon piceus*)(图258):鲤形目。长而略呈圆筒形,体色呈青黑色,腹部乳白色。全国各大水系均有分布。

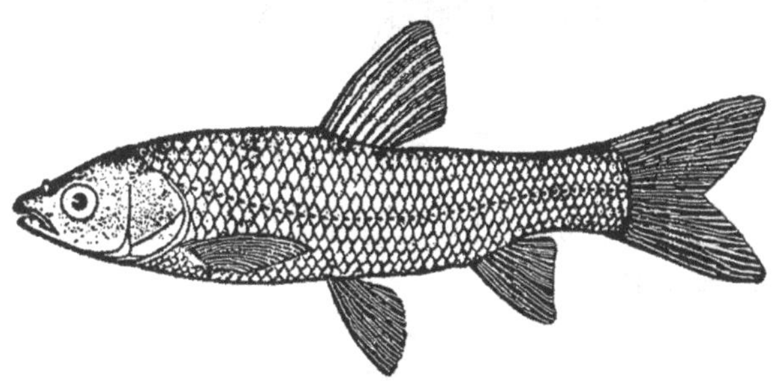

图258　青鱼(仿张春霖)

草鱼(*Ctenopharyngodon idellus*)(图259):鲤形目。外形和青鱼相似。但体色呈茶黄色,腹部灰白色。咽喉齿似镰刀状,适于取食水草。我国各大水系均产。

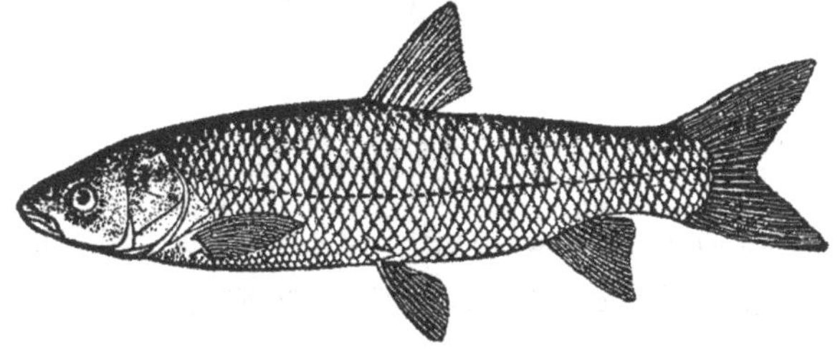

图259　草鱼(仿张春霖)

鲢鱼(*Hypophthalmichthys molitrix*)(图 260):鲤形目。体形扁,从胸部到肛门之间的腹正中有明显的棱状突起。眼小,鳃耙呈海绵状,滤食浮游植物为主。我国各大水系均有分布。

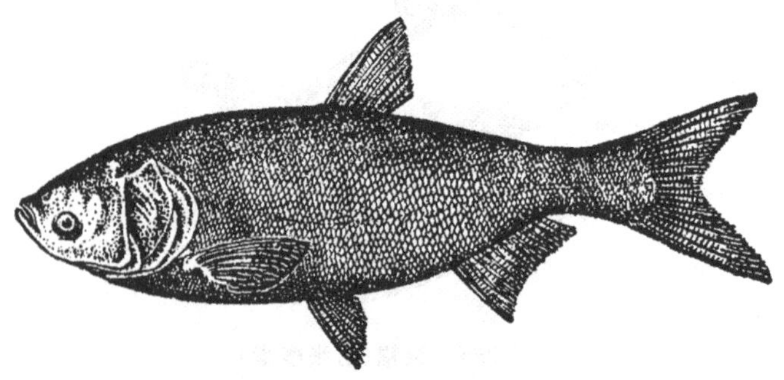

图 260 鲢鱼(仿张春霖)

鳙鱼(*Aristichthys nobilis*)(图 261):鲤形目。体形似鲢,但自腹鳍到肛门之间的腹正中才有棱状突起,头大。鳃耙细密但互不相连,有过滤浮游动物为食物的作用。我国各大水系均产。

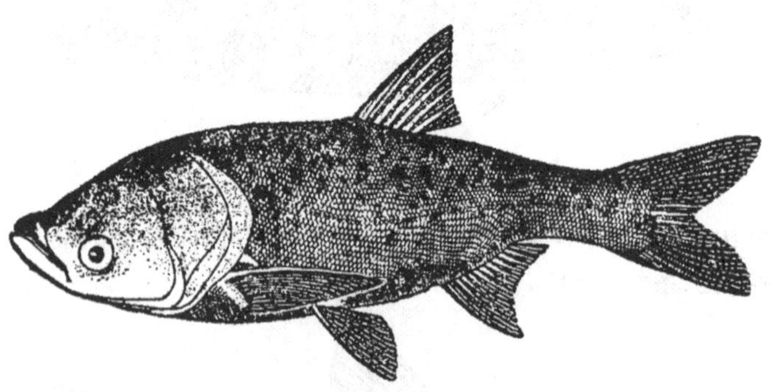

图 261 鳙鱼(仿张春霖)

鲤鱼(*Cyprinus carpio*)(图 262):鲤形目。有须 2 对,遍布我国主要水系,为我国特产鱼类,对环境适应力强,广为养殖。

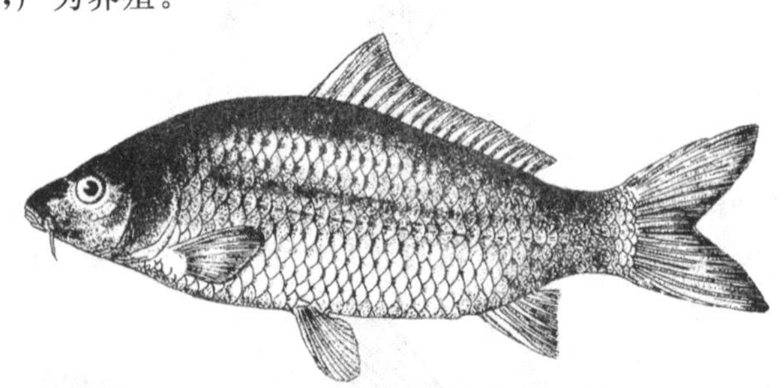

图 262 鲤鱼(仿张春霖)

团头鲂(*Megalobrama amblycephala*)(图 263):鲤形目。体侧扁而高,呈菱形,腹棱不完全,口前位,上下颌具锐利角质缘。俗称武昌鱼,肉味鲜美,原产湖北等地,现已各地养殖。

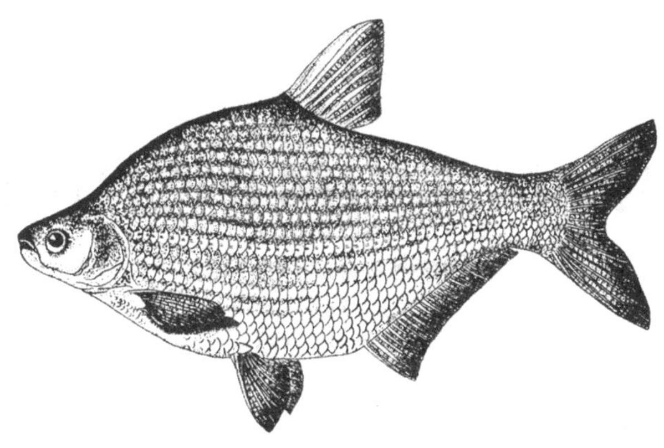

图 263　团头鲂(仿张春霖)

绿鳍马面鲀(*Navodon septentrionalis*)(图 264):鲀形目。体延长侧扁,口小,端位,第 1 背鳍具 2 棘,第 1 棘长大,位于眼上方。腹鳍退化,合成 1 短棘,附于腰带末端不能活动。产于我国沿海。

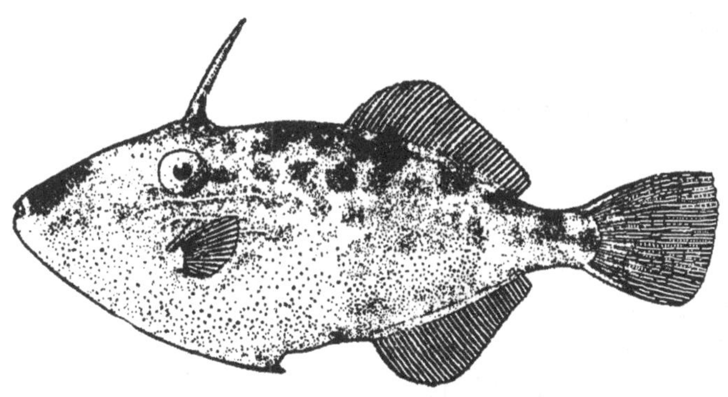

图 264　绿鳍马面鲀(仿张春霖)

虫纹东方鲀(*Fugu vermicularis*)(图 265):鲀形目。口小,体无鳞,皮肤光滑,有气囊,遇敌害时能使腹部膨胀,栖息于近海河口或淡水区域。内脏和血液有剧毒。

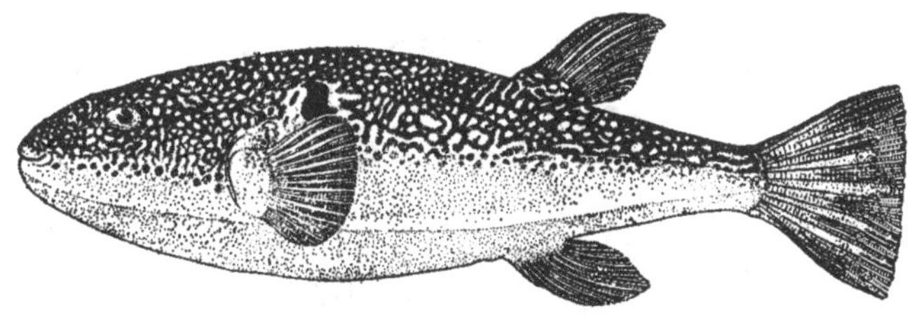

图 265　虫纹东方鲀(仿张春霖)

四、作业和思考题

1. 根据教师所提供的鱼类标本,编写检索表。
2. 了解浙江鱼类的概况,去学校图书馆或学院资料室查阅《浙江动物志》(淡水鱼类)。

实验22 两栖纲、爬行纲分类和代表种类

一、目的与要求

通过两栖纲、爬行纲代表种类的观察，认识常见种类的主要特征，初步掌握其分类鉴定方法和分类特征。

二、材料与用具

两栖纲、爬行纲动物标本，解剖器，直尺等。

三、观察与检索

（一）两栖类外部形态、量度和常用术语

1. 无尾两栖类（图266）

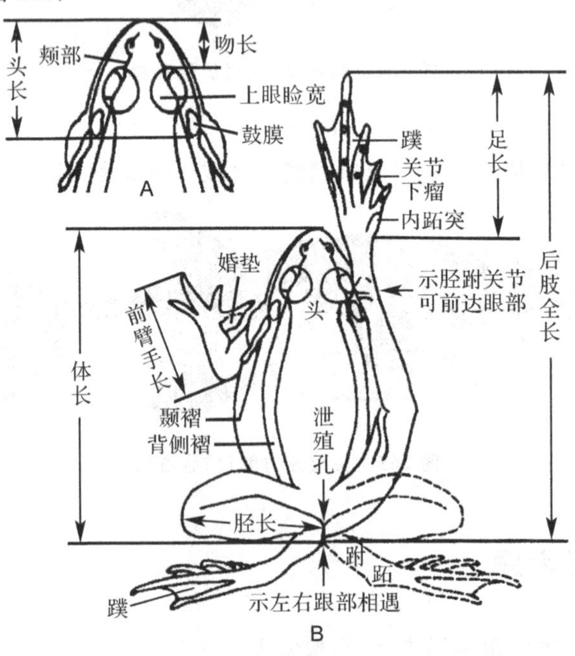

图266 无尾两栖类外形及量度（作者修改）

A. 头部背面观局部放大；B. 整体外观

体长:自吻端至体后端。

头长:自吻端至颌关节后缘。

头宽:左右颌关节间的距离。

吻长:自吻端至眼前角。

鼻间距:左右鼻孔间的距离。

眼间距:左右上眼睑内缘之间最窄距离。

上眼睑宽:上眼睑最宽处。

眼径:眼的纵长距。

鼓膜宽:最大直径。

前臂手长:自肘后至第三指末端。

后肢全长:自体后正中至第四趾末端。

胫长:胫部两端间的距离。

足长:自内跖突近端至第四趾末端。

2. 有尾两栖类(图 267)

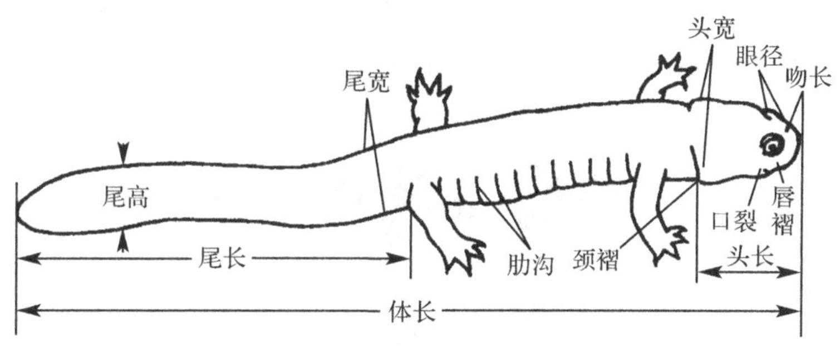

图 267 有尾两栖类外形及量度

体长:自吻端至尾末端。

头长:自吻端至颈褶。

头宽:左右颈褶的直线距离。

吻长:自吻端至眼前角。

眼径:与体轴平行的眼径长。

尾长:自肛门后缘至尾末端。

尾高:尾最高处的距离。

(二)两栖纲分类

两栖纲分目检索表

1. 无四肢;体细长,蚯蚓状,体表有由皮肤褶皱形成的环纹 …………………………… 无足目(Apoda)
   有四肢,或至少有前肢 …………………………………………………………………… 2
2. 有尾,体形长;少数种类后肢退化或终生有鳃 ……………………………… 有尾目(Caudata)
   成体无尾;体宽短;均具四肢,后肢显著发达 ……………………………… 无尾目(Anura)

(三)两栖纲的代表种类

大鲵(*Andrias davidianus*)(图 268):有尾目,隐鳃鲵科。俗称“娃娃鱼”,为现存最大的两栖动物。无眼睑，犁骨齿与上颌齿平行成弧形，成体具肺。我国华东、华南、西南山区溪流均有分布。

图 268　大鲵(仿黄美华等)

东方蝾螈(*Cynops orientalis*)(图 269)：有尾目，蝾螈科。体小，头扁平，有眼睑。皮肤上有小粒状腺体，尾侧扁，边缘有膜，四肢等长，前肢细弱，栖息于静水池塘，分布于我国华东。

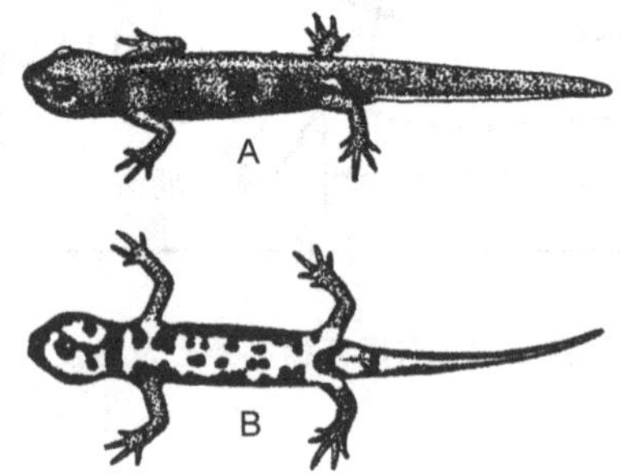

图 269　东方蝾螈(仿丁汉波)

A. 背面观；B. 腹面观

蟾蜍(*Bufo bufo gargarizans*)(图 270)：无尾目，蟾蜍科。体宽大，皮肤粗糙有瘤突，耳后隆起为发达的耳后腺，无外鸣囊，后肢不特别发达。背面暗褐色，腹面乳黄色，有黑斑。在地上爬行，不善于跳跃，我国广布种。

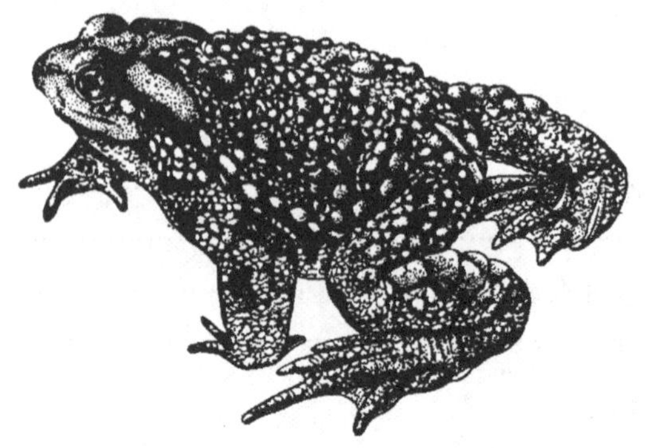

图 270　蟾蜍(仿黄美华等)

中国雨蛙(*Hyla chinensis*)(图 271):无尾目,雨蛙科。体侧及肢前后有大小不等的黑斑点,鼓膜上下方的深色细线纹在肩部相会合,呈三角形。指(趾)端膨大成吸盘,适于树栖,生活时体背绿色(液浸标本灰黑色),腹面乳白色。分布于我国东南部和中部。

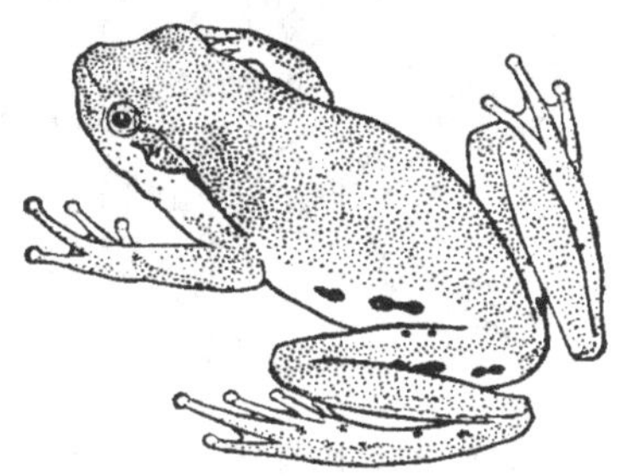

图 271　中国雨蛙(仿黄美华等)

黑斑蛙(*Rana nigromaculata*)(图 272):无尾目,蛙科。具背侧褶,其宽度小于上眼睑宽,有长短不一的纵肤棱,雄蛙有 1 对颈侧外声囊。生活时体背颜色变化很大,有绿色或灰褐色,其上散布数量不等的黑斑。广布种。

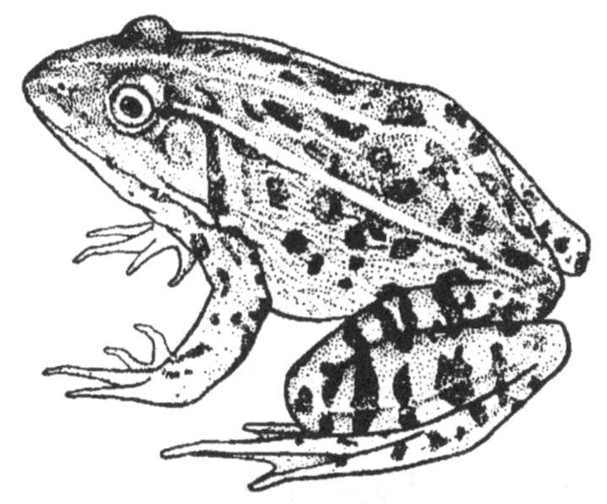

图 272　黑斑蛙(仿黄美华等)

大树蛙(*Rhacophorus dennysi*)(图 273):无尾目,树蛙科。皮肤背面深绿色,杂有黑斑,腹部黄色。前后肢具蹼,指(趾)端吸盘发达,适于树栖生活。分布于我国南方各省。

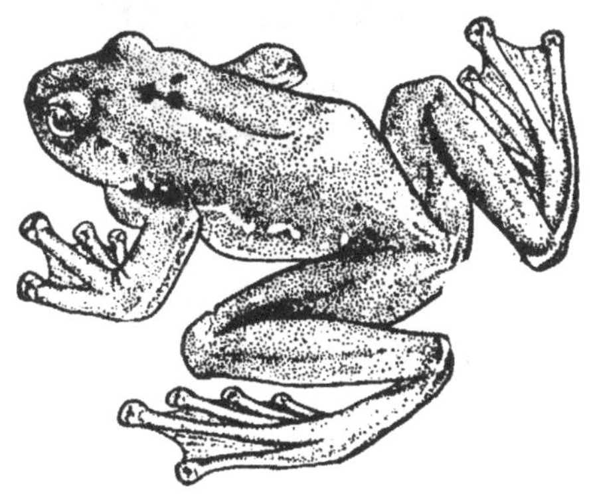

图 273　大树蛙(仿黄美华等)

饰纹姬蛙(*Mycrohyla ornata*)(图 274):无尾目,姬蛙科。体略呈三角形,体背面有深棕色"A"形斑。分布于长江以南地区。

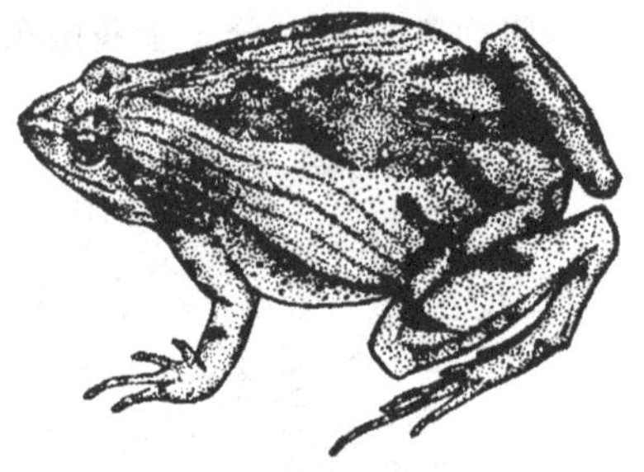

图 274 饰纹姬蛙(仿黄美华等)

(四)爬行纲分类

爬行纲分目检索表

1. 躯干宽短,具骨质形成的硬壳,上下颌无齿而覆以角质喙 ………………………… 龟鳖目(Testudinata)

   体较长,无骨质硬壳,颌上有齿 …………………………………………………………………… 2

2. 体形甚大,外被革质皮肤,在躯干背侧及尾部具有纵横成行的角质硬鳞,牙齿着生于齿槽内 ……………………………………………………………………………………………… 鳄目(Crocodilia)

   体形不甚大,外被覆瓦状或镶嵌排列的鳞片,牙齿着生于颌骨表面 ……………………………… 3

3. 有四肢,如无四肢亦有肢带,一般都有活动眼睑和鼓膜,尾长常超过头体长 ………… 蜥蜴目(Lacertilia)

   无四肢,无活动眼睑和鼓膜,尾长远短于头体长 ……………………………………… 蛇目(Serpentes)

(五)爬行纲的代表种类

玳瑁(*Eretmochelys imbricata*)(图 275):龟鳖目,海龟科。四肢桨状,头不能缩入壳内,背甲覆瓦状排列,上喙钩曲似鹰嘴。分布于东海、南海。

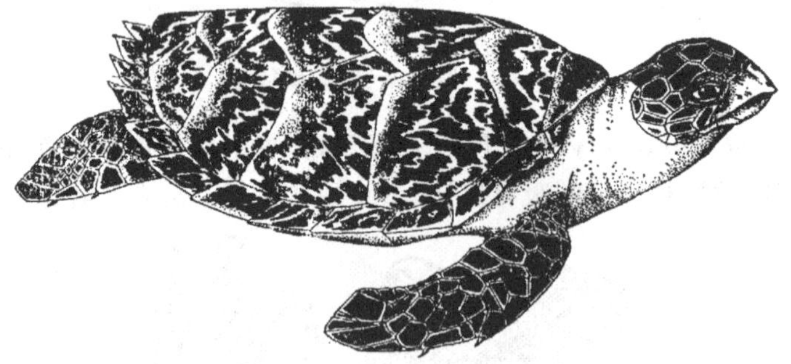

图 275 玳瑁(仿黄美华等)

棱皮龟(*Dermochelys coriacea*)(图 276):龟鳖目,棱皮龟科。甲板皮革质,背部成 7 行纵棱,四肢无爪。分布于东海、南海。

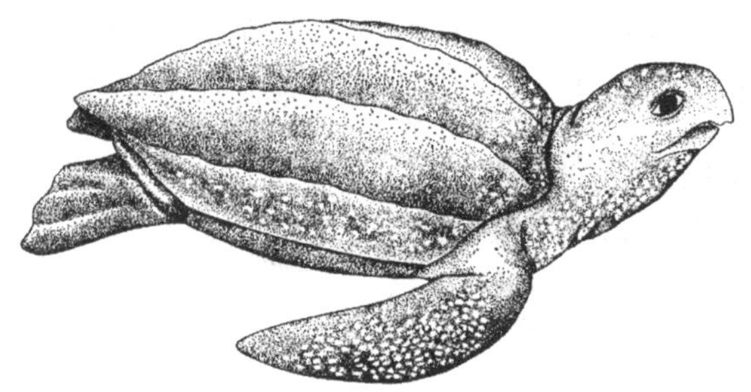

图 276　棱皮龟(仿黄美华等)

大头平胸龟(*Platysternon megacephalum*)(图 277):龟鳖目,平胸龟科。身体扁平,头部大,颈短而粗,上喙钩曲呈鹰嘴状。头、尾及四肢不能缩入壳内。分布于我国华东、华南等省。

图 277　大头平胸龟(仿丁汉波)

巨蜥(*Varanus salvator*)(图 278):蜥蜴目,巨蜥科。身体大,颈长,四肢发达,尾长而侧扁。体被细鳞,鳞上有突起,呈颗粒状。行动敏捷,能爬树。分布于云南、海南等省。

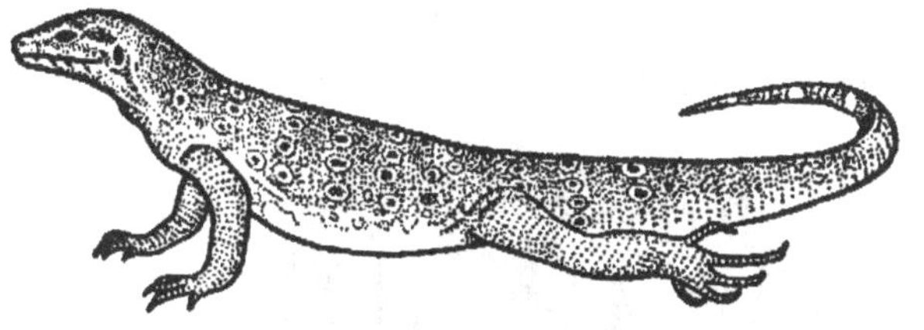

图 278　巨蜥(仿丁汉波)

多疣壁虎(*Gekko japonicus*)(图 279):蜥蜴目,壁虎科。又名守宫、壁虎。指、趾端有鳞片构成的吸盘,趾间具蹼迹。体背面疣鳞多。多分布于长江流域。

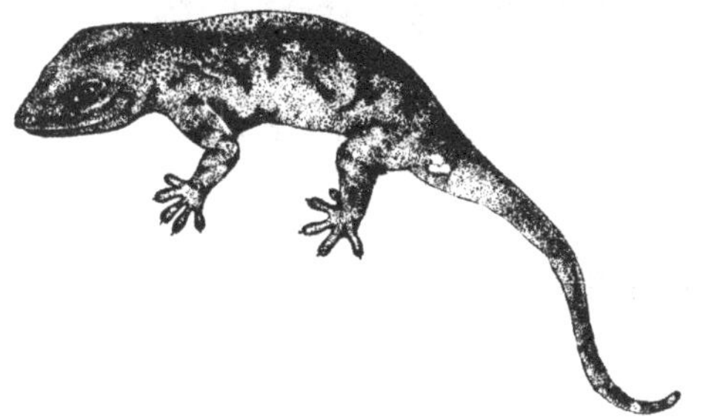

图 279　多疣壁虎(仿黄美华等)

石龙子(*Eumeces chinensis*)(图 280):蜥蜴目,石龙子科。体被圆鳞,呈覆瓦状排列。幼体背面有 3 条黄色纵线,成体消失。分布于长江流域及江南各省。

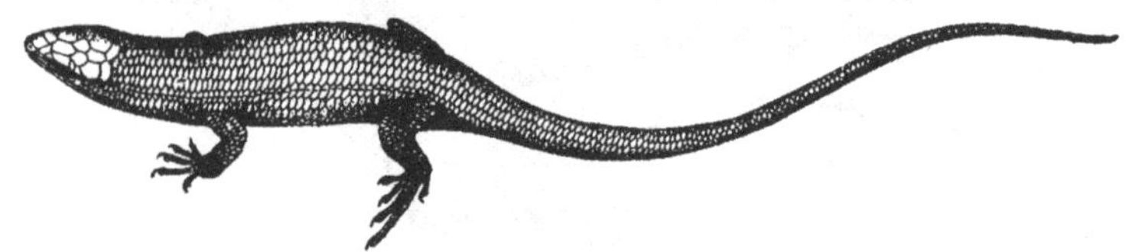

图 280　石龙子(仿黄美华等)

眼镜蛇(*Naja naja*)(图 281):蛇目,眼镜蛇科。体较粗壮,颈部能膨大,具白色眼镜框状斑纹。分布于长江以南各省。

图 281　眼镜蛇(仿黄美华等)

蝮蛇(*Gloydius brevicaudus*)(图 282):蛇目,蝰蛇科。头呈三角形,头侧眼后各有 1 条黑纹。眼和鼻孔之间具颊窝,背灰褐色,具大型黑色斑纹。分布于全国各地。

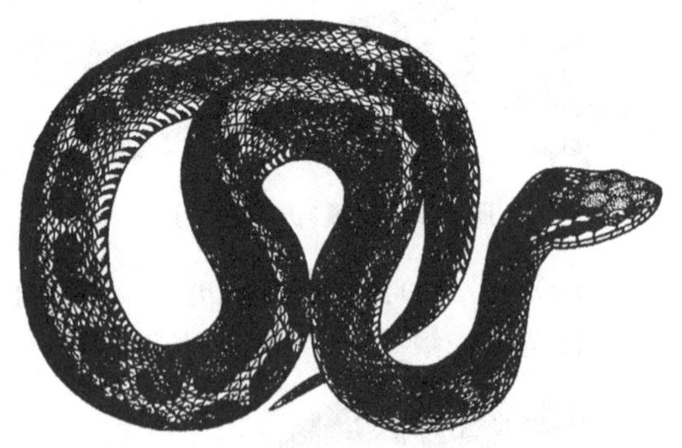

图 282　蝮蛇(仿黄美华等)

尖吻蝮(*Deinagkistrodon acutus*)(图 283):蛇目,蝰蛇科。俗名五步蛇、蕲蛇。吻尖细,向上翘起,背部有灰白色的方形斑纹,两侧有"∧"形暗褐色的斑纹。分布于我国东南沿海各省。

图 283 尖吻蝮(仿黄美华等)

扬子鳄(*Alligator sinensis*)(图 284):鳄目,钝吻鳄科。头扁吻宽,前肢 5 趾,后肢 4 趾,后肢趾间有蹼。生活于长江下游及湖泊沼泽地带。

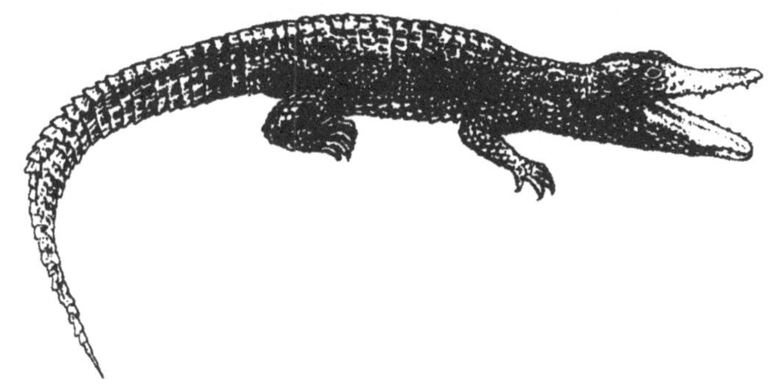

图 284 扬子鳄(仿赵肯堂)

四、作业和思考题

1. 总结两栖纲、爬行纲常见科的主要特征。

2. 了解浙江两栖纲、爬行纲动物的概况,去学校图书馆或学院资料室查阅《浙江动物志》(两栖、爬行类)。

3. 如何从外形上区别有尾两栖类和蜥蜴类?

4. 调查校园中有哪些无尾两栖类,根据观察到的情况试编写双列式检索表。

实验 23 鸟纲分类和代表种类

一、目的与要求

了解鸟纲分类的基本知识，初步掌握常见鸟类目的识别特征和鸟类的生态类群。

二、材料与用具

鸟纲动物标本等。

三、观察与检索

(一)鸟类外形、量度术语(图 285、286)

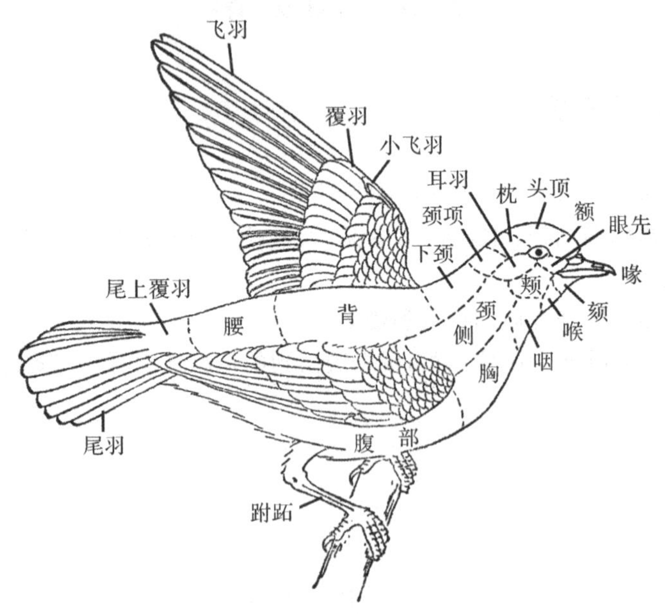

图 285 鸟类外形(仿郑作新)

全长(体长):自嘴端至尾端的长度(为未经剥制前的量度)。

嘴峰长:自嘴基生羽处至上喙先端的直线距离。

翼长:自翼角(腕关节)至最长飞羽先端的直线距离。

尾长:自尾羽基部至最长尾羽末端的长度。

跗跖长:胫骨与跗跖关节后面至跗跖与中趾关节前面最下方的整片鳞的下缘。

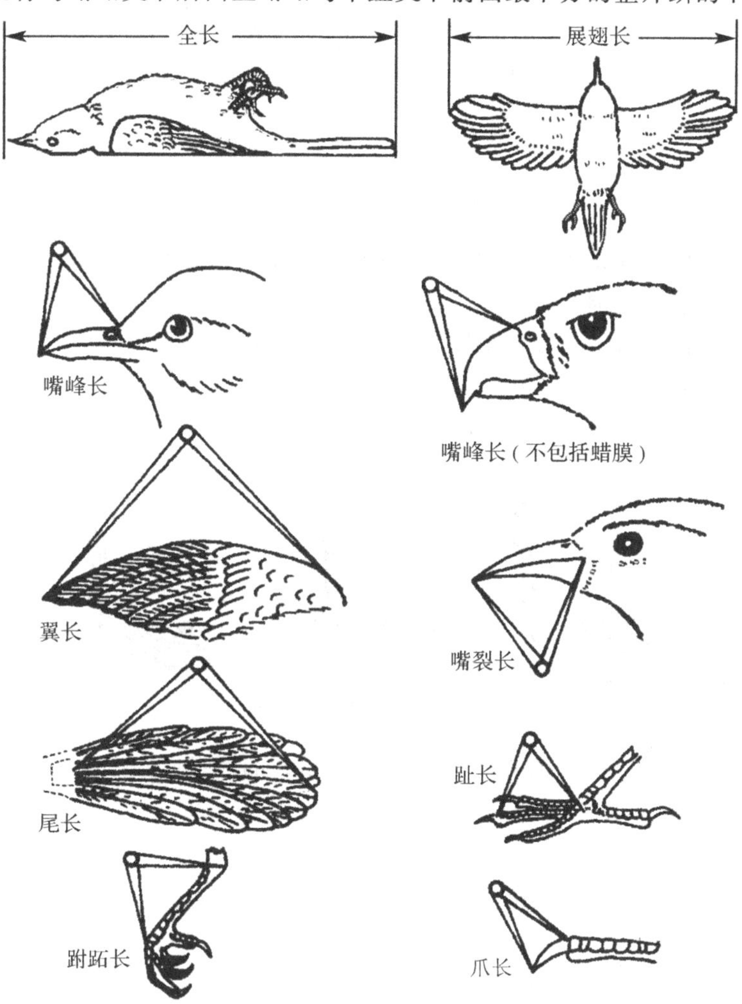

图 286　鸟类的量度(据各家稍改)

(二)分类依据和有关术语

1. 羽毛

羽毛颜色有保护、警戒、相互识别与向异性炫耀等多种作用。很多鸟类的羽毛颜色在雌、雄,成、幼及冬、夏等均有明显的不同。某些部位的羽毛在分类上有重要意义。要特别注意头顶、头侧、颈背、颈侧、眼眉、眼圈、颊部、胸部、胸环、背部、腹部、翼和尾部羽毛的颜色及有无斑点花纹等分类特点。以下 4 种羽毛较为特殊。

冠羽:头顶特别延长或耸起的羽毛。

蓑羽:鹭科鸟类婚期特有的羽毛,在背部和肩部长满疏松丝状的长羽。

帆羽:鸳鸯雄鸟次级飞羽变形。

镜羽:鸭类等次级飞羽有金属闪光的部位。

2.翼(图 287)

图 287 鸟类翼的类型

飞羽:着生于掌骨和指骨的为初级飞羽;着生于尺骨的为次级飞羽;着生于肱骨的为三级飞羽(位于最内侧的飞羽)。

尖翼:强健,细长,以第 1、2 枚初级飞羽最长,如燕鸥。

方翼:前 4 枚初级飞羽长度相近,如八哥。

圆翼:第 1、2 枚初级飞羽短,第 3、4 枚长,如家鸡。

3.跗跖部(图 288)

图 288 鸟类的跗跖部

位于胫部与趾部之间,或被羽,或着生鳞片。鳞片的形状可分为:

盾状鳞:呈横鳞状,如鸳。

网状鳞:呈网眼状,如鹛。

靴状鳞:呈整片状,如鸫、百灵。

4.趾部(图 289)

通常为 4 趾,依其排列不同,可分为:

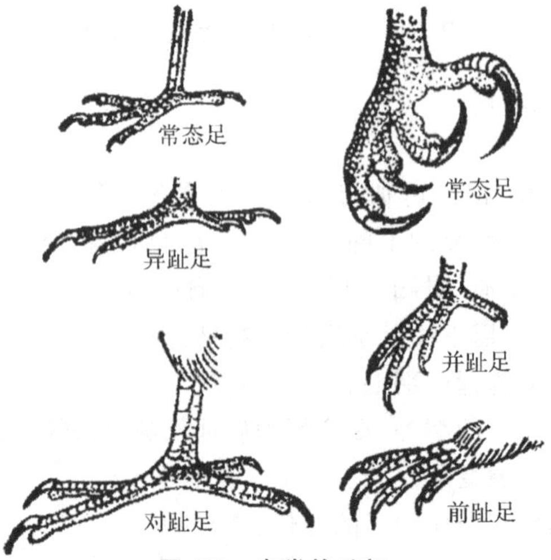

图 289 鸟类的趾部

不等趾型:此为常态足,第 2～4 趾向前,第 1 趾向后,如麻雀。

对趾型:第 2、3 趾向前,第 1、4 趾向后,如鹦鹉。

异趾型:第 3、4 趾向前,第 1、2 趾向后,如咬鹃。

并趾型:似常态足,但前 3 趾的基部并连,如翠鸟。

前趾型:4 趾均向前方,如雨燕。

5. 蹼(图 290)

通常水禽、涉禽具蹼,可分为:

蹼足:前 3 趾趾间有发达的蹼相连,如鸭。

凹蹼足:与蹼足相似,但蹼膜中部凹入,如燕鸥。

全蹼足:4 趾趾间均有蹼膜相连,如鸬鹚。

半蹼足:蹼大部退化,仅于趾间基部存留,如鹬。

瓣蹼足:趾的两侧附有叶状的蹼膜,如䴙䴘、白骨顶。

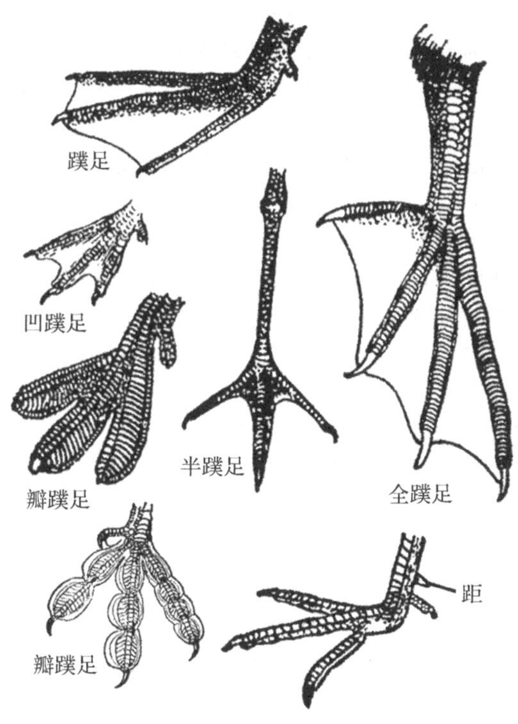

图 290 鸟类的蹼足和距(仿各家)

6. 栉状缘和距

栉状缘:中趾爪的内侧缘呈锯齿状,如鹭、夜鹰。

距:雄鸟跗跖部向后的爪状突起,如鸡(图 290)。

(三)鸟纲分类

鸟纲分目检索表

1. 脚适于游泳,蹼较发达…………………………………………………………………… 2
   脚适于步行,蹼不发达或缺……………………………………………………………… 8
2. 鼻呈管状…………………………………………………………………… 鹱形目(Pracellariiformes)

鼻非如此 …… 3

3. 趾间具全蹼 …… 鹈形目(Pelecaniformes)

趾间非如此……

4. 嘴通常平扁,先端具嘴甲;雄性具交接器 …… 雁形目(Anseriformes)

嘴不平扁;雄性不具交接器…… 5

5. 翅尖长,尾羽正常发达…… 鸥形目(Lariformes)

翅短,或尖或圆;尾羽甚短 …… 6

6. 翅尖,无后趾…… 海雀目(Alciformes)

翅圆,后趾存在…… 7

7. 向前三趾间具蹼…… 潜鸟目(Gaviiformes)

前趾各具瓣蹼…… 䴙䴘目(Podicipediformes)

8. 颈和脚均较短;胫全被羽;无蹼…… 11

颈和脚均较长;胫的下部裸出;蹼不发达 …… 9

9. 后趾发达,与前趾同在一平面上,眼先裸出 …… 鹳形目(Ciconiiformes)

后趾不发达或完全退化,存在时位置较其他趾稍高;眼先常被羽…… 10

10. 翅大都短圆,第1枚初级飞羽较第2枚短;眼先被羽或裸出;趾间无蹼,有时具瓣蹼 …… 鹤形目(Gruiformes)

翅形尖,或长或短,第1枚初级飞羽较第2枚长或与之等长;眼先被羽;趾间蹼不发达或缺 …… 鸻形目(Charadriiformes)

11. 嘴爪均特别强锐弯曲;嘴基具蜡膜…… 12

嘴爪形或平直或仅稍曲;嘴基不具蜡膜(鸽形目除外)…… 14

12. 足为对趾型;舌厚而为肉质;尾脂腺被羽 …… 鹦形目(Psittaciformes)

足非如此;舌正常,尾脂腺被羽或裸出 …… 13

13. 蜡膜裸出;两眼侧置;外趾不能反转;尾脂腺被羽 …… 隼形目(Falconiformes)

蜡膜被硬须掩盖;两眼向前;外趾能反转;尾脂腺裸出 …… 鸮形目(Strigiformes)

14. 3趾向前,1趾向后(后趾有时缺);各趾通常分离…… 20

趾非如此 …… 15

15. 足大都呈前趾型;嘴短阔而平扁,无嘴须 …… 雨燕目(Apodiformes)

足不呈前趾型;嘴强而不平扁(夜鹰目除外),常具嘴须 …… 16

16. 足为异趾型 …… 咬鹃目(Trogoniformes)

足非如此 …… 17

17. 足为对趾型 …… 18

足非如此 …… 19

18. 嘴强直呈凿状,尾羽通常坚挺尖出 …… 䴕形目(Piciformes)

嘴端稍曲,不呈凿状;尾羽正常…… 鹃形目(Cuculiformes)

19. 嘴长或强直,或细而稍曲;中爪无栉状缘…… 佛法僧目(Coraciformes)

嘴短阔;中爪具栉状缘 …… 夜鹰目(Caprimulgiformes)

20. 嘴基柔软,被以蜡膜,嘴端膨大而具角质(沙鸡除外)…… 鸽形目(Columbiformes)

嘴全被角质,嘴基无蜡膜…… 21

21. 后爪不较其他趾长;雄性常具距 …… 鸡形目(Galliformes)

后爪较其他趾长;无距 …… 雀形目(Passeriformes)

(四)鸟纲的生态类群

走禽类:翼退化,无飞翔能力,胸骨无龙骨突起,适于奔走。如鸵鸟等。

游禽类:喙扁平而阔或长而尖,尾脂腺发达。足短,具蹼。拙于行走,巧于游泳。如鸭、鸥等。

涉禽类:喙、颈、腿通常长,腿胫部分被羽,蹼不发达,翅强大,涉走浅水中。如鹤、鹭。

鸠鸽类:喙短小,具蜡膜,足短健,善飞善走,如鸽。

鹑鸡类:喙坚强,足中等而健,趾端有钩爪,翅短圆。适于在地上行走,飞翔力不强,雄有距,头顶肉冠大。如鸡、角雉。

猛禽类:喙与爪强有力,弯钩状。翼强大善飞,肉食性。如鹏、鹰、鸮等。

攀禽类:喙坚硬,足短而有力,爪锐利,多对趾型,善于攀木。如啄木鸟、鹦鹉等。

鸣禽类(燕雀类):外形不一,足短细,大多 3 趾向前,1 趾向后,善于鸣叫,巧于营巢。如喜鹊、百灵等。

(五)鸟纲的代表种类

小䴙䴘(*Tachybaptus ruficollis*)(图 291):䴙䴘目。喙直而尖,颈长,翼短,两腿后移。跗跖侧扁,前趾有瓣膜状的蹼,趾扁,善游泳与潜水,以鱼为食。终年留居我国东部全境。

图291　小䴙䴘(仿郑作新)

图292　鹈鹕(仿郑作新)

鹈鹕(*Pelecanus philippensis*)(图 292):鹈鹕目。体形甚大,长可达 1m 多,嘴平扁,喉囊大,直达嘴的全长。冬季在浙江沿海可见。

苍鹭(*Ardea cinerea*)(图 293):鹳形目。体羽大部分为灰黑色,飞羽黑色,喙、颈、腿长。前后趾位于同一平面上。遍布全国。

图 293　苍鹭(仿郑作新)

绿头鸭(*Anas platyrhynchos*)(图 294):雁形目。喙扁宽,先端具甲。上、下颌有锯齿形缺刻,后趾有叶状膜,雄性头羽墨绿色,颈下有白色环纹。体羽美丽,翼上有蓝紫色光泽的镜羽。雌性羽毛褐色有斑纹。

图294 绿头鸭(仿郑作新)

图295 环颈雉(仿郑作新)

环颈雉(*Phasianus colchicus*)(图 295):鸡形目。嘴短健,上喙稍曲,长于下喙。脚健善走。雄鸟色美,具肉冠和距。头顶黄铜色,头后蓝黑色有金属反光,具白色颈环,体羽棕褐色,尾羽长。

虎皮鹦鹉(*Melopsittacus undulatus*)(图 296):鹦形目。上喙强而弯曲,基部有蜡膜,足对趾型。头及背部黄、蓝或绿色,有黑色细横斑。腰腹部无斑。雄鸟蜡膜青蓝色,雌鸟蜡膜白色。原产澳洲,笼养观赏鸟。

图 296 虎皮鹦鹉(仿郑作新)

红嘴鸥(*Larus ridibundus*)(图 297):鸥形目。翼尖长,脚短,前趾间具蹼。喙红色,尖黑,翅尖,被羽灰色,腹白色。冬羽头白色,夏羽黑褐色,尾羽截形。

大杜鹃(*Cuculus canorus*)(图 298):鹃形目。嘴端稍下曲,脚弱,对趾型。上体暗灰,腹面白色,具棕褐色细斑。飞羽内缘有白色条纹。每次叫一连二声,拟其鸣声,好似“布谷”。此鸟不会营巢,而把卵产在其他鸟巢内。

图297 红嘴鸥(仿郑作新)

图298 大杜鹃(仿郑作新)

斑啄木鸟(*Dendrocopos major*)(图 299):䴕形目。背上羽毛黑色,具有白色圆点,折叠成横行白条;雄鸟头后及下腹部朱红色;雌鸟头后纯黑色,头前、两侧及体下白色,善于啄树干中的害虫。

图299 斑啄木鸟(仿郑作新)

图300 翠鸟(仿郑作新)

翠鸟(*Alcedo atthis*)(图 300):佛法僧目。背面翠蓝,腹面棕色,喙尖长而直,并趾足,翼短有力,尾短。常栖于近水的树枝上,捕食鱼虾。

草鸮(*Tyto capensis*)(图 301):鸮形目。眼位于前方,面盘发达而大,呈辉栗色,心脏形,似猴脸,故称"猴面鹰"。第 4 趾能向后反转,构成对趾型。

图301 草鸮(仿郑作新)

图302 黑枕黄鹂(仿郑作新)

黑枕黄鹂(*Oriolus chinensis*)(图 302):雀形目。体金黄色,头枕有一宽阔黑纹。

八哥(*Acridotheres cristatellus*)(图 303):雀形目。通体羽毛黑色,其翅下有白斑合成“八”字。

图303　八哥(仿郑作新)

图304　白头鹎(仿郑作新)

白头鹎(*Pycnonotus sinensis*)(图 304):雀形目。额和头顶黑色,头后部白色。上体橄榄灰和黄绿色,胸以下白色。

大山雀(*Parus major*)(图 305):雀形目。头顶黑色,颊白色,背蓝灰色,腹部白色,中央贯以黑色纵纹。

图305　大山雀(仿郑作新)

图306　画眉(仿郑作新)

画眉(*Garrulax canorus*)(图 306):雀形目。眼圈为白色,向后延伸成眉状,体腹面大都棕黄色。

夜鹰(*Caprimulgus indicus*)(图 307):夜鹰目。喙短,嘴基宽,嘴须发达,眼大,翼尖长,羽软飞无声,并趾型,中趾爪内侧有栉状缘。体羽黑色,具白色虫纹斑。

图 307　夜鹰(仿郑作新)

四、作业和思考题

1. 根据所观察的标本，总结所属目的简要特征。

2. 了解浙江鸟类的概况，去学校图书馆或学院资料室查阅《浙江动物志》(鸟类)。

3. 在校园中利用课余时间观察常见鸟类，一年四季有什么不同的种类，哪些是全年都能看到的鸟类？

实验 24 哺乳纲分类和代表种类

一、目的与要求

通过哺乳纲分类,初步了解哺乳纲分类依据,加深对哺乳动物各目分类特征的理解。

二、材料与用具

哺乳动物标本,卡尺,卷尺等。

三、观察与检索

(一)哺乳纲形态和量度

1. 外形各部名称及测量(图 308)

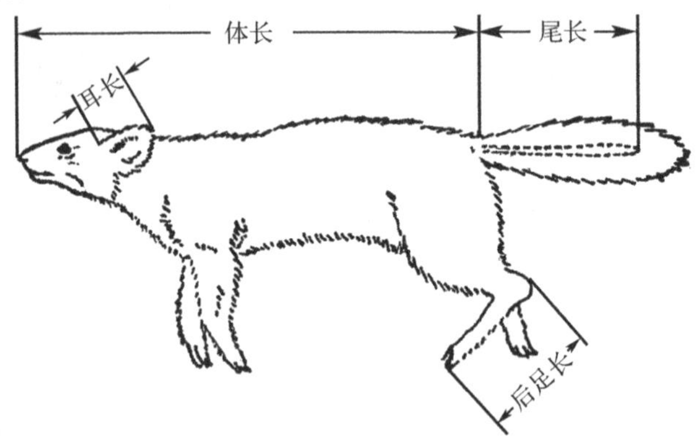

图 308 哺乳动物外形和测量(作者修改)

体长:自鼻(吻)端至尾基部或肛门的直线长度。

尾长:自尾基部至尾端(不包括尾端的长毛)的长度。

后足长:自跗关节的后端至最长趾(不计爪)的长度。

耳长:自耳基至耳壳顶端(不计耳毛)的长度。

体重:包括内脏在内的整体重量。

毛被:哺乳动物的重要特征之一,即大多体表被毛。因此,毛被的形态、色泽、性质也是重要的识别依据。哺乳动物的毛可分为:

针毛，一般呈长纺锤形，基部像绒毛那样细软，中间稍粗硬，末端尖细。针毛长而有弹性，突出毛被表面，保护绒毛层。针毛的颜色或色段形成了兽类的毛色。针毛亦称枪毛或粗毛，有毛向，耐磨擦。

绒毛，短而细密，覆于皮肤上，位于毛被的最内层，起保暖作用。

棘或刺，由毛特化而成，有保护作用。如刺猬和豪猪的刺。

鬃毛，为毛基和毛干都变粗硬的针毛。如野猪的鬃。

触毛，长而基部变硬的针毛。但其基部毛囊部位有感觉细胞，具有触觉作用。如猫的触须。

牙齿：牙齿是哺乳动物分类的重要依据。依据其结构和机能分为门齿、犬齿、前臼齿和臼齿(可分别简写为 I、C、P、M)。可用齿式表示动物牙齿的种类和数目。

2. 头骨外部各部的名称和测量(图 309)

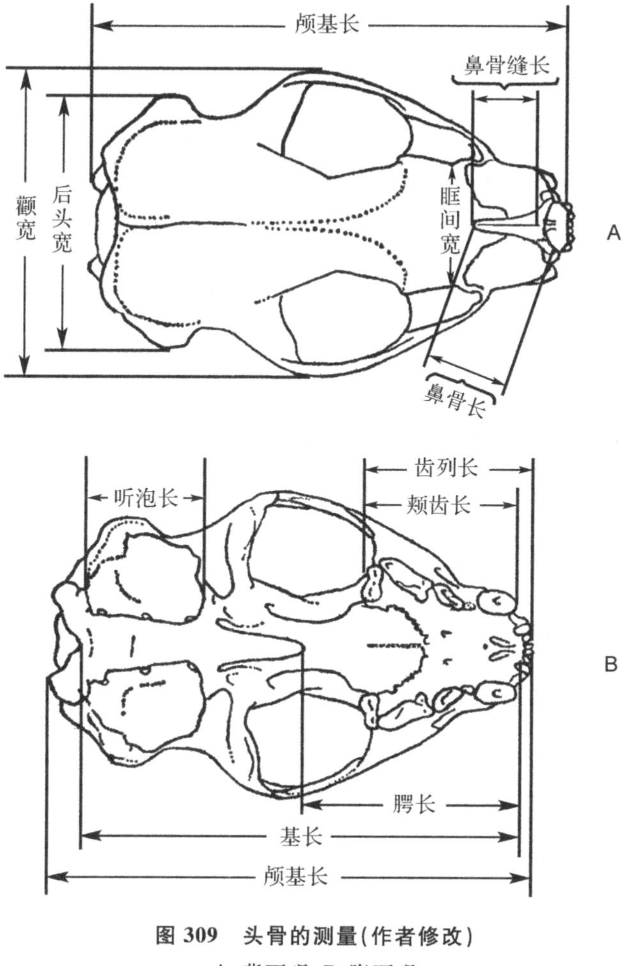

图 309　头骨的测量(作者修改)

A. 背面观；B. 腹面观

颅全长：头骨最前端至最后端突出部的直线长度。

颅基长：自枕髁后缘至前颌骨的最前端。

基长：自枕骨大孔前缘向前至门齿槽前缘。

基底长:自枕骨大孔前缘向前至门齿槽后缘。

腭长:自翼间孔前缘至门齿槽前缘。

腭底长:自翼间孔前缘至门齿槽后缘。

颧宽:两侧颧弓的最大宽度。

眶间宽:左右眼眶内缘之间的最小宽度。

后头宽:颅部两侧鼓骨外缘之间的最大宽度。

鼻骨长:鼻骨的最大直线长度。

齿列长:自门齿前端到臼齿后缘的最大长度。

颊齿长:上颌颊齿(前臼齿和臼齿)的最大长度。

听泡长:听泡的最大长度。

(二)哺乳纲分类检索

哺乳纲分目检索表

1\. 有后肢 …… 2
   无后肢 …… 12
2\. 前肢具翼膜,适于飞行 …… 翼手目(Chiroptera)
   前肢不具翼膜,构造不适于飞行 …… 3
3\. 牙齿全缺,体被鳞甲 …… 鳞甲目(Pholidota)
   具牙齿,体无鳞甲 …… 4
4\. 门齿凿状,犬齿虚位 …… 5
   门齿非凿状,有犬齿 …… 6
5\. 上颌具1对门牙 …… 啮齿目(Rodentia)
   上颌具前后2对门牙 …… 兔形目(Lagomorpha)
6\. 四肢末端指(趾)分明,趾端有爪或趾甲 …… 7
   四肢末端趾愈合或有蹄 …… 10
7\. 前后足拇指与它指、趾相对 …… 灵长目(Primates)
   前后足拇指不与它指、趾相对 …… 8
8\. 吻部尖长,向前超出下唇甚远,正中1对门牙通常显然大于其他各对 …… 食虫目(Insectivora)
   上下唇通常等长,正中1对门牙小于其余各对 …… 9
9\. 体形呈纺锤状,适于游泳,四肢变为鳍状 …… 鳍足目(Pinnipedia)
   体形通常适于陆上奔走;四肢正常;趾分离,末端具爪 …… 食肉目(Carnivora)
10\. 体形特别巨大,鼻长而能弯曲 …… 长鼻目(Proboscidea)
   体形巨大或中等,鼻不延长和不能弯曲 …… 11
11\. 四足仅第3或第4趾发达着地 …… 奇蹄目(Perissodactyla)
   四足第3、4趾发达且等大,均着地 …… 偶蹄目(Artiodactyla)
12\. 同型齿或无齿,呼吸孔通常位于头顶,多数具背鳍,乳头腹位 …… 鲸目(Cetacea)
   多为异形齿,呼吸孔在吻前端,乳头胸位 …… 海牛目(Sirenia)

(三)哺乳纲的代表种类

除实验中的观察标本外,还可通过参观自然博物馆和动物园认识更多的种类。

刺猬(*Erinaceus europaeus*)(图310):食虫目。背被有棕、白相间的棘刺,吻部尖长,体和尾短。夜行性,捕食昆虫,齿式为$\frac{3\cdot1\cdot3\cdot3}{2\cdot1\cdot2\cdot3}\times2=36$。

图 310　刺猬(仿夏武平)

鼩鼱(*Sorex araneus*)(图 311):食虫目。吻部尖长,向前超出下唇甚远。外貌似小鼠,体被褐色细绒毛,尾细长具疏毛,齿式为$\frac{3\cdot1\cdot3\cdot3}{1\cdot1\cdot1\cdot3}\times2=32$。

图 311　鼩鼱(仿夏武平)

普通伏翼(*Pipistrellus abramus*)(图 312):翼手目。俗称家蝠,习见于我国各地。体小型,耳较大,眼小,吻短,前肢特化,具特别延长的指骨,由指骨末端至肱骨、体侧、后肢及尾之间具薄而韧的翼膜,借以飞翔。体毛黑褐色或棕褐色,傍晚飞翔,掠捕昆虫,齿式为$\frac{2\cdot1\cdot2\cdot3}{3\cdot1\cdot2\cdot3}\times2=34$。

图 312　普通伏翼(仿夏武平)

穿山甲(*Manis pentadactyla*)(图 313):鳞甲目。体背面盖有由皮肤形成的角质鳞片,覆瓦状排列,长有少数细毛,头与躯干腹面有毛,无齿,舌长,有黏液,前肢发达有长爪,尾扁而长,善于掘土,以蚁为食。

图 313　穿山甲(仿夏武平)

华南兔(*Lepus sinensis*)(图 314):兔形目。尾较短,尾背面棕褐色。上颌具前后 2 对门齿,上唇中部有纵裂,耳较短,向前折时不达鼻端。齿式为$\frac{2\cdot0\cdot3\cdot3}{1\cdot0\cdot2\cdot3}\times2=28$。

图 314　华南兔(仿夏武平)

赤腹松鼠(*Callosciurus erythraeus*)(图 315):啮齿目。全身背面均为橄榄黄色,腹面及四肢内侧均为栗红色。尾长,具黑黄相间的环纹。齿式为$\frac{1\cdot0\cdot2\cdot3}{1\cdot0\cdot1\cdot3}\times2=22$。

图 315　赤腹松鼠(仿夏武平)

小家鼠(*Mus musculus*)(图 316):啮齿目。小型鼠,门齿内侧有缺刻。栖息于室内比较隐蔽的地方,野外喜居田埂和草丛之间。齿式为$\frac{1\cdot0\cdot0\cdot3}{1\cdot0\cdot0\cdot3}\times2=16$。

图 316　小家鼠(仿夏武平)

褐家鼠(*Rattus norvegicus*)(图 317):啮齿目。体较大,臼齿齿尖 3 列,每列 3 个。全身褐色或棕灰色,背中央杂有较多的黑色长毛,腹部浅灰白色,尾毛短而稀疏,鳞环外露明显。栖居于居民点及附近的田野中,主要栖息生境为阴沟、厨房、厕所、垃圾堆、农田、菜地等处。齿式为$\frac{1\cdot0\cdot0\cdot3}{1\cdot0\cdot0\cdot3}\times2=16$。

图 317　褐家鼠(仿夏武平)

苏门羚(*Capricornis sumatraensis*)(图 318):偶蹄目。体中型,雌雄均有角,角短而尖。

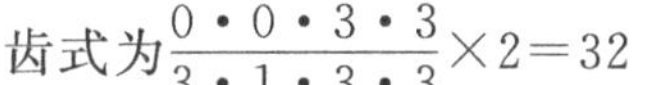

齿式为$\frac{0\cdot0\cdot3\cdot3}{3\cdot1\cdot3\cdot3}\times2=32$

图 318　苏门羚(仿夏武平)

野猪(*Sus scrofa*)(图 319):偶蹄目。体形似家猪,但吻部更为突出。体被刚硬的针毛,背上鬃毛显著。毛色一般呈黑褐色,雄性具犬牙形成的獠牙。齿式为$\frac{3\cdot1\cdot4\cdot3}{3\cdot1\cdot4\cdot3}\times2=44$。

图 319　野猪(仿夏武平)

小熊猫(*Ailurus fulgens*)(图 320):食肉目。外形似熊,但有长而粗的尾,头较宽短,似猫,尾有 9 个黄白相间的环纹,故又名九节狸。齿式为$\frac{3\cdot1\cdot3\cdot2}{3\cdot1\cdot4\cdot2}\times2=38$。

图 320 小熊猫(仿夏武平)

貉(*Nyctereutes procyonoides*)(图 321):食肉目。又名狸。体似獾,粗胖,四肢短,颜面部有明显的倒八字形黑纹。齿式为$\frac{3\cdot1\cdot4\cdot2}{3\cdot1\cdot4\cdot3}\times2=42$。

图 321 貉(仿夏武平)

云豹(*Neofelis nebulosa*)(图 322):食肉目。全身灰黄或黄色,从体侧到臀部均具云状斑,边缘黑色,中间灰黄。尾同背色,具数个黑环,尾尖黑色。齿式为$\frac{3\cdot1\cdot3\cdot1}{3\cdot1\cdot3\cdot2}\times2=34$。

图 319 云豹(仿夏武平)

江豚(*Neophocaena phocaenoides*)(图 323):鲸目。头圆吻短,全体黑色,无背鳍,前肢

鳍状，无后肢。尾鳍呈水平两叶。共有 60～67 枚细齿。

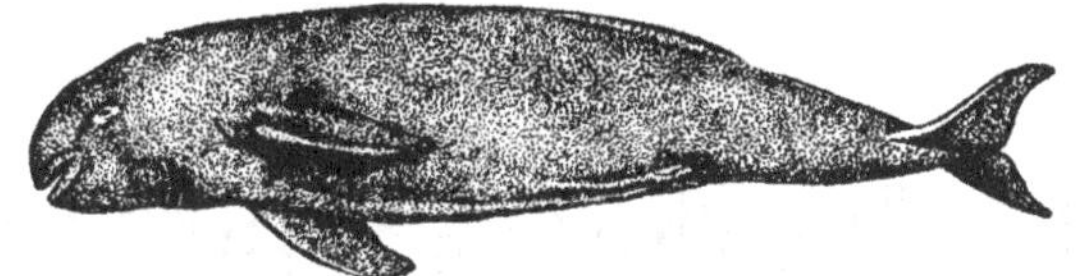

图 323　江豚(仿诸葛阳等)

四、作业和思考题

1. 根据所观察的标本，总结所属目的简要特征。

2. 了解浙江省哺乳动物的概况，去学校图书馆或学院资料室查阅《浙江动物志》(兽类)。

3. 抽时间参观浙江省自然博物馆新馆有关动物标本展览，重点为无脊椎动物和脊椎动物展示标本。浙江自然博物馆是一座功能齐全、设施完备，体现先进理念，富有浙江特色的国内一流的自然博物馆。面积为 2.6 万平方米的浙江自然博物馆新馆现有 13 万件馆藏展品，展区分三层。新馆址在杭州市下城区"西湖文化广场"B 区(市中心武林广场北侧环城北路过京杭大运河上的"步行景观桥"即到)，自然博物馆常年免费向公众开放，但星期一休馆，可自行前往。http://www.zmnh.com/

附录 1　圆田螺的外形观察和解剖

一、目的与要求

通过田螺的外形观察和内部结构解剖，了解腹足纲的基本特征及腹足纲软体动物的解剖方法。

二、材料与用具

解剖器，体示显微镜、显微镜或放大镜；田螺的新鲜标本。

三、操作与观察

(一)外部形态

圆田螺(*Cipangopaludina* sp.)是淡水常见螺类，栖息于湖泊、池沼、水田及河流中。圆田螺具螺旋形贝壳，**壳顶**略尖，壳的开口处为**壳口**，由壳顶一层一层向腹面旋转，每旋转一层即为1个**螺层**，数一数你的田螺标本有几个螺层？各螺层之间的界限即为**缝合线**，许多与缝合线相垂直的平行线即为**生长线**。最后1个螺层特别大，可容纳田螺的头部和腹足，这一螺层称为**体螺层**，其他螺层总起来称为**螺旋部**。田螺贝壳高一般可达5～7cm，但它的大小常因种类不同和生长环境而异。当田螺身体缩入壳内时，椭圆形的**厣**可以将壳口完整地关闭起来。厣由田螺的足腺分泌，厣表面的一个凹陷中心称**厣核**，围绕厣核的同心线也为生长线。壳口靠近螺轴的一侧称为**内唇**，相对的一侧即为**外唇**。内唇与螺轴交界处，螺层略向内陷入被称为**脐**。(附图1-1A)

圆田螺身体分为头、足、外套膜及内脏团(囊)4部分。在水中生活时头部和足可从壳口伸出。头部呈圆柱状，头前端突出一吻，吻的前端腹面为口，其基部两侧有1对伸缩性较好的长**触角**。注意观察：雌、雄螺的触角是否同样长短？雄性田螺的右触角短而粗，顶端有雄性**生殖孔**的开口，成为**交接器**。无论雌雄，在近触角基部外侧的隆起上各有眼1个。头部后方中线两侧具肌肉褶形成的唇，其中右侧较发达，可卷曲成**出水管**，左侧较小，形成**入水管**(附图1-1B)。在头部的下方为肌肉质的足，其跖面特别大，适于爬行。足的背面为田螺的**内脏团(囊)**。

(二)内部结构解剖

解剖田螺最好选用新鲜材料，因为固定的标本内脏团已强烈收缩和变硬，既不易解剖，

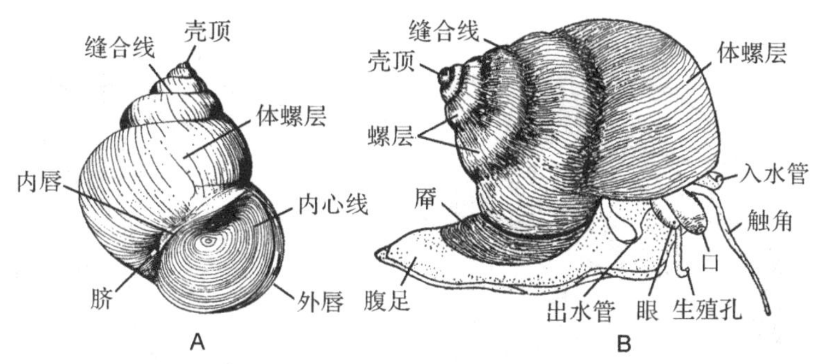

附图 1-1　田螺外部形态(据各家修改)

A. 贝壳外形；B. 雄螺外部形态

观察效果也不好。

在完成观察田螺外部形态和结构后，解剖前必须把贝壳除去。方法是用锤子小心地把体螺层敲破并把贝壳剥除。注意不必把其他螺层敲碎，只要一手握住壳顶，另一手抓住腹足及厣，可随螺层旋转(右旋)的方向旋转即可很方便地将其他螺层及壳顶除去。剥下贝壳后能见到覆盖在田螺体外口袋形的外套膜。在外套膜和内脏团之间的空腔即为外套腔。把贝壳剥离后，用 1 根大头针将头部固定，使它偏向体左侧；另 1 根大头针固定足的末端，使它偏向右侧；再用 1 根大头针固定外套膜较厚的部分，再渐次观察以下各系统。

1. 呼吸系统

田螺的呼吸器官主要是**鳃**(附图 1-2)。着生在外套腔的左侧，紧密地和外套膜相连接。它仅在鳃轴一侧着生鳃叶，鳃叶片三角形，梳齿状，故称为**栉鳃**。叶片的上皮细胞具有纤毛，内层充满血液。水由入水管流入，经过鳃由出水管流出，在此过程中进行气体交换。田螺外套膜上密布血管，对呼吸也有重要作用。

2. 消化系统

田螺的消化系统很发达(附图 1-2)，**口**位于吻的前端腹面，口后膨大为**咽**，其内部的腔称为**咽腔**(或称口腔)。剪开咽腔，在其中央腹面可见一角质的带状**齿舌**。齿舌后半部分则藏于一狭长的**齿舌囊**中，齿舌表面具许多细齿，能伸出口外以锉刮食物。注意观察：齿舌上的小齿是如何排列的？咽后为细长的**食道**，咽和食道间有两个白色的**唾液腺**，各自的唾液腺管从咽背面两侧开口于咽腔中。食道在围心腔腹面扩大成**胃**，位于肝脏之间，胃“U”形。田螺的**肝脏**为黄褐色，非常发达，充满于最后两个半螺层内，有小管开口于胃的前端。胃后与很短的**小肠**连接，其后即为**大肠**，长度约为小肠的 5 倍，肠道最后为**直肠**，其末端为**肛门**，开口于外套腔肾孔的左侧。

3. 循环系统

田螺的循环系统为开管式循环，心脏位于胃旁的围心腔之中，由 1 **心室** 1 **心房(心耳)**组成(附图 1-2)，两者之间具瓣膜，使血液只能从心耳流入心室。田螺的血液为无色，内含血细胞、淋巴细胞和血浆。

4. 排泄系统

圆田螺的排泄系统仅保留 1 个肾脏及 1 条输尿管(附图 1-2)。**肾脏**位于心脏的右侧，三角形，呈淡黄色或灰褐色。肾脏右侧与输尿管连接。**输尿管**的一侧与精巢或子宫壁相连，另

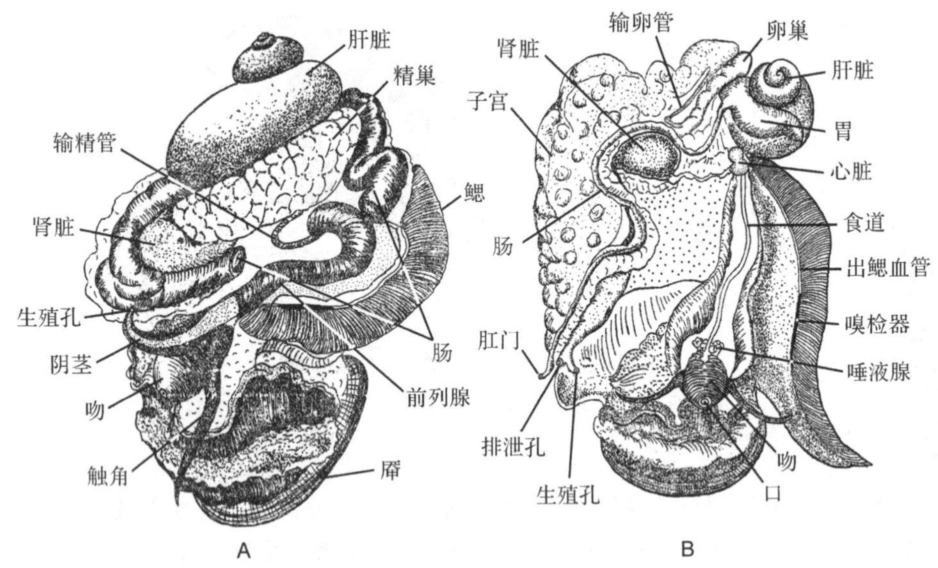

附图 1-2 中国圆田螺的内部结构(作者改绘)

A. 雄性;B. 雌性

一侧游离在外套腔中,**排泄孔**开口于肛门附近。因输尿管的管壁很薄,观察时须小心,不要用力撕拉。

5. 生殖系统

田螺雌雄异体且两性异形。

5.1 雄性生殖器官:由精巢、输精管、前列腺和阴茎组成。**精巢** 1 个,位于外套腔右侧,黄棕色或黄色,呈弯月状。精巢由许多精巢小管集合而成,后端连接着 1 条金黄色小管即为**输精管**。输精管向前伸展成膨大的**前列腺**,再向前为**阴茎**,为交接器官,包被在右触角内,雄性生殖孔开口于右触角的顶端(附图 1-2、1-3)。

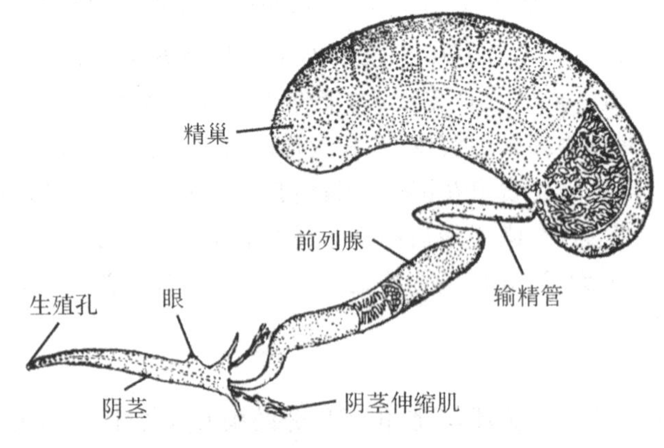

附图 1-3 田螺雄性生殖系统(侧面观)

5.2 雌性生殖器官:由卵巢、输卵管和子宫组成。**卵巢**长形,比精巢小,位于直肠上半部,和输卵管相平行。卵巢通出的**输卵管**前部细长呈管状,另一端与子宫相连。**子宫**很大,生殖季节可在子宫内看到许多不同发育阶段的胚胎或仔螺。子宫前端呈细管状,末端有生殖孔开口于外套腔，注意生殖孔旁还有1个排泄孔(附图1-2)。精子和卵在输卵管的顶端受精，每年6—7月是田螺繁殖盛期。

6.神经系统和感觉器官

田螺的神经系统包括脑神经节、足神经节、侧神经节和脏神经节，它们集中在头部食道前端周围(附图1-4)。

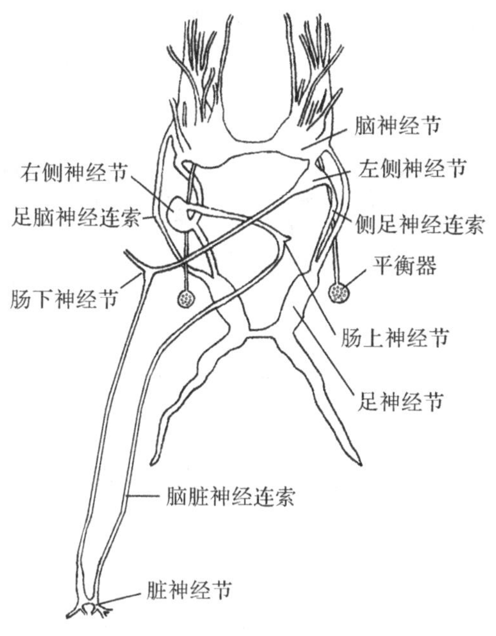

附图1-4 田螺神经系统示意

脑神经节位于咽的后方背侧，为1对大型的神经节，呈粉色。由脑向前发出10对神经到触角、眼、平衡器及前面口区的各部位。

用镊子剥开脑后的肌肉，可见位于食道两侧的**侧神经节**，该神经节虽成对，但不对称，均比脑神经节小，有脑侧神经连索与脑神经节相连。

沿侧神经节在咽的下方、足的跖面可以找到长形**足神经节**。足神经节成对，对称，两神经节之间有一短的足神经相连。从每一足神经节分出2对神经索，其中一对为脑足神经索，另一对为侧足神经索，分别与脑和侧神经节相连。

脏神经节分为肠神经节和腹神经节两部分。**肠神经节**，共2个，较小、不对称，其中位于食道的左侧上方的称为肠上神经节，位于食道右侧下方的称为肠下神经节。**腹神经节**，位于食道末端，成对，虽较小，但对称。

感觉器官很发达，视觉器官有**眼**1对，位于触角基部外侧，由皮肤凹陷形成网膜，内有感觉细胞和色素细胞；鳃的右侧缘中央有1条黄色的线状物，即为具嗅觉功能的**嗅检器**，能监测流入外套腔内的水质；**平衡器**位于足神经节附近，内有多个呈小球状的耳球，其使用是保持身体的平衡；**触角**也是感觉器官，其顶端有感觉细胞和感觉神经末梢。整个皮肤都有感觉作用，尤以头和足的边缘特别敏感，微小的刺激就能引发反应。

四、作业和思考题

1. 软体动物的足的形状常因生活方式不同而发生很大的变化，总结一下软体动物足的类型。

2. 解剖出完整的田螺齿舌，由教师当场检查，然后绘出其结构。

3. 下图是从田螺整条齿舌中分离出来的一小列齿舌，请指出中央齿、侧齿和缘齿，并写出田螺的齿式。

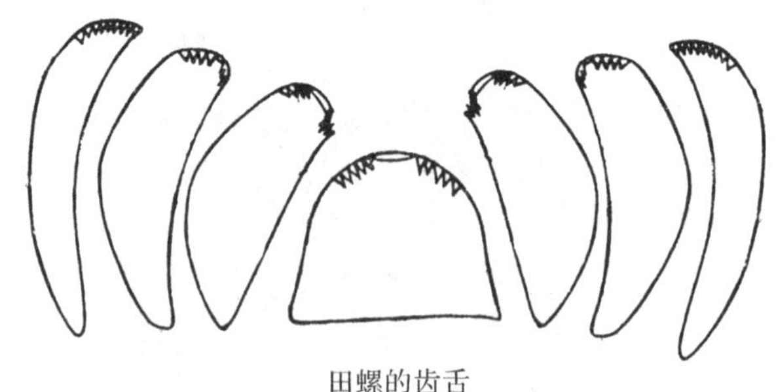

田螺的齿舌

4. 下面是雌性田螺内脏解剖的示意图。根据你在实验中解剖出的田螺的内部器官情况将下列器官填到这张图上：口、食道、胃、肠、直肠、肝、卵巢、输卵管、子宫、鳃、心脏、外套膜、外套腔和触角。

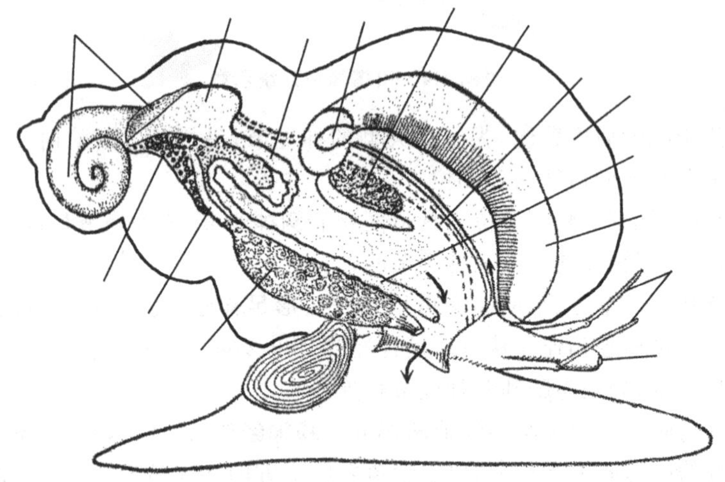

田螺的内脏器官模式图(箭头为水进出外套腔流向)

附录 2　昆虫幼虫(桑蚕)的解剖

一、目的与要求

通过桑蚕幼虫的外形观察和内部结构的解剖，了解昆虫幼虫的特征和基本的解剖方法。

二、材料与用具

解剖器，体视显微镜、显微镜或放大镜；五龄桑蚕的浸制标本。

三、操作与观察

(一)外部形态(附图 2-1)

桑蚕(*Bombyx mori*)的分类地位属昆虫纲鳞翅目蛾亚目蚕蛾科。为完全变态昆虫，幼虫(实验时用 5 龄)呈长圆筒形，由头部和体部组成，体部由 13 个体节组成。取桑蚕 1 条，置于解剖盘上，先观察头部和体部，注意各部分的形态结构与其功能的关系。

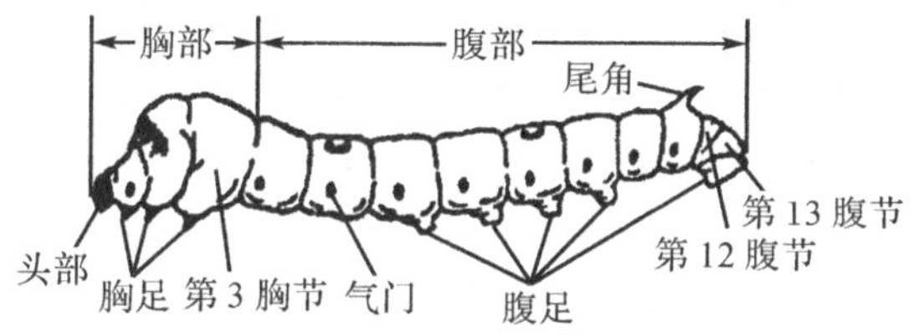

附图 2-1　桑蚕的外形

1. 幼虫头部(附图 2-2)

桑蚕头部较小，位于体最前方(附图 2-2)。头部外侧包有一骨质的壳片，生活时为暗褐色，壳片上密生刚毛，从背面观察，可分为左右两块半球形的颅侧板、人字形沟缝、三角形的额。头部主要观察单眼、触角和口器。

单眼：位于颅侧板的侧面下方，各有 6 个隆起呈半球形的黑色单眼，为幼体的感光器官。(附图 2-2)

触角：位于单眼的前方，左右成对。触角由 3 个褐色骨质化的小节组成。在触角第 2 小节顶端生有两根刚毛，在第 2、3 小节顶端各有若干感觉突起(附图 2-3)。触角是桑蚕幼虫的重要感觉器官。

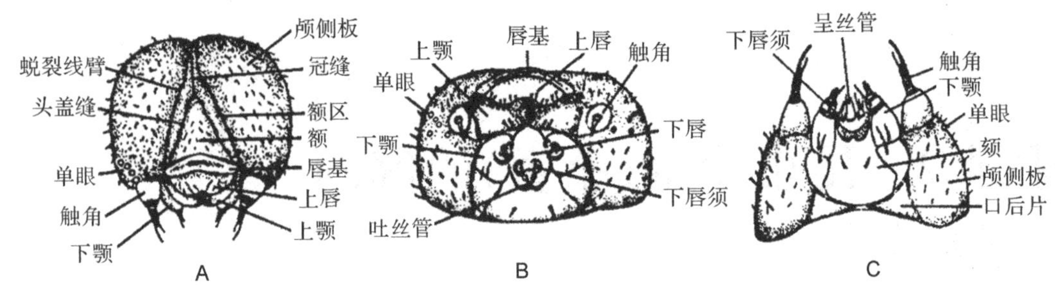

附图 2-2 桑蚕的头部

A. 背面观;B. 前面观;C. 腹面观

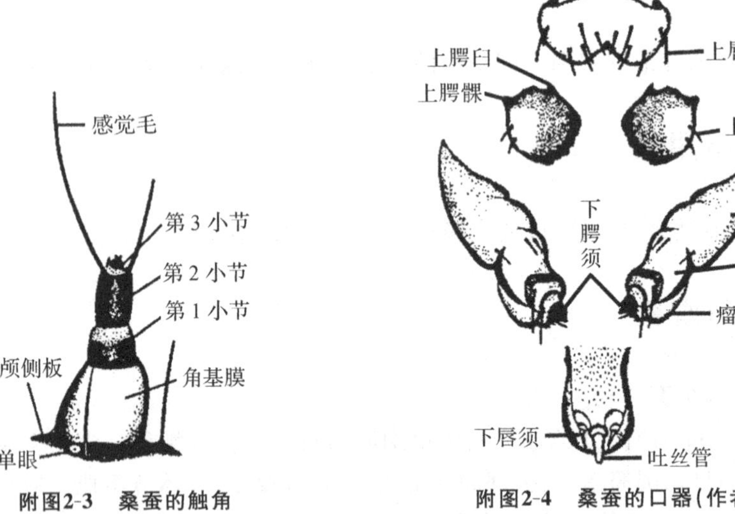

附图2-3 桑蚕的触角

附图2-4 桑蚕的口器(作者)

口器:蚕的口器位于额下方的唇基,由上唇、上颚、下颚、下唇 4 部分组成。(附图 2-4)

上唇:1 片,位于口器的最上方,由骨质化的板片构成,其基部与唇基相连,两侧和下端游离,游离缘中间具缺刻,食桑叶时起支持桑叶的作用。在上唇表面具 6 对感觉毛。

上颚:位于上唇的下方,由厚而坚硬的骨质片构成,左右各 1 个,黑褐色,表面生有两根刚毛。两上颚相对的一端各生有锯齿,其数量随蚕龄而增加。

下颚:成对,与下唇愈合成一对复合体。下颚分处在下唇的两侧,由 3 节组成,上端生有下颚须。下颚的上内方具一个瘤状体,其上的有节小突起是蚕幼虫的味觉器官,对食物有选择作用。

下唇:位于左右下颚中间,与上唇上下对应,为口器的最下部分,其背面成为口腔的底部。下唇前端中央部突出 1 个白色锥形的吐丝管。吐丝管的基部两侧各有 1 个下唇须。

2. 体部

体部由 13 个体节组成,可进一步分为胸部和腹部。

胸部:由体部第 1、2 和 3 节构成,其中第 1 节具黑色**气门**,每节都有 1 对胸足。**胸足**由 3 节组成(附图 2-5A),各节上生有很多刚毛,足的末端具黑褐色爪。胸足的主要作用是食桑叶和结茧,爬行时只起辅助作用。

腹部:从体部第 4 节至最后为其腹部,其中第 6、7、8、9 及第 13 节的腹面各有 1 对腹足,其中最后1对也称为尾足。**腹足**为柔软的肉质突起,其先端呈圆盘状,内缘密生大小两种钩爪,以内外两层形式排列成半环状(附图2-5B),用以抓握物体。蚕的爬行主要靠腹足和尾足。第11节的背面中央具一突起,称为**尾角**(附图2-1)。第4～11节侧面各有1个黑色椭圆形的气门,共8对。

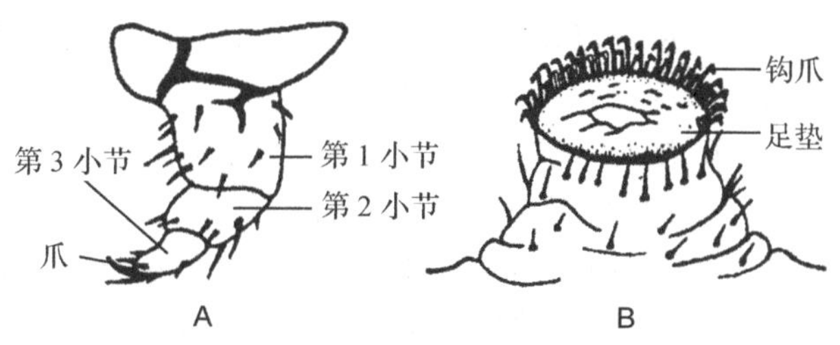

附图2-5　桑蚕的胸足和腹足

A.胸足;B.腹足

在雌蚕的第11、12节腹面各生有1对乳白色的点状体,其中前一对为前生殖芽(石渡前腺),后一对为后生殖腺(石渡后腺);雄蚕的生殖芽在第12节腹面前缘的中央,为乳白色瓢形囊状体,也称赫氏腺(附图2-6)。上述生殖芽是成虫生殖附器的原基。

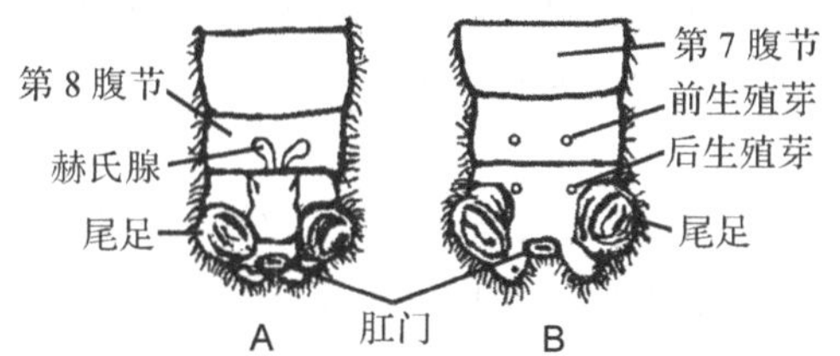

附图2-6　桑蚕的雌雄外部特征

A.雄性;B.雌性

(二)内部结构解剖(附图2-7)

完成第一项实验后,用眼科剪沿虫体左侧气门上方将体壁从腹部末端直剪至头后,然后沿头部后缘剪至蚕体另一侧,注意剪刀头不能剪向内脏,应紧贴体壁剪开,也不要把体背部的体壁全部剪掉,要使背部体壁与右侧体壁相连。解剖时用大头针把蚕体固定在蜡盘中,并加适量的水,保持内部器官的湿润,以便解剖和观察。

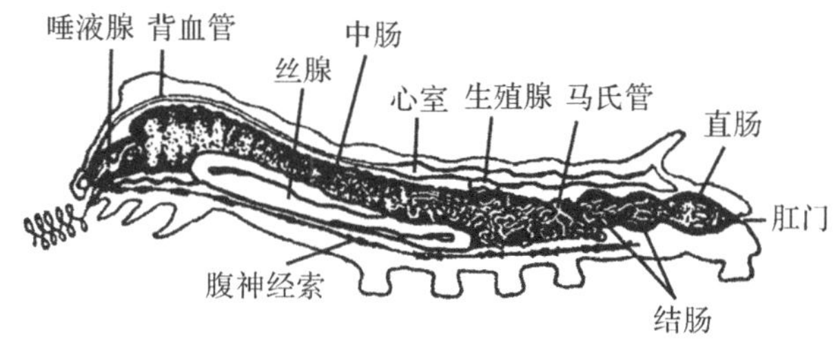

附图2-7　桑蚕的内部器官

1. 循环系统

仔细观察翻向体右侧的体壁内面,可见中间有一细长的管状构造,即为蚕的背血管,其膨大部分即为心室,生活时背血管能搏动。背血管直向前行,开口于血腔,血液分布到组织间。从第2胸节开始，各环节均有1对心孔，共11对。从第2腹节至第9腹节的心室外侧具翼肌。

2. 消化系统

剖开体壁后所见到的长圆筒的大型器官，从头部直到尾部纵贯在体中央，即为消化系统。整个消化系统包括**前肠**、**中肠**、**后肠**。**前肠**包括口腔、咽和食道。**中肠**位于食道之后，起自第2胸节，止于第6腹节中部，是消化道最发达的部分，约占消化道全长的4/5，表面具很多横的褶皱。**后肠**包括小肠、结肠、直肠和肛门。小肠位于第6腹节后半部，直径前大后小，呈漏斗状；结肠具缢束，分为前后两部分，位于小肠之后。直肠为消化道最后一段，中部膨大，后部渐缩小，其末端开口于肛门。消化腺体为**唾液腺**，也称**涎腺**。在体内各器官间还有白色片状物，这是**脂肪体**，它是蚕贮藏糖原的组织。五龄期幼虫可见明显变大的**丝腺**，位于体前端消化道的腹面两侧。

3. 呼吸系统

自气门向体内，在消化道两侧各有1条沿体壁纵走的黑色细管，以及由此分出的许多分支，分布到体内各部分，就是蚕的气管系统。在显微镜下可观察到气管壁上有细的螺旋丝。

4. 排泄系统

幼虫的**马氏管**共有6条，从中肠与后肠交界处的两侧肠壁发出。每一马氏管向前延伸，至中部折回，后方有许多屈曲，最后进入直肠壁。

5. 神经系统

解剖时须小心消化道，以及体壁的肌肉。神经系统位于消化道腹面，沿腹中线靠近体壁纵走，由脑、围咽神经及腹神经索组成。幼虫时具13对神经节，头部2对，胸部3对，腹部8对。头部两对神经节，即脑神经节和咽下神经节，前者是所有神经节中最大的，后者外观上愈合成1个，上述神经节由围咽神经环相连。

6. 生殖系统

在第8体节的背血管两侧各有1对白色的生殖腺，雄性称为睾丸，雌性称为卵巢。

四、作业和思考题

1. 昆虫幼虫解剖与成虫有何区别？
2. 统计一下班上每个同学所解剖的桑蚕的性别情况，雌雄性比率怎样？

附录 3　蜜蜂(工蜂)的外形和解剖

一、目的与要求

通过蜜蜂的外形观察和内部结构的解剖,了解膜翅目的特征和基本的解剖方法。

二、材料与用具

解剖器,体示显微镜、显微镜或放大镜;工蜂的浸制标本。

三、操作与观察

(一)外部形态(附图 3-1)

蜜蜂(*Apis* sp.)的分类地位属于昆虫纲膜翅目蜜蜂科(Apidae)。为完全变态群居性昆虫,分为蜂王(雌蜂)、雄蜂及工蜂(性未发育的雌蜂)。蜜蜂的第 1 腹节与胸部紧密结合,形成胸腹节,而且胸腹节后部突然紧缩,与第 2 腹节前部收缩成柄状的腹柄膜质相连,因此,在外观上将胸腹明显分为两段。

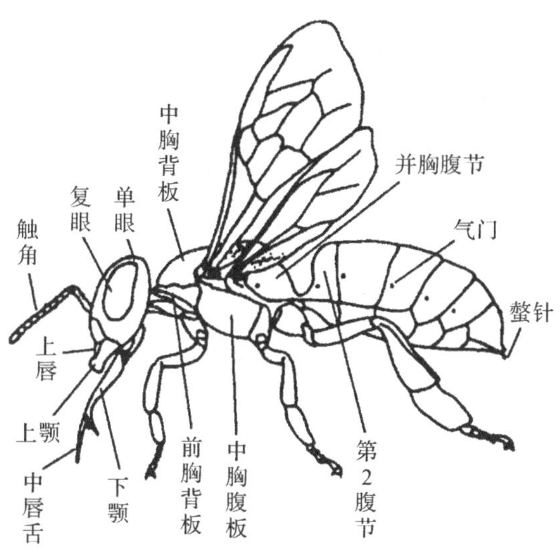

附图 3-1　蜜蜂的外形侧面观

1. 头部

蜜蜂头部由细而富有弹性的膜质颈与胸部相连。成虫头部已经愈合，看不出分节的痕迹。工蜂头部外形呈倒三角形，3 个单眼在头顶呈倒“品”字形排列，复眼 1 对，着生在头部上方两侧，触角 1 对，基部较为靠近，位于颜面中央(附图 3-2)。蜜蜂的口器为嚼吸式(附图 3-3)，由上唇、上颚、下颚和下唇构成，其中上颚发达，坚硬，形如大齿，位于头两侧，适于咀嚼；吮吸器官由下唇和下颚组成，其基部紧密相连，着生于头背部。

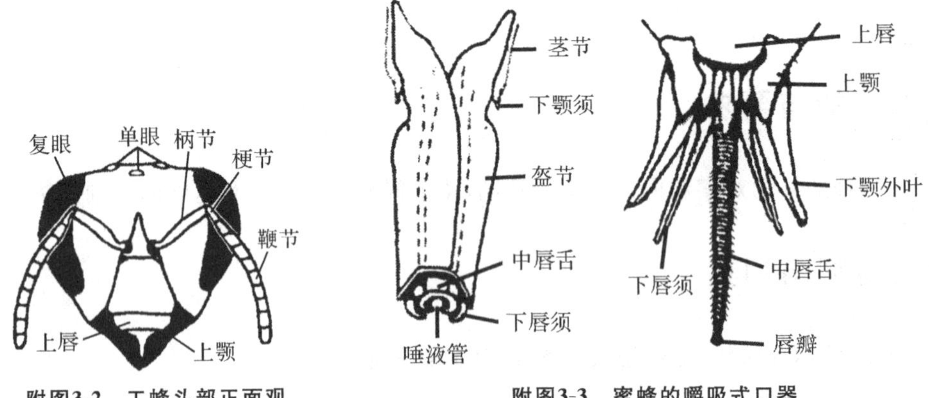

附图3-2 工蜂头部正面观

附图3-3 蜜蜂的嚼吸式口器

2. 胸段

胸段是蜜蜂的运动中心，由胸部体节和并胸腹节(腹部第 1 节)构成(附图 3-1)。中胸是蜜蜂胸部最大的体节；中胸和后胸背板各着生 1 对膜质的翅(附图 3-4)；前胸、中胸和后胸各着生 1 对足(附图 3-5)。

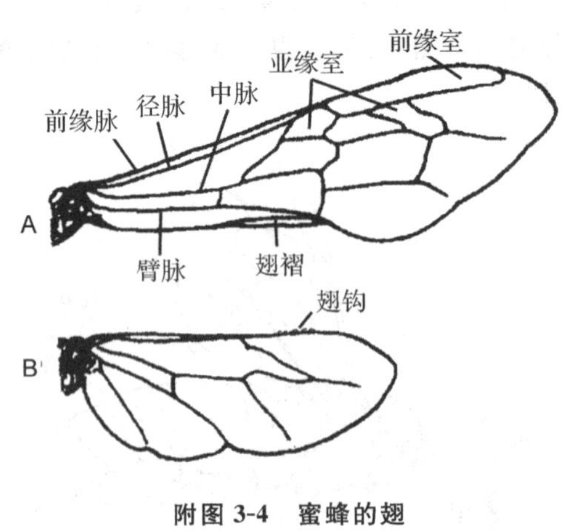

附图 3-4 蜜蜂的翅

A. 前翅；B. 后翅

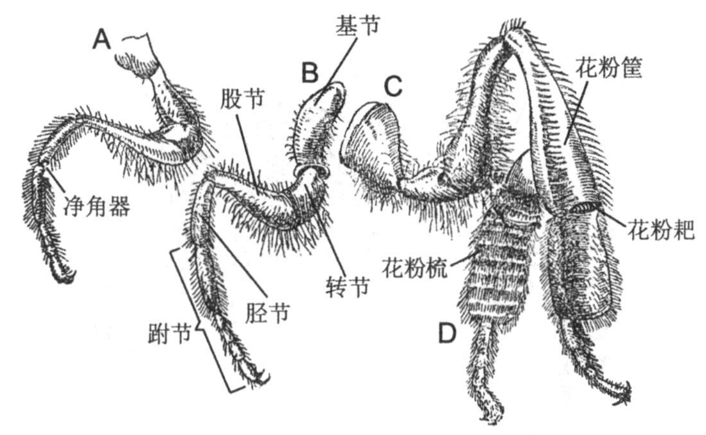

附图 3-5　蜜蜂的足

A. 左前足;B. 左中足;C. 左后足;D. 右足胫节内侧

3. 腹段

腹段是蜜蜂消化和生殖的中心,由除第 1 腹节外的腹部体节组成。腹段明显可见环节,工蜂和蜂王为 6 节,雄蜂为 7 节。腹段体节的体壁由一个较大背板和一个较小的腹板套叠组成,并以侧膜连接成筒状。其中腹板套叠在背板外侧,腹节间以节间膜相连,也呈套叠状,前一节背板和腹板分别向后延伸,将后一节背板和腹板部分遮盖,故蜜蜂腹部能弯曲,也能在纵横两个方向伸缩(附图 3-6)。螫针与刺位于腹部最后一节,是蜜蜂自卫的器官,由产卵器特化而成,只有雌蜂才具有(附图 3-7)。

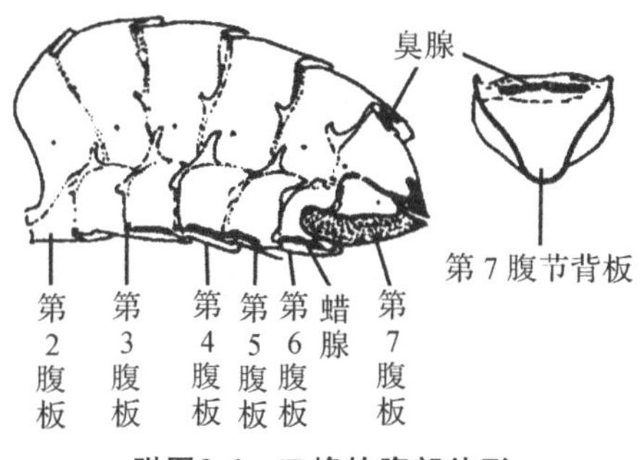

附图3-6　工蜂的腹部外形

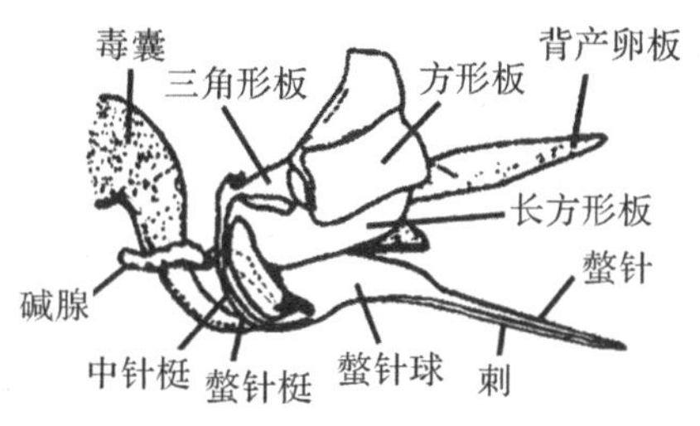

附图3-7　工蜂的螯针

(二)内部结构解剖(附图 3-8)

完成第一项实验后,先剪去翅,再用眼科剪沿虫体左侧气门上方将体壁从腹部末端直剪至腹部第 2 节,然后沿腹部前缘剪至蜜蜂另一侧,注意剪刀头不能剪向内脏,应紧贴体壁剪开,也不要把体背部的体壁全部剪掉,要使背部体壁与右侧体壁相连;再将胸段背侧体壁剪去。解剖时用大头针把蜜蜂固定在蜡盘中,并加适量的水,保持内部器官的湿润,以便解剖和观察。

1. 循环系统

蜜蜂的循环系统是一条细长的管道,称为**背血管**,位于背中线处体壁的下方,从腹部末端向前延伸至头部,贯穿于**背血窦**。背血管由前部的动脉和后部的**心脏**组成,后端封闭,前端开口于头腔(附图 3-8)。

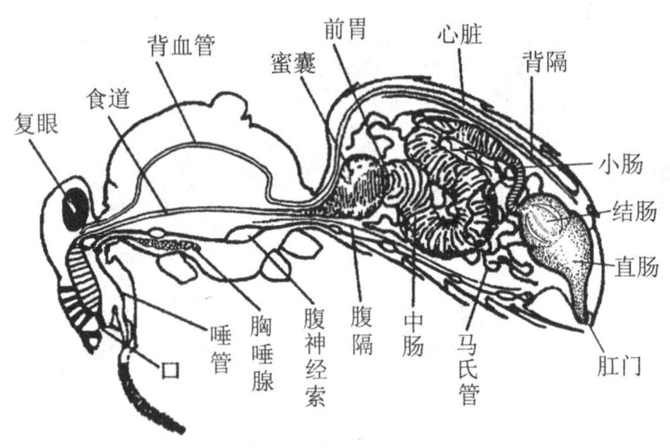

附图 3-8 蜜蜂的内部器官

2. 消化系统

工蜂的消化道可分为前肠、中肠和后肠。**前肠**位于消化道前部，由咽、食道、蜜囊和前胃组成。**蜜囊**为食道末端膨大的薄壁囊状体，主要功能是贮存和携带花蜜，也称**嗉囊**。蜂王和雄蜂的蜜囊退化。**前胃**位于蜜囊和中肠之间，为一小段紧缩的管道。**中肠**位于腹部的前中部，呈"S"形弯曲。**后肠**由小肠、结肠和直肠组成(附图 3-8)。

3. 排泄系统

蜜蜂的排泄器官为**马氏管**，有百余条，位于中、后肠的交界处(附图 3-8)。

4. 神经系统

蜜蜂的神经系统与蝗虫的比较相似，包括**脑**(即食道上神经节)、**围食道神经环**、**食道下神经节**，以及**腹神经索**(附图 3-8)。

5. 生殖系统

工蜂的生殖器官显著退化，失去正常的交配和生殖机能。卵巢仅具 3～8 条**卵巢管**，**受精囊**仅存痕迹(附图 3-9)。

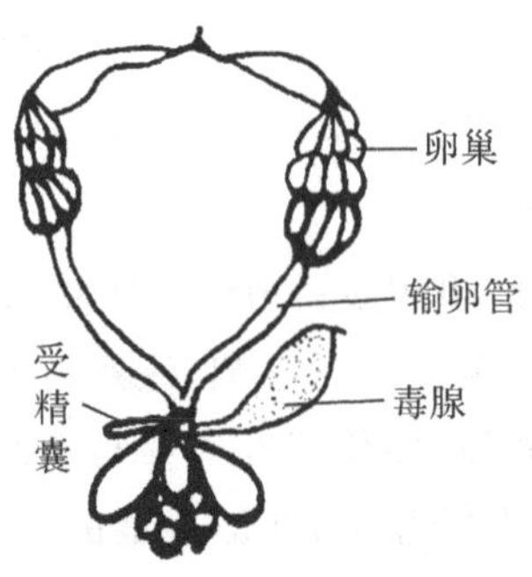

附图 3-9 工蜂的生殖系统

6. 外分泌腺体

包括**咽下腺**，又称**舌腺**、**王浆腺**或**营养腺**，位于工蜂头内两侧，是 1 对呈高度盘绕的葡萄状腺体(附图 3-10)，为工蜂所特有。**唾腺**，共 2 对，其中 1 对位于头腔的背侧，称为**头唾**

腺,由两串扁平小体组成;另1对位于胸腔的腹侧,称为**胸唾腺**,由两串发达的管状小体组成(附图3-10)。上述腺体以4根导管通入一条唾管,开口于唾窦的底部。**毒腺**只有工蜂和蜂王才有。**臭腺**,也称**纳氏腺**,位于工蜂腹部第7背板内,为分泌招引外激素的腺体(附图3-10)。

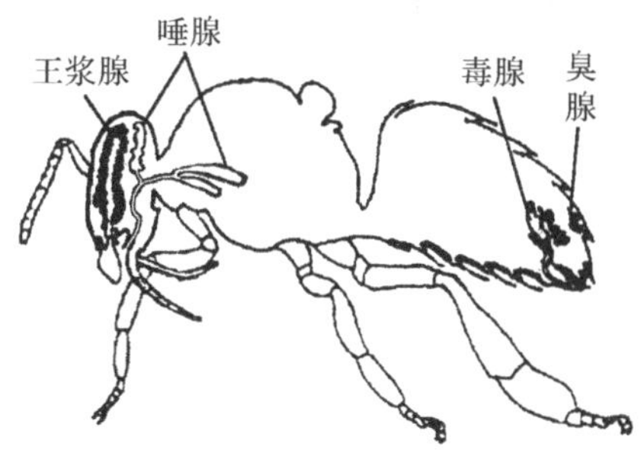

附图3-10　工蜂的主要腺系统

四、作业和思考题

1.蜜蜂身体较小,解剖时打开体壁有较大的难度,总结一下你的解剖经验。

2.蜜蜂是膜翅目昆虫,与先前解剖过的直翅目昆虫在有机结构上有何不同?

3.将蜜蜂的食道、蜜囊、前胃、中肠、小肠、结肠、直肠、马氏管、头唾腺和胸唾腺填入下图中。

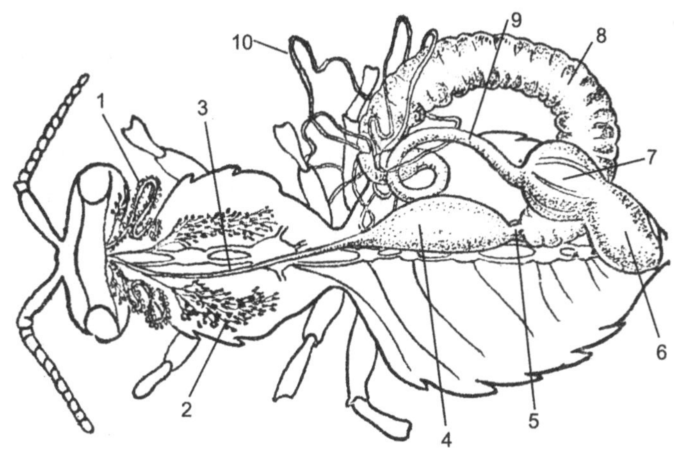

附录4 蟑螂的解剖

一、目的与要求

通过蟑螂的外形观察和内部结构的解剖，了解蜚蠊目的特征及解剖方法。

二、材料与用具

解剖器，体视显微镜、放大镜；蟑螂的浸制标本或活体标本。

三、操作与观察

（一）外部形态

蟑螂是俗称，中文学名为蜚蠊，属蜚蠊目(Blattaria)昆虫。蟑螂的种类较多，有些种类生活在室内，善快速爬行，常污染食物和生活用具，并留下讨厌的气味，传播疾病，是卫生防治的主要对象。最常见的种类是美洲蜚蠊（*Periplaneta americana*）（附图4-1），体形较大，成虫体长一般3～4cm，体红褐色，前翅较为革质化，称为覆翅，具有部分保护功能，后翅藏于覆翅之下，飞行时张开挥动，但蟑螂并不善飞。3对步足有力，且运动速度快。蟑螂属于不完全变态昆虫，蟑螂的若虫不具翅，与成虫容易分辨。

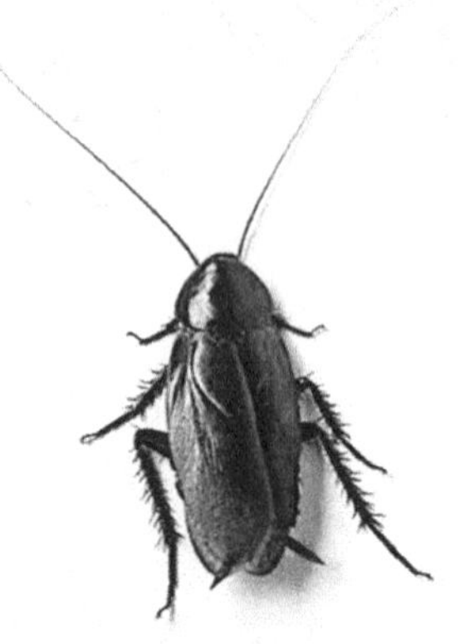

附图4-1 美洲蜚蠊

1. 头部(附图 4-2)

蟑螂头部小,被宽大的盾状前胸背板盖住,休息时仅露出头的前缘,但头部转动灵活。复眼发达,内缘凹,环绕触角基部(生活在洞穴或蚁巢中的种类复眼退化或不存在),单眼 2 个,仅为 1 对透明斑;具 1 对触角,丝状,多节,比身体长,具有触觉、嗅觉、味觉功能。口器咀嚼式,上颚强而有齿;下颚轴节明显,茎节延长,部分构成亚外颚叶,下颚须 5 节,外颚叶柔软,内颚叶顶端有齿,内表面着生毛和齿;下唇分为大型的亚颏和小型的颏两部分,下颚须 3 节,中唇舌和侧唇舌发达(附图 4-3)。

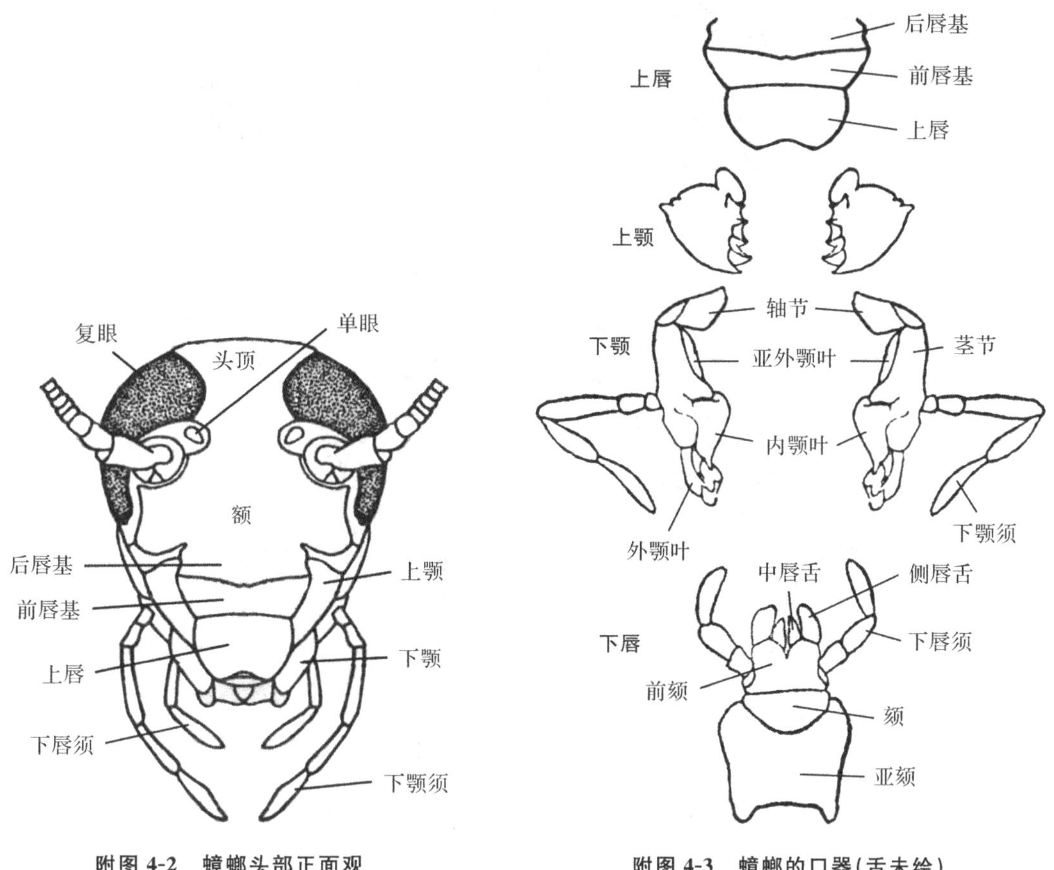

附图 4-2　蟑螂头部正面观

附图 4-3　蟑螂的口器(舌未绘)

2. 胸部

胸部的前胸背板大,盾状;中、后胸背板小。腹板不骨化,特别是具翅胸节的腹板。前、中胸具内突刺。3 对足步相似,腿节和胫节多刺,跗节 5 节,有 1 对爪,具爪间突,爬行迅速。成虫 2 对翅能盖住腹部,其中前翅为覆翅,狭长,后翅为膜质,臀区大(附图 4-4)。

3. 腹部

腹部可见 10 节,第 1 节短,第 8、9 节背板短,并隐藏在第 7 节背板下,第 11 节退化,背板和侧板分别变成肛上板和肛侧板。尾须 1 对,多节。雌虫第 7 节腹板和雄虫第 9 节腹板特化为大的下生殖板,能盖住后面的部分。雌虫第 8～10 节腹板退化,部分膜质,产卵器由 3 对瓣组成,常被第 7 节腹板遮住。雄虫外生殖器被第 9 节腹板和肛上板遮住大部分。雄性第 9 节腹板具 1 对腹刺(刺突),两者可以明显区别(附图 4-4、4-5)。

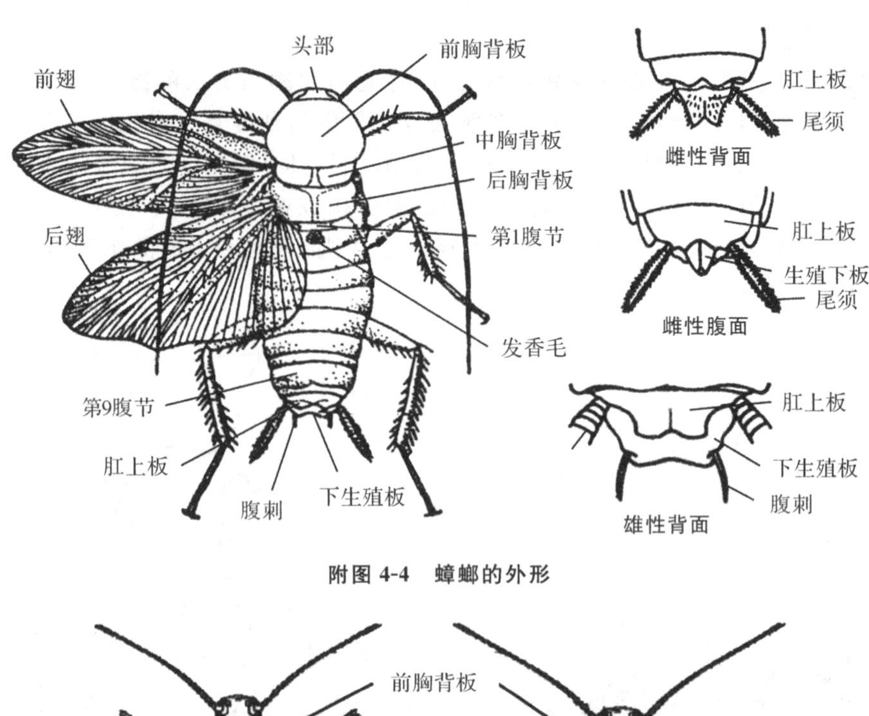

附图 4-4 蟑螂的外形

附图 4-5 蟑螂雌(左)、雄(右)腹面的比较

(二)内部解剖

解剖时先剪去 3 对足和 2 对翅,然后将腹部两侧的体壁小心剪开,并将腹部背面的体壁骨片逐渐剥离。再逐渐慢慢剥离胸部的体壁骨片与肌肉,此时可看见体内器官与组织。正式解剖前,用大头针将标本钉在蜡盘上。全面观察内部器官前,需小心将蟑螂体内脂肪体分离干净,以免影响观察。

1. 消化系统(附图 4-6)

蟑螂消化道细长,卷曲,**嗉囊**大,**砂囊**肌肉发达,能有力磨碎食物,内壁有发达的骨化刺——**前胃刺**,前胃后方具**前胃垫**,之后为伸向中肠方向的**贲门瓣**(附图 4-7);胃,即**中肠**,短,前端具 8 个管状**胃盲囊**;后肠由**回肠**、**结肠**和**直肠**组成,直肠具 6 个乳突。消化腺体为**唾液腺**,大型,并具贮存唾液的**唾液囊**。

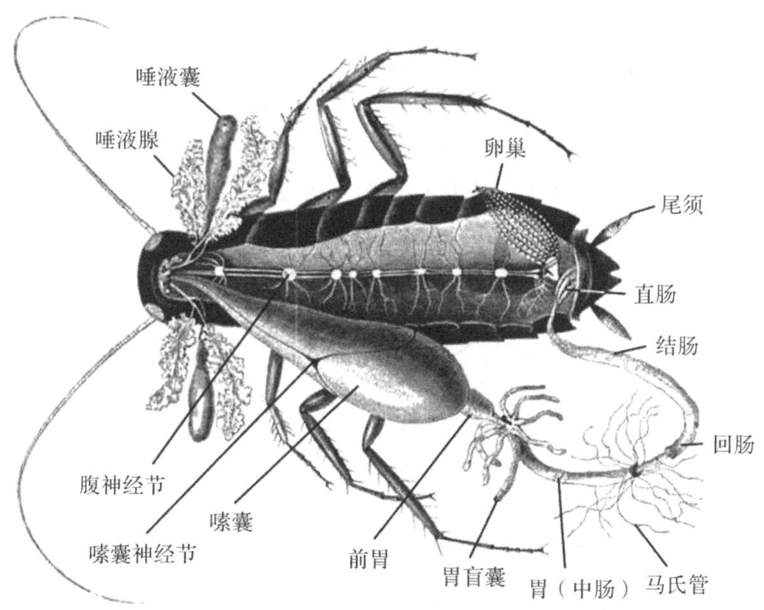

附图 4-6 蟑螂(雌性)的内部器官

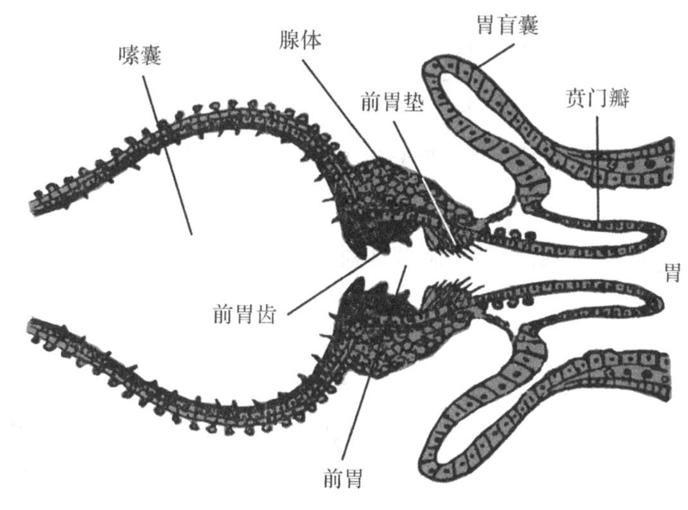

附图 4-7 蟑螂消化道前端示意

2. 排泄系统

蟑螂的排泄系统为中、后肠连接处着生的 80～100 条**马氏管**。注意蟑螂的马氏管后端流离(附图 4-6),与蝗虫相似。

3. 神经系统

与蝗虫类似,包括**脑**、**围咽(食道)神经环**、**咽(食道)下神经节**及**腹神经索**。腹神经索在胸部有 3 个神经节,腹部有 6(或 7 个)神经节(不同种类中,若腹部前面的 1～3 个神经节与后胸神经节愈合,腹部则仅见 4～6 个神经节)。蟑螂的交感神经发达,通常在嗉囊壁上能见到**嗉囊神经节**(附图 4-6)。

4. 循环系统(附图 4-8)

蟑螂的循环系统只有 1 条血管,位于背侧称为背血管,其中膨大且具规律性收缩能力的构造称为**心脏**,蟑螂心脏共 12 个,其中胸部 3 个,腹部 9 个。生活时,心脏搏动,**血淋巴**(hemolymph)在心脏中向前推进,将血淋巴推向头部,再由头部流至胸部、腹部等处。而身体的其他部位皆不具血管,故血淋巴直接在体腔中流动,血流速率较闭锁式循环的动物慢。

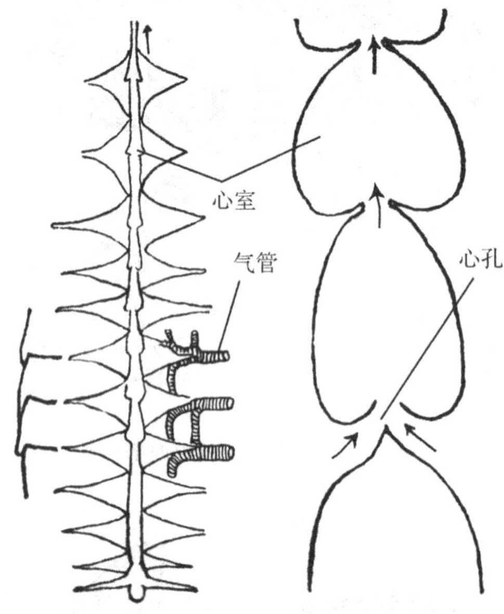

附图 4-8 蟑螂的心脏(箭头示血流方向)

5. 呼吸系统

蟑螂呼吸系统具 10 对**气门**,其中胸部 2 对,腹部 8 对,分别与背侧及腹侧的纵横气管相联系(附图 4-9、4-10)。

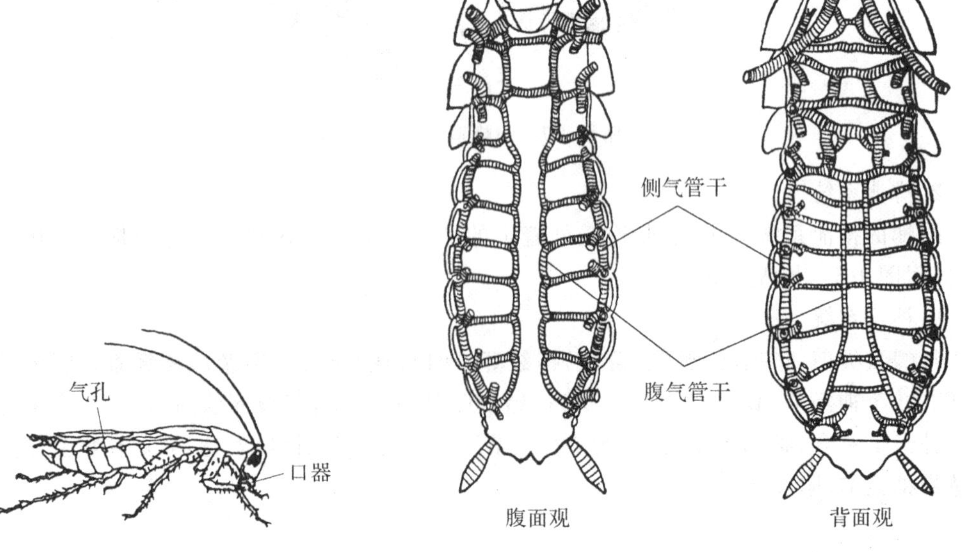

附图 4-9 蟑螂气孔位置

附图 4-10 蟑螂的气管

6. 生殖系统(附图 4-6)

雌性生殖系统包括卵巢 1 对,每 1 卵巢由卵巢管组成,向后汇入输卵管,再进入生殖腔中,生殖腔底部为第 7 节腹板,背壁上有贮精囊的开口,此外,还具附属腺——黏腺,这是成对具分支的大型腺体,分别开口于生殖腔,分泌形成卵鞘的物质(如蛋白质和酚类),氧化为醌类物质,再鞣化形成硬的卵块(鞘)(附图 4-11)。雄性生殖系统包括睾丸、输精管,然后通入射精管。射精管前端有 1 对附腺——黏腺,黏腺分泌构成精珠的物质,射精管背方还有贮精囊。

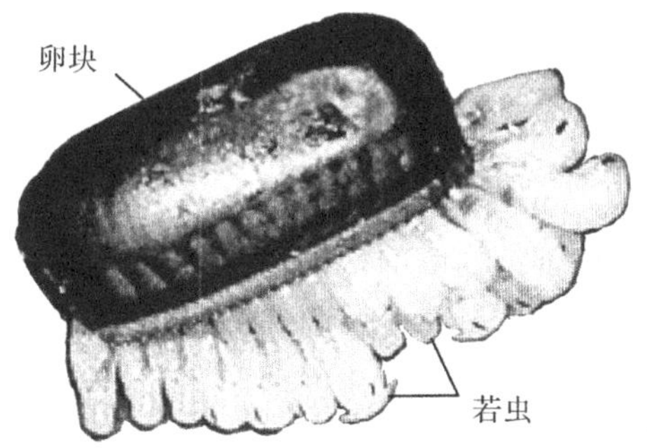

附图 4-11　蟑螂的卵块及刚孵出的若虫

四、作业和思考题

1. 解剖蟑螂神经系统,并找出蟑螂嗉囊神经节。
2. 解剖观察蟑螂唾液腺和唾液囊,画出相互关系图。
3. 消化道有哪几部分组成?

附录 5 口虾蛄的解剖

一、目的与要求

通过虾蛄的外形观察和内部结构解剖，了解低等甲壳动物的基本特征，进一步熟悉甲壳动物的解剖方法。

二、材料与用具

显微镜，放大镜，解剖器，蜡盘等；口虾蛄活体或浸制标本。

三、操作与观察

(一) 外部形态与附肢

取口虾蛄(*Oratosquilla oratoria*)浸制标本，放在解剖盘中观察(附图 5-1)。

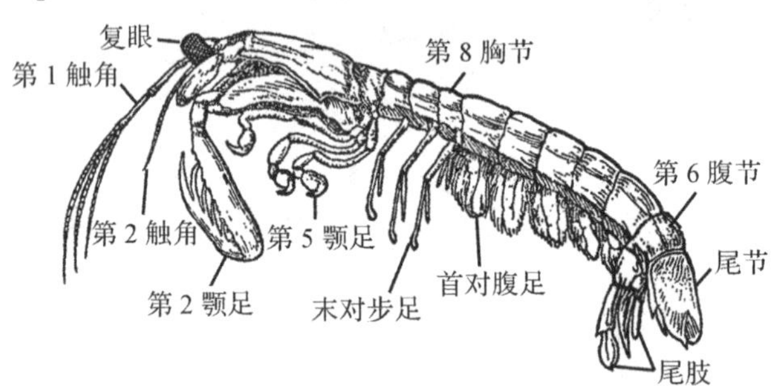

附图 5-1 口虾蛄侧面观(仿陈义)

口虾蛄为甲壳纲(Crustacea)口足目(Stomatopoda)最常见的种类。体长通常为 10～15cm，生活时一般为灰白色，同时散有红、黄、蓝、白、黑、绿等斑点。穴居于泥沙质的浅海或珊瑚礁中。初夏繁殖，雌性抱卵孵化，经一系列幼虫期发育为成体。

口虾蛄身体由头胸部和腹部两部分组成，依次观察。

1. 头胸部

头部与胸部的前 4 节愈合，外被头胸甲。第 4 至第 8 胸节不仅分节明显，而且外露于头胸甲后方，并能曲折和自由活动。头胸甲呈长梯形，长大于宽，其前缘弧状弯曲，两侧角尖锐突出，前方正中具 1 额剑(角)，与头胸甲间有可动关节相连，额剑(角)前缘圆突，长略大于宽。头胸甲后方有略显横行的倒"W"形的颈沟。头胸甲前缘腹面及额角的前方着生有第 1、2 触角和复眼，此三者称为头胸前部。复眼斜生于可动的眼柄上。比较一下，虾蛄的复眼与沼虾有何不同？头胸甲后方具 4 个明显分节的胸节，即第 5、6、7、8 胸节。该 4 节的背方和腹方分别为背甲和腹甲所覆盖。背甲的两侧形成侧突起，其中第 5、6、7 胸节两侧各有前、后 2 个侧突起，第 8 胸节只有前方 1 个侧突起。侧突起的形状在各胸节都不同，也是口虾蛄区别于其他虾蛄的重要特征之一。头胸部腹面有许多分节的附肢。

2. 腹部

口虾蛄第 8 胸节以后即为腹部，由 7 节组成，其中前 6 腹节同型，最后 1 节为扁平的尾节，所有腹部体节都外被背甲和腹甲。背甲上有数条纵脊，其中 2 条为亚中央脊，位于背甲正中线两侧；2 条中间脊，位于亚中央脊两侧；侧脊 2 条，位于中间节的外侧；缘脊 2 条，位于腹节的最外缘。生活时甲壳背面上有色素细胞聚集形成色斑。尾节紧接第 6 腹节，呈扁平状，侧缘和后缘连成近似半圆形弓曲，背面具有棱脊。

3. 附肢的解剖

(1) 头胸部附肢

第 1 触角（小触角）：位于额角前端侧面。与头胸甲腹侧有底节相接，基节 3 节，前接短而多节的外枝、中枝和内枝，其中以内枝最长、外枝最短。在第 1 基节的背面基端着生有呈半圆形突起的听器，具感受水压变化的功用（附图 5-2）。

第 2 触角（大触角）：位于额角的内侧。底节宽大，其前方着生有内、外两枝。内枝具 3 节基节，前接短小而多节的鞭状部。外枝基节呈三角形，前接向侧方伸出的扁平长纺锤形的叶状片，其边缘密生长毛（附图 5-2）。

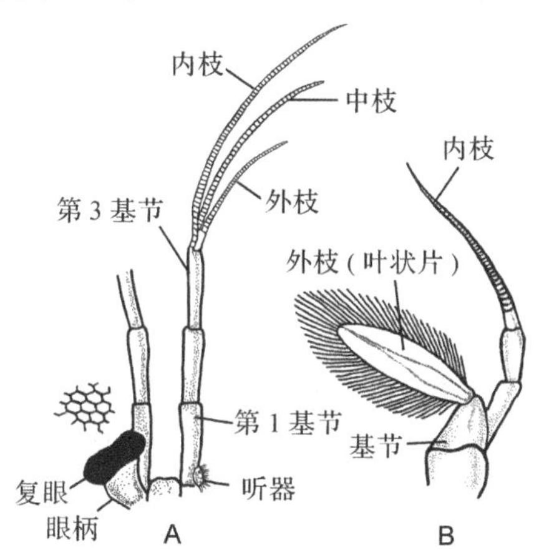

附图 5-2　口虾蛄的触角（作者）

A. 第 1 触角；B. 第 2 触角

大颚：1 对，坚硬，近似扁三角形，其先端分为内外两枝，分别称为切齿部和臼齿部。臼齿部中间具 1 沟，沟内两侧各列生数齿。切齿部较粗大，沿口缘亦具 1 列坚齿。另有 1 触须，细长多毛（附图 5-3）。

第 1 小颚：1 对，具底节、基节各 1 节。基节先端稍宽，与基节并列着生 1 内枝，其先端细而尖。基节前缘及内枝边缘密生细毛（附图 5-3）。

第 2 小颚：1 对，呈扁平叶状，由分节不完全的 5 节构成，边缘多细毛，中央具一薄而透明的纵带(附图 5-3)。

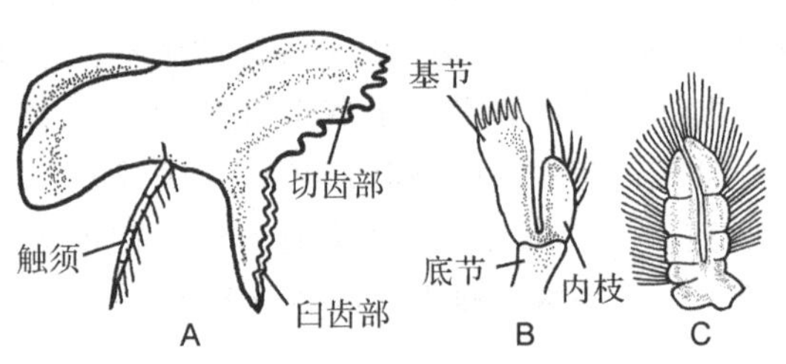

附图 5-3 大颚和小颚(作者)

A. 大颚;B. 第 1 小颚;C. 第 2 小颚

颚足:共 5 对,为捕食器官。位于第 2 小颚后方,依次排列。颚足分为 6 节,自基部开始依次称为基、座、长、腕、掌和指节。末端两节形成假钳状。颚足有抱握、递送食物的作用,雌性个体还有抱卵作用。**第 1 颚足**先端向前着生许多毛,基节、座节、长节均扁平而细长。基节基部有一呈半圆薄片状的副肢,可辅助呼吸,座节呈弓形弯曲,腕节较小,掌节扁平近椭圆形,指节不发达。**第 2 颚足**亦称掠肢或捕足,是所有附肢中最为强大的,在捕食和御敌中起主要作用。其基节和座节很短,长节呈三棱形,腕节也较短,掌节和长节略等长,掌节内侧具 1 条浅沟,沟的背侧缘列生许多栉状小齿,该节内侧基部有 3 枚可动的棘状刺,指节较长,内侧缘稍呈弓状弯曲,列生 6 个细长棘刺。平时指节紧合于掌节内侧的浅沟内,捕食时可迅速弹出,其构造极似螳螂,但指节屈曲方向向反。**第 3、4、5 颚足**形状彼此基本相似,各节的边缘均有许多毛,仅各对的长短屈曲程度有所变异。座节屈曲,长于基节,长节最长,腕节最短,掌节上侧缘有 1 沟,指节细长略弯,顶端尖。第 3、4 对颚足基节的基部具副节(附图 5-4)。

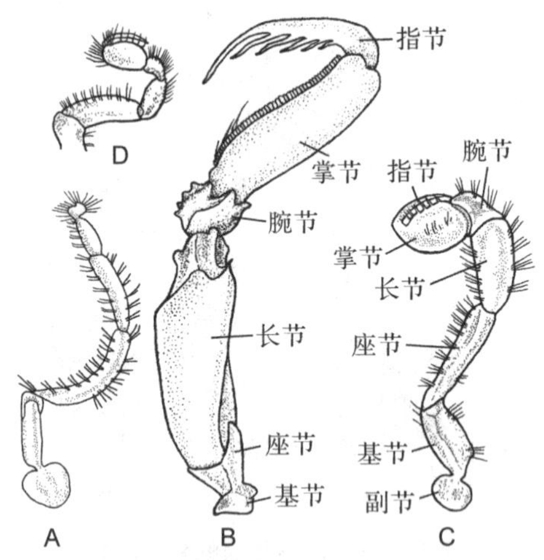

附图 5-4 颚足(作者)

A. 第 1 颚足;B. 第 2 颚足;C. 第 3 颚足;D. 第 5 颚足

步足:共 3 对,双肢型,甚为细弱。着生于头胸部第 6、7、8 胸节的侧下方,具步行功能。各对步足形状相似。底节很短,基节较长,其先端接内、外 2 肢。其中内肢基部 1 节较长,末节短而扁,先端具毛;外肢较内肢短细,先端亦具毛。雄性第 3 步足的底节处有 1 细长鞭状的交接器官,也称交接刺(附图 5-5)。

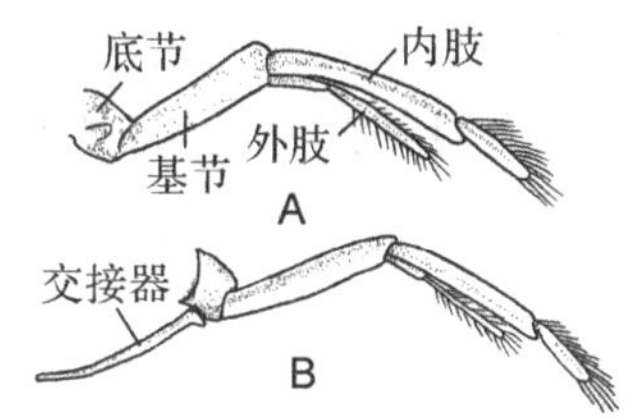

附图 5-5 步足(作者)

A. 第 3 步足(雌性);B. 第 3 步足(雄性)

(2) 腹部附肢

尾肢:为尾节的附肢,着生于第 6 腹节的侧方。底节较宽而扁平,向两侧分出内、外 2 肢。其中内肢扁平且细长,为长条状,边缘密生细毛;外肢较长,由 2 节构成,第 1 节外侧列生 7～8 枚小棘,自上而下逐一增大,或侧密生长毛。尾肢(附图 5-6A)可与尾节组成强有力的挖掘和移动器,在水中游动时亦可调节运动方向。

游泳肢:也称**腹肢**,共 5 对。着生于第 1 至第 5 腹节的腹甲两侧。底节较大,成长方形,先端接 1 短柄,由此向侧面分出扁平椭圆状的内、外 2 肢,其边缘均密生较长的软毛。外肢基部着生鳃,为呼吸器官。鳃的长轴上侧生有许多弯曲的小枝,并布满丝状细毛。雌性各腹肢形状相同,雄性第 1 腹肢的内肢特化成 1 执握器(附图 5-6B)。

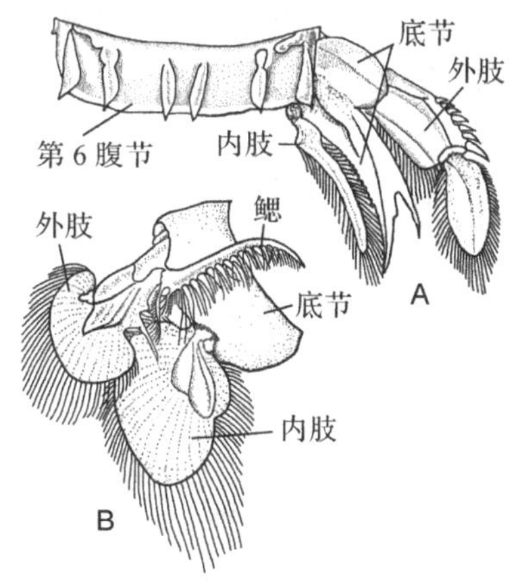

附图 5-6 尾肢和游泳肢(作者)

A. 尾肢;B. 游泳肢

(二)内部结构解剖

解剖内部器官前,先用眼科剪从虾蛄背面两侧处从后向前剪开背甲,小心分离附在背甲内面的肌肉,并除去背甲。然后用大头针将虾蛄钉在蜡盘上。如果解剖材料是浸制标本,解剖时必须用自来水将解剖标本浸没,并逐步从背面向腹面解剖,并依次观察循环系统、生殖系统、消化系统、神经系统。如果解剖新鲜标本,不必加水,而且各内部系统更为明显。

1. 循环系统

虾蛄为开管式循环。剥离肌肉后,在虾蛄背部正中可见 1 条长的细管状心脏(附图 5-7)。心脏从头胸部颈沟处延伸至第 5 腹节末。用体视显微镜或放大镜可在心脏背面见到心孔 12 对(胸部 5 对,腹部 7 对),大体位于各体节的近前端处,成对排列,但第 5 腹节处具 3

个心孔。每对心孔所在部位，左右各分出 1 对侧动脉，分布至附近的消化器官和肌肉等处。心脏的前端向前方伸出 1 支头大动脉，其前方可达复眼间。心脏末端向尾节通入 1 支尾动脉。

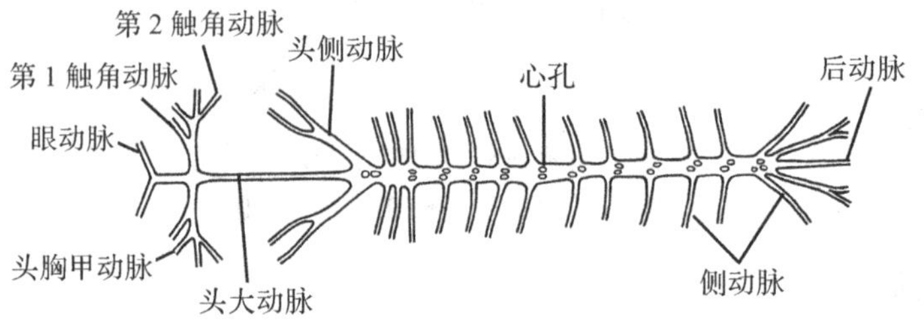

附图 5-7　虾蛄的循环系统示意图(作者)

2. 生殖系统

生殖系统位于胸腹部，在心脏腹面与消化道背面之间。虾蛄雌雄异体，且雌雄异形。通常同种个体雄性多小于雌性。(附图 5-8)

(1) 雄性生殖系统

包括精巢、输精管及副性腺。精巢为 1 对细而屈曲的长管，从第 8 胸节开始一直延伸至尾节，但尾节处合为单条细管。从第 6 腹节开始分为 2 叉弯曲向前的输精管，开口于第 8 胸节第 3 步足基部内侧，突出成交接器。副性腺管状，盘曲叠绕在心脏的前端，分成左右 2 支向后行，与输精管会合后进入交接器。注意副性腺外形似精巢，但无精子。

(2) 雌性生殖系统

包括卵巢、输卵管和受精囊。卵巢从胃部延伸至尾节，其外形与精巢基本相似，开始仅在尾节为单条，然后分成 2 叉。如果所取标本正处生殖时期，可见一呈黄色膨大的卵巢，仅见 1 条中央线，在各节具侧突，前端达于胃。在第 6 胸节具 1 对细的输卵管，它与位于中央线附近的受精囊会合并开口于第 6 胸节腹面中央的雌性生殖孔。

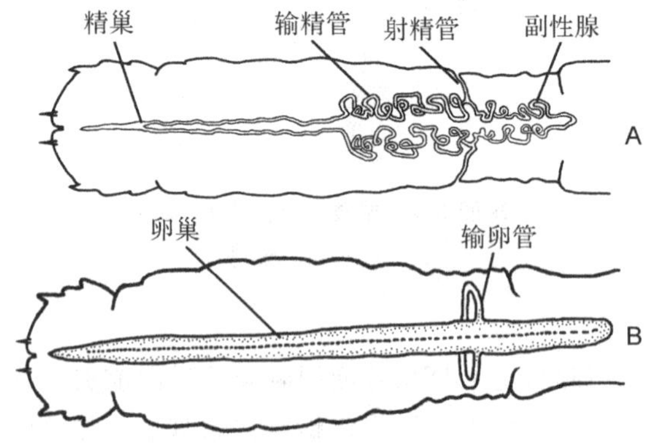

附图 5-8　生殖系统示意图(作者)

A. 雄性；B. 雌性

3. 消化系统

消化系统由消化道及消化腺组成。解剖时要除去生殖腺。

消化道包括口、食道、胃、中肠、后肠和肛门。口位于头胸前部腹面大、小颚间。口后为短的食道，其后与胃相通。胃位于头胸甲颈沟以上部位，呈囊状、紫褐色，可进一步分为贲门部和幽门部。

贲门部形如三角锥状体，向腹面突出。切开胃壁可见被有几丁质膜的胃内膜，从左右两侧生出肌肉质襞，使胃内腔分成背、腹 2 腔。贲门部后壁着生有 3 对小骨片，称为**贲门骨**。其中前 1 对生有数个齿状突起，为**轭贲门骨**。后 2 对相互平行而成半环状弯曲的为**侧上贲门骨**和**侧下贲门骨**。在后 2 对小骨片之间，向胃内腔列生许多毛。侧上贲门骨的后端在胃中央线左右相合，形成贲门部与幽门部之间的几丁质瓣。**幽门部**体积很小，被肌肉质襞分为左右两部分。**中肠**呈长管状，前接胃的幽门部，下伸至第 6 腹节。中肠内腔狭，表面被有肝脏，即中肠腺。**肝脏**的侧面前后伸出约 10 对侧支，最后 1 支可伸达尾节。中、后肠在尾节外相接。**后肠**的特征是短而膨大，**肛门**开口于尾节腹面正中的中央脊前缘，为圆形小孔。

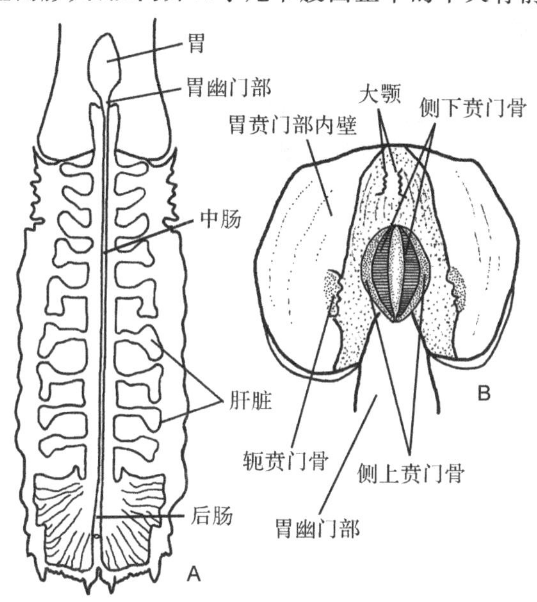

附图 5-9　消化系统示意图(作者)

A. 消化道与肝脏示意；B. 胃背壁剖视

4. 排泄器官

排泄器官为**颚腺**，属于后肾管。位于大颚基部与第 1 颚足基部之间，呈白色梨形囊状，由一较短的输尿管开口于第 2 小颚前方。

5. 神经系统

解剖神经系统时应除去消化系统及肌肉。神经系统位于虾蛄腹面，为 1 条白色的纵神经干，前达头前部，下至尾节。

脑，又称食道上神经节，位于头部，较膨大，分出神经通至眼、触角等处；**围食道神经环**，由脑的后端中央附近分，1 对，向食道下方延伸，与**食道下神经节**相连。在食道下神经附近有一膨大的**脏神经节**，并有神经分支至胃等部位，**食道下神经节**由几个神经节愈合而成，呈长椭圆形，后与腹神经链相连；**腹神经链**(**索**)位于消化道腹面，此神经链基部从各小节分出神经分别通到口器和 5 对颚足等处；胸部的后 3 节及腹部的 6 节，每节具 1 对神经节，由它们分出神经分布到相应的附肢和肌肉。腹神经链(索)由 2 条神经干愈合而成,各节神经节大小相似,唯有第 6 腹节的神经节稍大一些,并有神经通到尾节与尾肢。

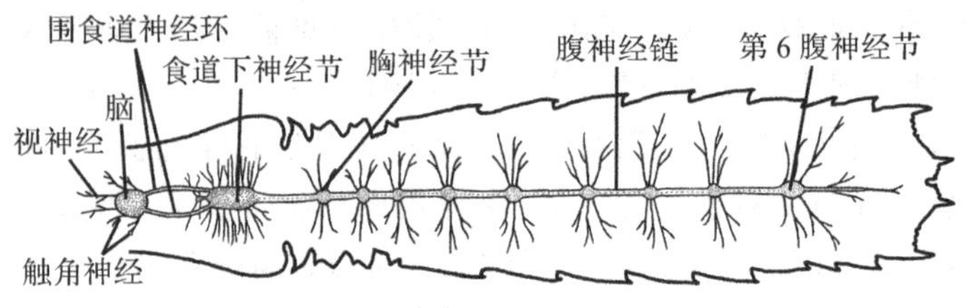

附图 5-10 神经系统示意图(作者)

四、作业和思考题

1. 通过虾蛄的解剖比较口足目与十足目甲壳动物结构特征的异同点。
2. 口虾蛄中哪些附肢为双肢型和单肢型?鳃位于何处?
3. 口虾蛄的额剑与虾类有何不同之处?

附录 6　中华绒螯蟹的解剖

一、目的与要求

通过中华绒螯蟹的外部观察和内部解剖，了解十足目爬行亚目甲壳动物的基本特征，进一步掌握甲壳动物的解剖方法。

二、材料与用具

显微镜，放大镜，解剖器，蜡盘等；中华绒螯蟹活体或浸制标本。

三、操作与观察

（一）外部形态与附肢

中华绒螯蟹（*Eriocheir sinensis*）为甲壳纲（Crustacea）十足目（Decapoda）爬行亚目（Reptantia）方蟹科（Grapsidae）绒螯蟹属（*Eriocheir*）最常见的种类，除野生外，现被广泛人工养殖，俗称河蟹、大闸蟹。生活时背面呈墨绿色，腹面灰白色。螯足强大，具绒毛。故名。

取绒螯蟹标本，放在解剖盘中观察（附图 6-1），根据腹部的形态确定蟹的雌雄性别。按附图 6-2 所示的头胸甲模式图所示的各部名称，区别中华绒螯蟹头胸甲各部的位置。

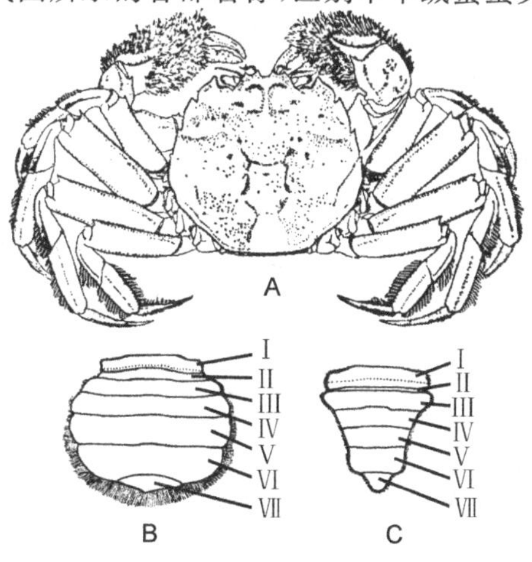

附图 6-1　中华绒螯蟹（仿各家）

A. 雌体背面观；B. 雌性腹部；C. 雄性腹部

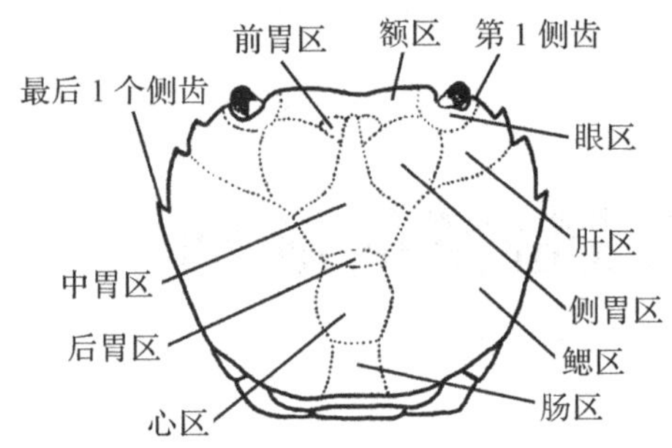

附图 6-2 蟹类头胸甲模式图(据戴爱云改绘)

1. 附肢解剖

触角:2 对,第 1 触角(小触角)为单型,由触角柄和节鞭组成。其中触角分为 3 节,节鞭由外鞭(上鞭)和内鞭(下鞭)。第 2 触角(大触角)原肢分为 3 节,内肢基部与原肢组成第 2 触角的触角柄,外肢退化。(附图 6-3)

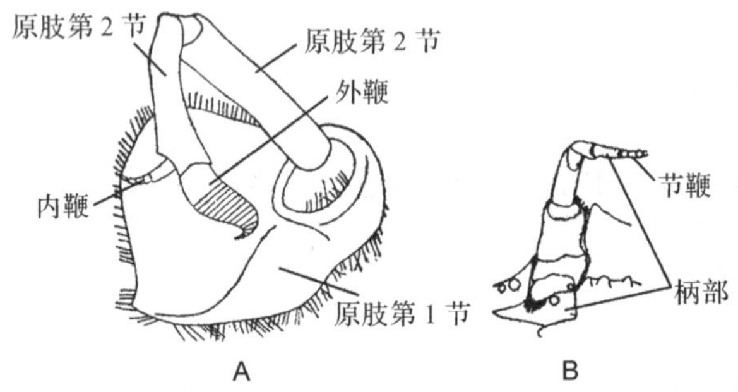

附图 6-3 中华绒螯蟹的触角(仿堵南山)

A. 右侧第 1 触角;B. 左侧第 2 触角

大颚:1 对,单肢型,外肢完全消失,内肢也十分退化,变成只有少数几节的大颚须。

第 1 小颚:单肢型,除原肢外只有内肢而无外肢,内叶 2 片,通常上方一片较大。小颚须即为内肢,仅 1 节(附图 6-4)。

第 2 小颚:双肢型,原肢具两片内叶,内肢即为小颚须,外肢呈镲刀形,周缘列生羽状刚毛,称为颚舟叶。其功能是用来激起呼吸水流,因而又称呼吸板(附图 6-4)。

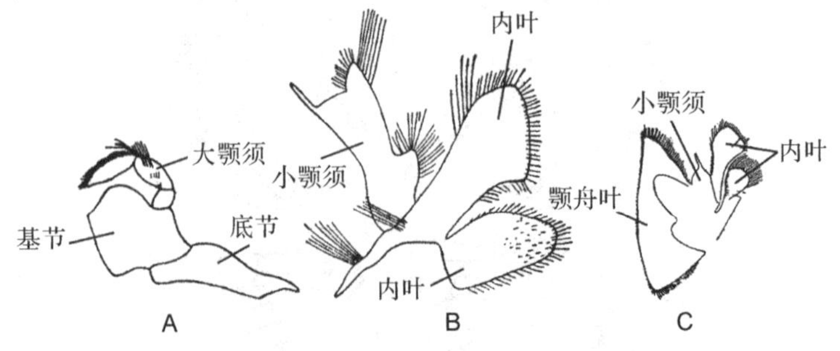

附图 6-4 中华绒螯蟹的大、小颚(仿堵南山)

A. 大颚;B. 第 1 小颚;C. 第 2 小颚

颚足:3 对,均为双肢型(附图 6-5)。第 1 颚足原肢分为基节与底节 2 节。外肢细长,内肢 2 节,其中第 1 节细长,末端扩大呈片状,用来封闭出水孔,以防鳃室干燥;第 2 节短而扁平,连接在第 1 节末端,约与第 1 节的扩大部分构成直角。第 1 颚足还有一上肢,为 1 三角形的长突起,能伸入鳃室,横卧在鳃的上面,活动时可刷除鳃上的污杂物。第 2 颚足的原肢也分基节和底节,但无内叶。内肢 5 节,外肢细长。上肢十分发达,横卧在鳃的下面,活动时可刷除鳃下的污杂物。第 3 颚足原肢也分为 2 节,其中底节大,横向突出,底节颇小。内肢分成 5 节,即座、长、胫、跗、趾节。外肢常称为备颚,着生在基节上,细长而分为柄与节鞭两部分。除足鳃外,在基节上还有一上肢。

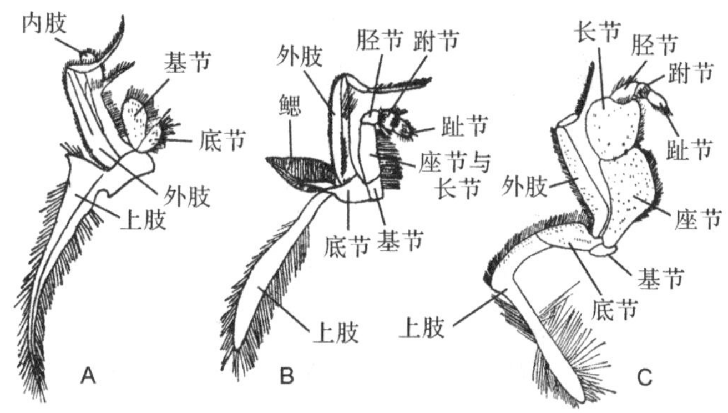

附图 6-5　中华绒螯蟹的颚足(仿堵南山)

A. 第 1 颚足;B. 第 2 颚足;C. 第 3 颚足

步足:5 对,单肢型(附图 6-6),外肢已完全消失。步足的主要功能是爬行。其中第 1 对步足的钳发达,特称为螯足。左右螯足对称。螯足的基节以及底节与座节的愈合节都短,长节长,略扭转,胫节粗短,内侧具一锐刺,跗节的基部宽,称为钳掌,末端延长,形成一细长突起,称为不动钳指(趾),与由趾节变成的可动指(趾)相对,构成一钳。钳指内缘具锐齿。钳掌与钳指内外面都密布绒毛。第 2～5 步足的跗节与趾节不形成螯状。注意螯足与所有步足底节与座节愈合,这一愈合节残留的愈合缝变成了螯足与步足的折断关节。当步足被天敌捉住时,就在折断关节处自折断落,动物借此得以脱逃,这种现象称为自切。所有步足基部均具鳃(注附图 6-6 中均未绘出鳃)。

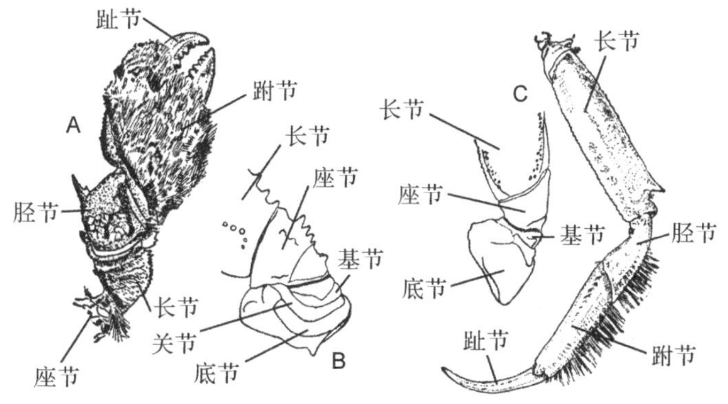

附图 6-6　中华绒螯蟹的步足(仿各家)

A. 右侧第 1 步足(螯足)的全形;B. 螯足基部各节;C. 第 2 步足全形及基部各节

腹肢:腹肢退化,无论雌雄均已丧失游泳机能。雌蟹的腹肢虽无游泳功能,但仍能抱卵,腹肢均为双肢型,共4对,位于第2~5腹节上,各对形状近似,自前而后,逐对变小,原肢2节,基节短而底节长,内外肢长,密生刚毛,用来附着受精卵(附图6-7A)。雄性2对,腹肢特化为生殖肢,其余各对退化。第1腹肢骨质化,向腹面纵褶,形成一细管,细管近端的孔扩大,分成内外两部分,外侧部分覆有一带毛的盖瓣(附图6-7B)。第2腹肢外形娇小,其长度仅为第1对的15~14,为实心棍状物,末端具一簇细毛(附图6-7C)。

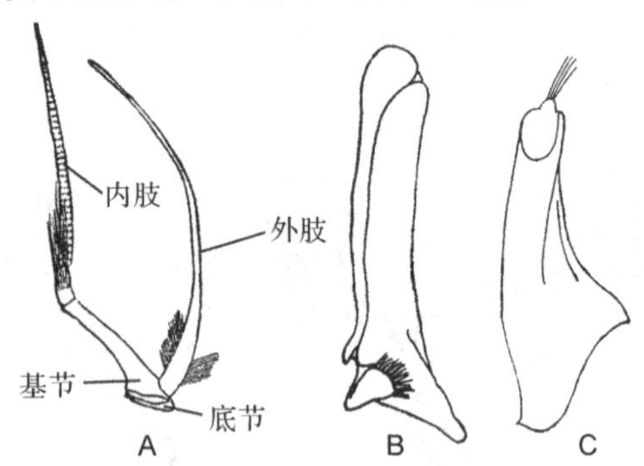

附图6-7 中华绒螯蟹的腹肢(仿各家)

A.雌性腹肢;B.雄性第一腹肢;C.雄性第二腹肢

(二)内部结构解剖

解剖内部器官前,从蟹背面两侧处从后向前剪开头胸甲的背甲,小心分离附在背甲内面的肌肉,并除去背甲。蟹解剖时不必用大头针固定,放在解剖盘中就可解剖。

1. 消化系统

包括口、食道、胃、中肠和直肠。消化腺为黄色的中肠腺,开口于中肠腹面。直肠经腹部第7节开口体外。

2. 循环系统

包括心脏、前大动脉和后大动脉。心脏宽度大于长度,其背面具心孔2对,腹面具1对。

3. 呼吸系统

鳃位于头胸部鳃区的鳃室中,它具有入水孔与出水孔,在第2颚足基部具上肢,每一步足基部具足鳃,外观白色,基部宽、顶端尖,呈宝塔状。

4. 生殖系统

(1) 雄性生殖系统

精巢位于头胸部内肠道上方,心脏下方,乳白色,分为左右两个,在胃和心脏之间相互联合。每一精巢下方各有一条细小的**输精管**,输精管后端粗大,管壁厚处即为**储精囊**。其他部分包括**副性腺**、**射精管**及**雄性生殖孔**。雄性生殖孔开口于第8腹甲(第8胸节腹面)(附图6-8)。

(2) 雌性生殖系统

雌性**卵巢**1对,亦位于头胸部内肠道上方,心脏下方。左右卵巢具一横跨连枝而相互连接,因此呈H形。卵巢成熟时呈酱紫色或豆沙色,非常发达,可占满整个头胸甲大部分空间,并延伸到腹部前端和后肠两侧。通常10月上旬至11月上旬的卵巢大概在第2期~第4期。卵巢在中部连接很短的一条**输卵管**,其末端各附一**纳精囊**,开口于腹甲第5节的**雌性生殖孔**(附图6-9)。

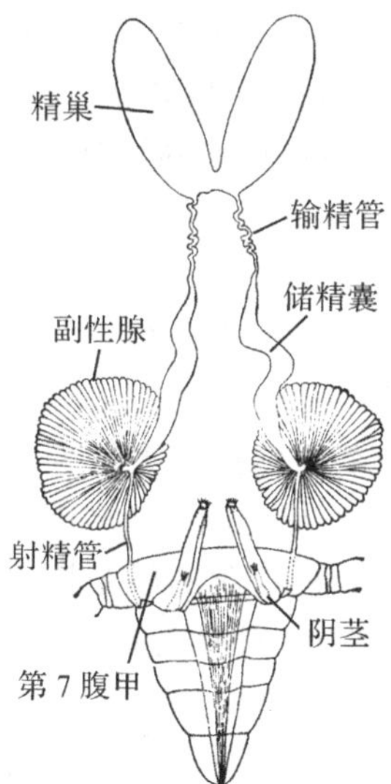

附图 6-8　中华绒螯蟹雄性生殖系统(仿堵南山)

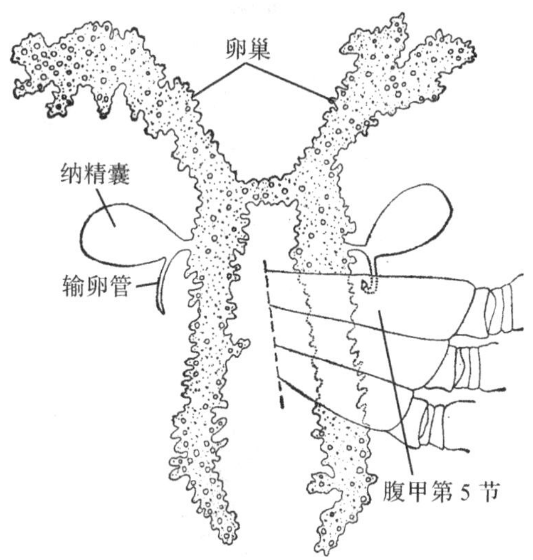

附图 6-9　中华绒螯蟹雌性生殖系统(仿堵南山)

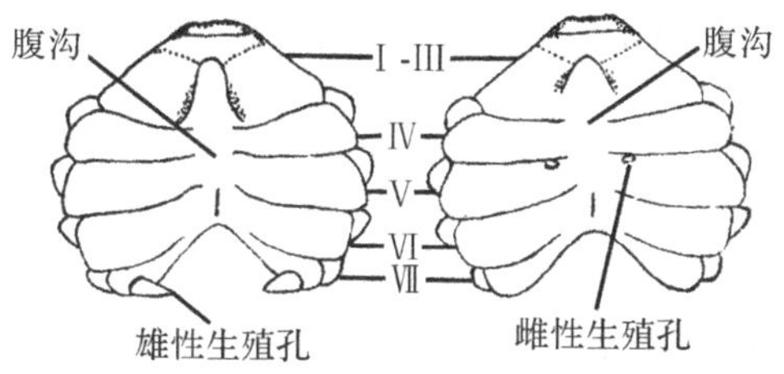

附图 6-10　中华绒螯蟹腹甲

淡水生活时，即使雌雄蟹已性成熟，也不会交配产卵，一定要在海水的刺激下才会有交配行为，此后雌蟹产卵并将受精卵附着在腹部附肢的刚毛上。所以每年深秋时节均有好多内陆生活的中华绒螯蟹都会沿江而下，即使遇到河海之间的大闸的阻拦，也会义无反顾地来到海洋。

5. 排泄系统

触角腺，位于第2触角基部，排泄孔开口于此。

6. 神经系统和感觉器官(附图6-11)

蟹神经系统最大的特征是神经节的数量大为减少，包括**脑**、**围食道神经**、**腹神经链**和**腹神经团**，其中脑和腹神经团特别发达。感觉器官主要是：体表的刚毛和绒毛，统称触毛；位于第1触角的第1柄节内的平衡囊是一种特化的触觉器官。另外，第1触角是重要的味觉器官；第2触角、口器也都司味觉；视觉为1对具柄的复眼，其眼柄较长，能活动。

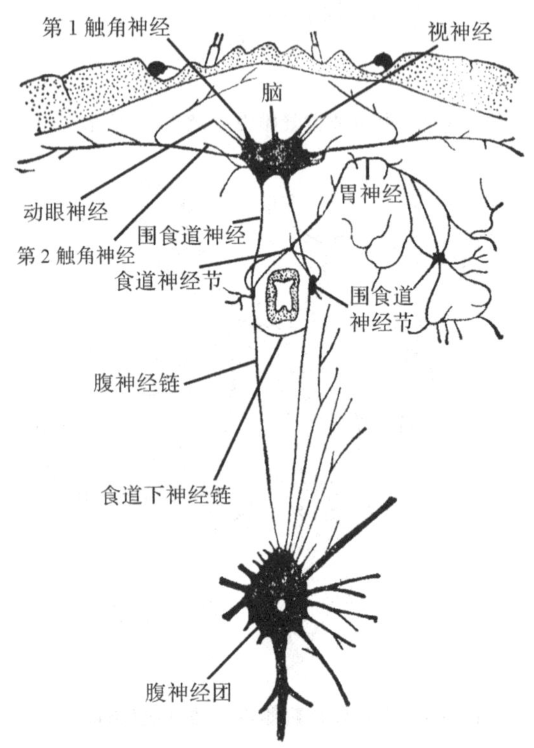

附图6-11 蟹神经系统示意图(仿堵南山)

四、作业和思考题

1. 中华绒螯蟹雌雄的外观区别主要看何处？
2. 中华绒螯蟹的第5对步足与三疣梭子蟹的主要区别表现在何处？为什么？
3. 根据附肢的解剖情况，绘出完整的第5步足(注：要包括鳃)。

附录 7　大腹园蛛的解剖

一、目的与要求

通过大腹园蛛的外形观察和内部器官解剖，加深对蜘蛛结构特征的进一步认识。

二、材料与用具

解剖器，体视显微镜，放大镜；大腹园蛛的浸制标本或活体。

三、操作与观察

（一）外部形态

常见的大腹园蛛（*Araneus ventricosus*）属于蛛形纲（Arachnida）蜘蛛目（Araneida），园蛛科（Araneidae）（附图 7-1）。

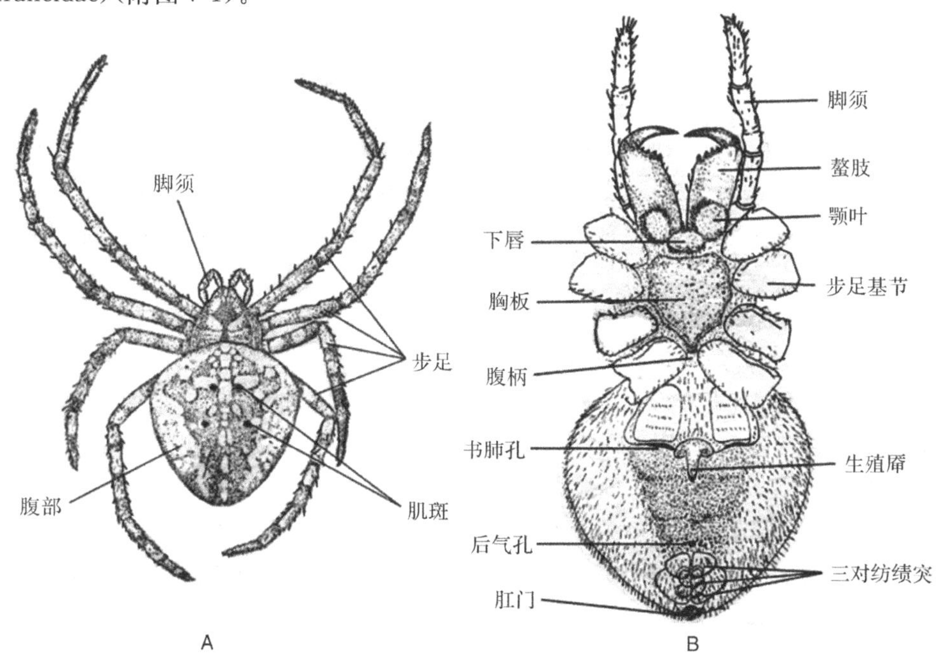

附图 7-1　大腹园蛛背、腹面观

A. 整体背面；B. 腹面局部

蜘蛛总体特征为头胸部愈合、不分节；眼不超过 8 个；腹部除原始类型具有分节背片外，皆不分节；头胸部和腹部之间以腹柄相连；螯肢两节，内连毒腺；触肢 6 节，雄性特化为触角器；腹部附肢特化为纺器、筛板等结构(附图 7-2)。

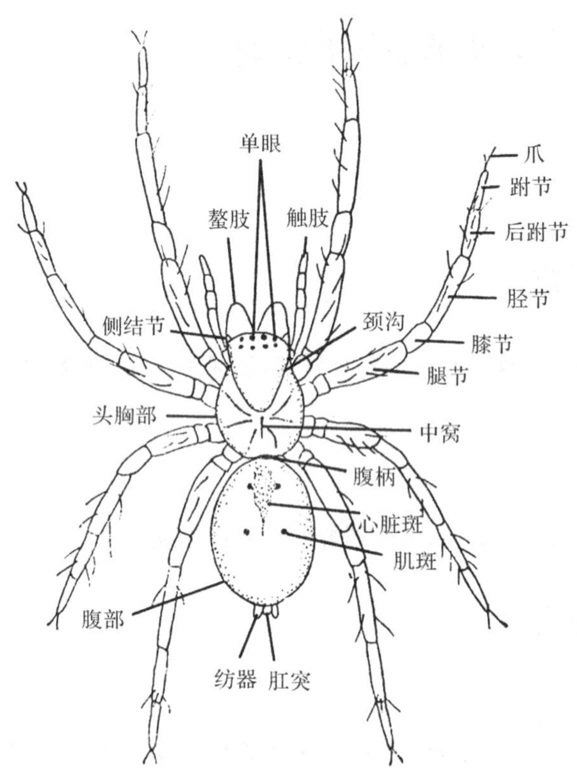

附图 7-2 蜘蛛背面模式图

1. 头胸部

头胸部是其感觉、取食和运动器官的着生部位。背面覆以背甲，背甲通常有一"U"形颈沟。颈沟之前为头部，之后称为胸部。头部具眼，胸部中央在颈沟后方常有纵向或横向的短沟或圆形的小凹陷，称为中窝(median furrow)。中窝向两侧发出放射状的沟，即为放射沟(radial furrow)，无论是中窝还是放射沟，都标志着内部肌肉的附着点。注意，如无放射沟的话，则常有数列小鬃或毛(附图 7-2)。

蜘蛛的眼为**单眼**，多数具有 8 个单眼，也有 6 个或 4 个的，很少 2 个，也有无眼的种类。单眼的排列方式随蜘蛛的大类和种不同而异(附图 7-3)

螯肢，也称上颚，为头部第一对附肢，位于口的前上方，由螯基和螯爪两节组成，爪端有一毒腺开口，蜘蛛靠这对附肢捕捉和杀死猎物(附图 7-4)。

触肢，也称脚须，是头部第 2 对附肢，位于螯肢之后、口的左右两侧。触肢由基节、转节、腿节、膝节、胫节和跗节组成。跗节末端有爪或无爪。触肢基节的基部扁平，向侧面发展的部分称为颚叶(附图 7-5)。雌蜘蛛的触肢跗节简单，但成熟雄蜘蛛跗节非常复杂，具有贮存及传送精子的交接器官，常称为触肢器(附图 7-10)。

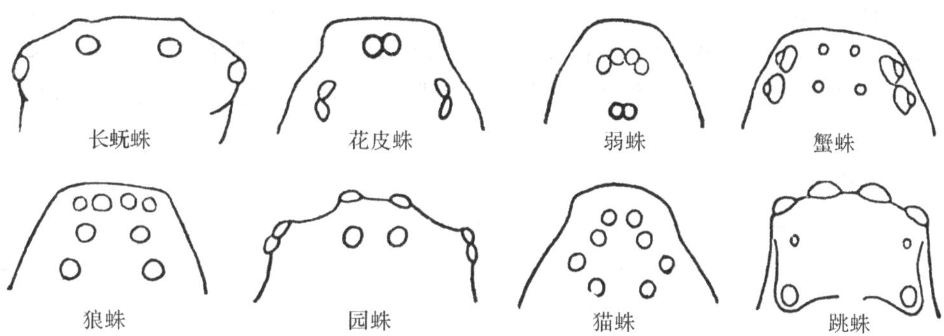

附图7-3　单眼排列方式

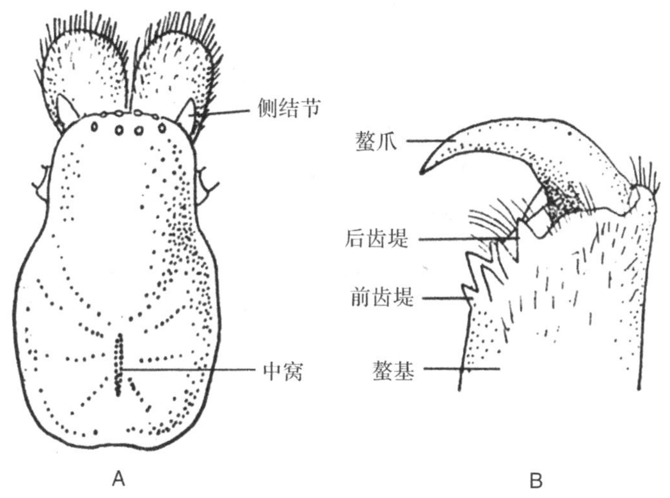

附图7-4　蜘蛛的螯肢

A. 侧结节；B. 螯肢

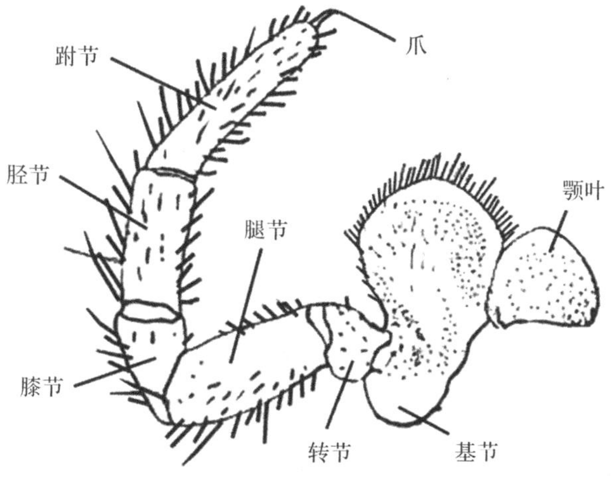

附图7-5　蜘蛛的触肢(脚须)

蜘蛛的口器由螯肢、触肢基板、上唇和下唇等组成，位于胸甲前方，介于两触肢基板之间。步足 4 对，着生在头胸部侧面(附图 7-1)。每足由近端至远端依次为基节、转节、腿节、膝节、胫节、后跗节(或跖节)和跗节，末端具 2 爪或 3 爪(通常游猎型蜘蛛为 2 爪，结网型蜘蛛多为 3 爪)。

2. 腹部(附图 7-1、7-6)

蜘蛛的腹部多数不分节，仅原始类群腹部背面还保留分节的背板。一般腹部(包括腹柄在内)原由 12 节构成，但在胚胎发育过程中，已发生愈合及合并而失去分节的外观。

蜘蛛的腹柄连接头胸部和腹部，由腹部第 1 节特化而成。腹柄的背面和腹面被有骨质板，背面的称为背板(或称背桥)，腹面的称为腹板(或称腹桥)。腹柄窄而短，一般从背面难以见到。

蜘蛛的腹面前端有书肺的开口，称书肺孔。在书肺孔之间具生殖器开口(附图 7-6)。此外还能见到后气孔、筛器和纺器等结构(附图 7-1、7-6)。

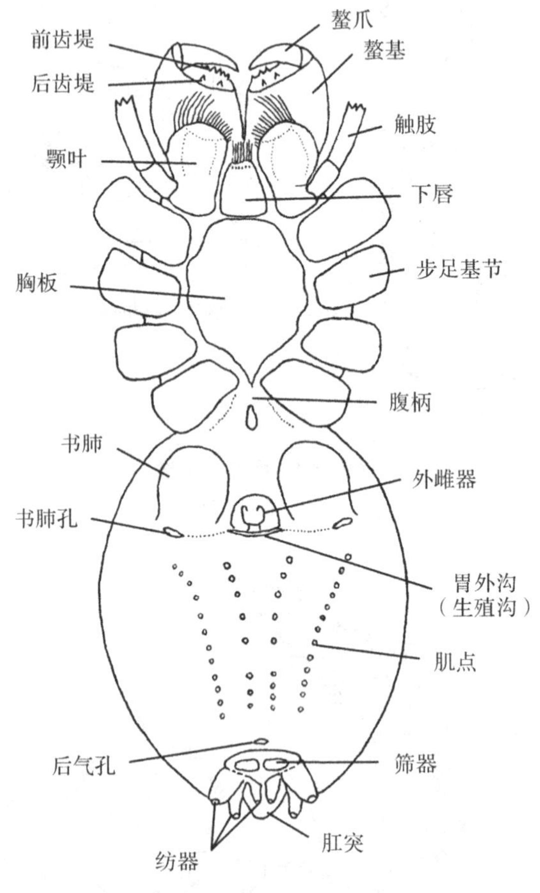

图 7-6　蜘蛛腹面模式图

(2)内部构造

1. 呼吸器官，书肺内部为一囊，每一囊的囊壁向内突入许多叶状皱褶，如书页状。书肺包括书肺孔、前庭、气室(书肺囊)和书肺叶(页)(附图 7-7)。

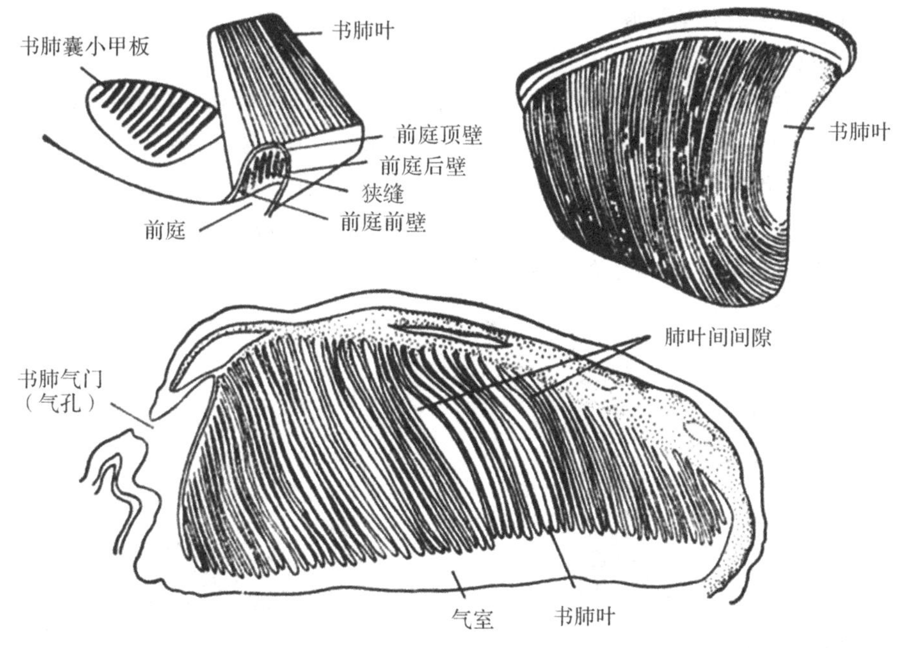

附图 7-7　蜘蛛的书肺

2. 循环系统(附图 7-8)

蜘蛛的循环系统为开放式，心脏管状，有心孔。从心脏发出 8 条主要动脉。

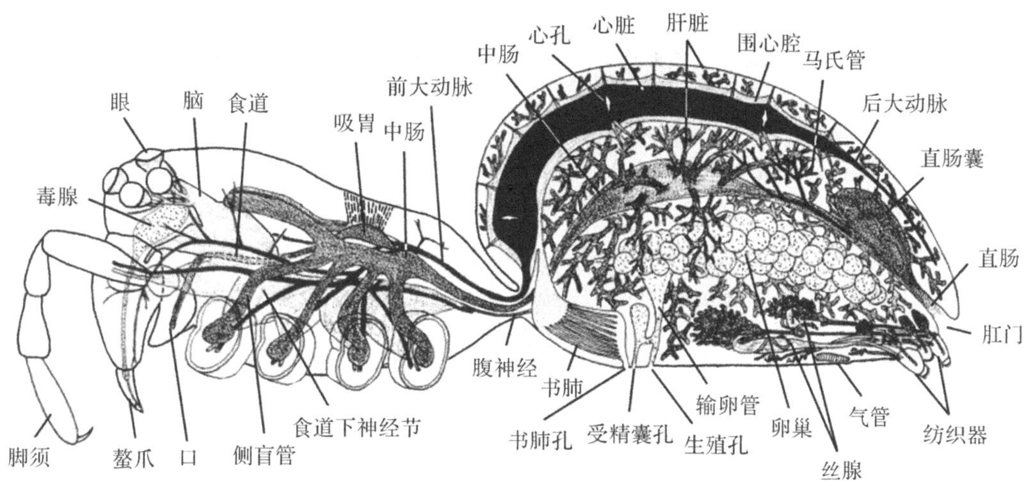

附图 7-8　蜘蛛内部结构

3. 消化系统(附图 7-8)

蜘蛛的消化道由前、中、后肠所组成。前肠包括口、咽、食道和吸胃(附图 7-8)。口位于下唇与颚叶之间，为极小的孔，仅能吸取液体。口以下为咽，经食道到吸胃，它位于头胸部中央，吸胃的背腹面有强大的肌肉束，将胃悬于背腹甲。吸胃的内壁实际上是食道后端膨大形成的囊状体。吸胃之后为中肠，中肠的一部分在头胸部，另一部分在腹部。中肠之后为后肠，其背面有一直肠囊(又称粪囊)，粪便排出之前贮于其中。后肠短，以肛门与外界相通。

中、后肠之间有一对马氏管，其分支到各器官之间，自血液收集代谢废物，经后肠排出体外。此外，排泄器官还有基节腺。

4. 生殖系统

蜘蛛雌雄异体。雌性生殖系统包括卵巢、输卵管、子宫、阴道和受精囊及其导管和腺体。卵巢位于腹部消化道下方，上有许多卵泡，故其外形似一串葡萄（附图 7-9）。雄性生殖系统包括精巢、输精管和贮精囊，开口于生殖沟的正中线上。需要特别注意的是，雄性没有直接与贮精囊相连的交接器官，精液由生殖孔排于雄蜘蛛临时织成的小网或小垫上。之后靠触肢跗节特化的触肢器摄取精网上的精液再输送入雌体中（附图 7-10）。

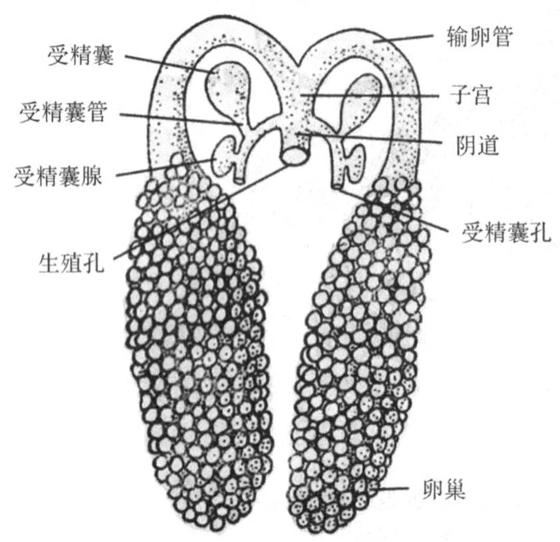

附图 7-9　园网蛛雌性生殖系统

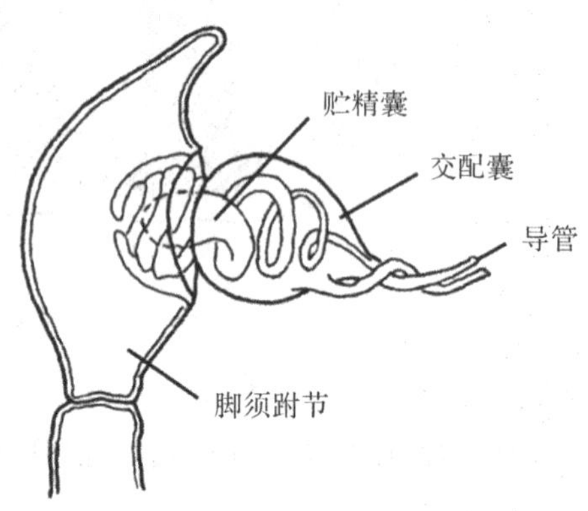

附图 7-10　园网蛛雄性脚须末节的交配器

5. 毒腺和丝腺（附图 7-11、7-12）

多数种类具有一对毒腺（附图 7-11），通常为圆柱形，但也有分叶的。蜘蛛体内有 8 种类型的丝腺（附图 7-12），丝腺的产物为一种骨蛋白，刚从纺器上纺管中发出时呈液体状，一接触空气即硬化成丝，富有一定的弹性。解剖蜘蛛丝腺时，在已固定的标本中较为困难。原因是固定液已将蜘蛛体腔中蛋白质固定，并包围了体腔腹面大部分器官，解剖丝腺时须小心将

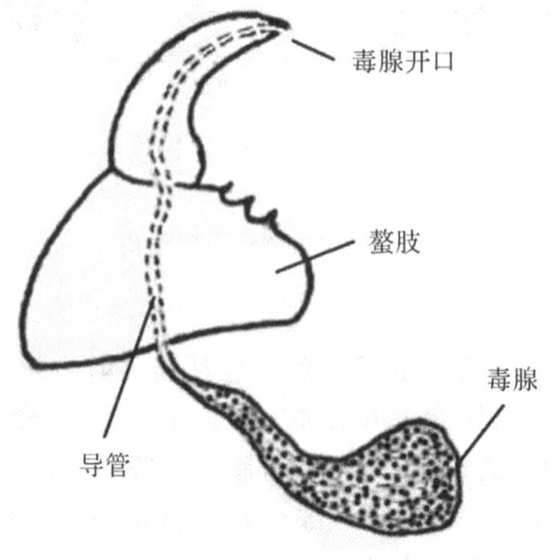

附图 7-11　园蛛的毒腺

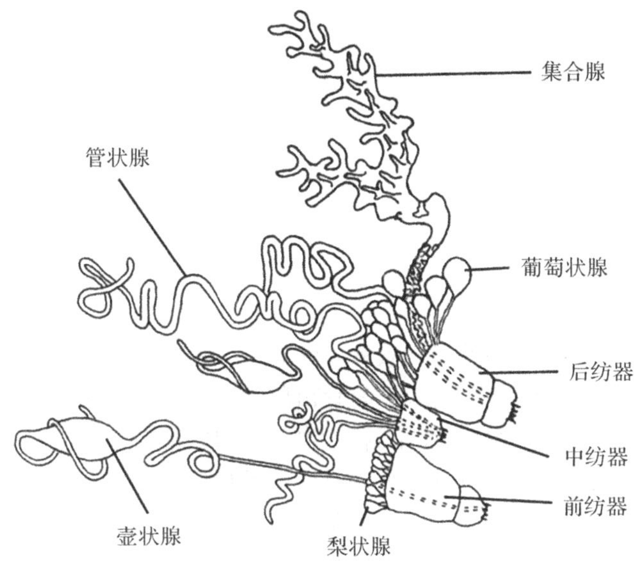

图 7-12　园蛛的 5 种丝腺及相对位置(据彭绵贤、尹长民修改)

这些凝固的蛋白质一点点分离后才能找到,千万不能急于求成。

解剖前应将位于丝腺背上方的蜘蛛部分消化道和雌性卵巢(附图 7-8)先细心地分离并剪去。解剖丝腺时,可先分离出壶状腺,其特征为远端膨大,共有 4 个,并与前、中纺器相通,但有时仅见与前或中纺器相通。前纺器基部有梨状腺 2 簇,每簇约 200 个,每个外形为梨状,管状部很短,仅通前纺器。管状腺通常有 3 对,细管状,无膨大,通中、后纺器。葡萄状腺位于后端,共 4 簇,每簇约 100 个,形似梨状腺,但有较长的管状部,通中、后纺器。集合腺 6 个,位于后端两侧,反复分支呈珊瑚状,分开葡萄状腺后,可见集合腺的管状部通向后纺器。

四、作业与思考题

1. 实验前,可以在校园里自行在树木之间或屋檐下寻找比较大的网,观察园网蛛捕食情况,特别是清晨或傍晚常能见到园网蛛织网,这时可用昆虫网抓捕。

2. 在本次实验中你解剖或观察到几种丝腺? 并总结解剖丝腺的方法。

3. 绘出蜘蛛四对步足中第 1 对步足结构。

主要参考文献

丁汉波. 脊椎动物学. 北京:高等教育出版社,1983
王所安. 脊椎动物学(修订本). 北京:人民教育出版社,1960
尹文英等. 中国土壤动物检索图鉴. 北京:科学出版社,1998
毛节荣. 浙江动物志(淡水鱼类). 杭州:浙江科学技术出版社,1991
冯昭信. 鱼类学(第2版). 北京:中国农业出版社,1998
江静波等. 无脊椎动物(修订本). 北京:人民教育出版社,1982
成令忠等. 组织学与胚胎学(第4版). 北京:人民卫生出版社,2000
任淑仙. 无脊椎动物学. 北京:北京大学出版社,1990
齐钟彦等. 中国经济软体动物. 北京:中国农业出版社,1998
刘凌云等. 普通动物学(第3版). 北京:高等教育出版社,1997
刘承钊等. 中国无尾两栖类. 北京:科学出版社,1961
孙帼英. 脊椎动物实验指导. 上海:华东师范大学出版社,1989
张玺等. 贝类学纲要. 北京:科学出版社,1963
张润生等. 无脊椎动物实验. 北京:高等教育出版社,1991
吴宝华等. 浙江动物志(吸虫类). 杭州:浙江科学技术出版社,1991
吴宝华等. 中国动物志(扁形动物门单殖吸虫纲). 北京:科学出版社,2000
杨潼. 中国动物志(环节动物门蛭纲). 北京:科学出版社,1996
杨安峰等. 兔的解剖. 北京:科学出版社,1979
杨安峰. 脊椎动物(第2版). 北京:北京大学出版社,1992
宋大祥等. 蚂蟥. 北京:科学出版社,1978
陈义. 无脊椎动物学. 北京:商务印书馆,1956
陈樟福等. 浙江动物志(蜘蛛类). 杭州:浙江科学技术出版社,1991
郑作新等. 中国动物图谱(鸟类)(第3版). 北京:科学出版社,1987
孟庆文等. 鱼类学. 上海:上海科学技术出版社,1989
秉志. 鲤鱼解剖. 北京:科学出版社,1960
周本湘. 蛙体解剖. 北京:科学出版社,1956
费梁等. 常见蛙蛇类识别手册. 北京:中国林业出版社,2005
姜乃澄等. 动物学实验指导. 杭州:浙江大学出版社,2001
姜乃澄等. 动物学(第2版). 杭州:浙江大学出版社,2009
彩万志等. 普通昆虫学. 北京:中国农业大学出版社,2001
徐芳南等. 动物寄生虫学. 北京:高等教育出版社,1965

诸葛阳等. 浙江动物志(鸟类). 杭州:浙江科学技术出版社,1991

诸葛阳等. 浙江动物志(兽类). 杭州:浙江科学技术出版社,1991

堵南山等. 无脊椎动物学. 上海:华东师范大学出版社,1989

堵南山. 甲壳动物学(上、下). 北京:科学出版社,1987、1993

黄美华等. 浙江动物志(两栖、爬行类). 杭州:浙江科学技术出版社,1991

梁象秋等. 水生生物学(形态和分类). 北京:中国农业出版社,1996

蔡如星等. 浙江动物志(软体动物). 杭州:浙江科学技术出版社,1991

魏崇德等. 浙江动物志(甲壳类). 杭州:浙江科学技术出版社,1991

冈村周谛. 動物實驗の指針. 日本东京:大观堂书店,1941

Alexander R M. The Invertebrates. London:Cambridge University Press,1979

Barnes R D. Invertebrate Zoology (4th ed). Philadelphia: Saunders College, 1980

Boolootian R D and Donald H. An Illustrated Laboratory Text in Zoology (4th ed). Philadelphia: Saunders College, 1985

Engemann J G, Hegner R W. Invertebrate Zoology (3rd ed). New York: Macmillan Publishing Co., Inc., 1981

Hickman C P Jr, et al. Animal Diversity (2nd ed). New York: McGraw-Hill Book Company, 1995

Hyman L H. The Invertebrates (Vol. 1—6). New York: McGraw-Hill Book Company, 1940—1967

Lytle C F. General Zoology Laboratory Guide (13th ed). New York: McGraw-Hill Higher Education,2000

Noble E R and Noble G A. Parasitology (4th ed). London: Henry Kimpton Publishers,1976

Ruppert E E, Fox R S, Barnes R D. Invertebrate Zoology (7th ed). Belmont: Thomson Learning, 2004

Scholtyseck E. Fine Structure of Parasitic Protozoa. New York: Springer-Verlag Berlin Heidelberg, 1979

Slesnick I L, et al. Scott, Foresman Biology. Illinois: Scott, Foresman and Company Glenview, 1985

Walker W F. Vertebrate Dissection (7th ed). Philadelphia: Saunders College, 1986